数学研究论文集

（2004—2012 年）

孙家永　著

U0202343

西北工业大学出版社

【内容简介】 本书收集了作者从教 50 年（1952—2002 年）之后，在 2004—2012 年所写的数学研究论文，共计 71 篇，其中 39 篇有重要的学术价值，它们中大部分是他人从未做过的创新课题，小部分虽然有他人研究，有的结果尚有缺撼；有的做的不如作者的好.

本书可作为数学领域的研究工作者使用.

图书在版编目（CIP）数据

数学研究论文集/孙家永著 . —西安：西北工业大学出版社，2013.4
ISBN 978 - 7 - 5612 - 3658 - 1

Ⅰ.①数… Ⅱ.①孙… Ⅲ.①数学—文集 Ⅳ.①O1 - 53

中国版本图书馆 CIP 数据核字(2013)第 067576 号

出版发行：西北工业大学出版社
通信地址：西安市友谊西路 127 号　　邮编：710072
电　　话：(029)88493844　　88491757
网　　址：www.nwpup.com
印　刷　者：陕西宝石兰印务有限责任公司
开　　本：787 mm×1 092 mm　　1/16
印　　张：11.875
字　　数：282 千字
版　　次：2013 年 4 月第 1 版　　2013 年 4 月第 1 次印刷
定　　价：28.00 元

前　言

　　我于 1952—2002 年在西北工业大学从教 50 年,在教学和科研工作的实践中,积累了一些数学方面的基本功力和知识.2003 年退休后,因为有了充裕的时间,所以撰写"数学分析""线性代数""拉式变换及电路学"等方面的科研论文的想法便油然而生,在周风岐教授夫妇和田铮教授给予我经费方面的大力支持下,从 2004—2012 年,经过 8 年的努力,共撰写学术论文 71篇,其中 39 篇有重要的学术价值.

　　在撰写论文的过程中,许多研究课题都给我留下了深刻印象.比如:在写"复变函数"的论文时,发现大数学家 Cauchy 在论证 Cauchy 定理时有疏漏;大数学家 Riemann 在讲 Riemann面时,未给它一个正式定义,有缺憾;在写到有关数理方程的论文时,我发现"Neumann 问题"是个空旷的领域,自从 Neumann 在 1887 年通过特殊函数,用 Fourier 方法求得了 $\Delta u = f$ 在圆上的 Neumann 问题之解后,100 多年来,进展很少,因为 Neumann 所用方法里的特殊函数,对区域的依赖性很大,不同的区域就要用不同的特殊函数,这种方法不是解 Neumann 问题的一般有效的方法.要找一般有效的方法,似宜从找到"Neumann 问题"有解的充分条件入手,但数学界虽然早就知道"Neumann 问题"有解的必要条件,却一直不知道"Neumann 问题"有解的充分条件.我找到了这个有解的充分条件,并且还写了 17 篇有关"Neumann 问题"的文章,我通过解 $\Delta u = f(u, \theta_n, \cdots, \theta_3, \theta_2^*)$ 在 n 维球上的"Neumann 问题",求得了 $\Delta u = f(u, \theta_n, \cdots, \theta_3, \theta_2^*)$ 之解的形式,使得解非线性偏微分方程有了一个很大的突破,这些都是自辟途径得出的有价值之新成果,多多胜于以前只是在前人讨论的基础上做些修修补补的工作.

　　2011 年 5 月,我通过西北工业大学老龄委向陈小筑书记汇报了我的工作,陈书记对我的学术研究给予了充分的肯定,这无异是对我工作热情的鼓励.随后,我很高兴地又写了 8 篇文章:①求出了边界夹紧的弹性圆板在静载荷下的变形状态,这是数学界和弹性力学界长期未能求得的结果;②论述区域边界线有有限多条无限多次盘旋时,Green 公式也能成立的,弥补了过去从来无人讨论这种情形的缺憾,使论文集又为后人多留了一点有益的东西;③平面有界闭区域为可简约的区域是 Green 公式能成立之充要条件;④空间有界闭区域为可简约的区域是Gauss 公式能成立之充要条件;⑤有界闭区域 Ω 既不可三角剖分,又不边界线都常规分段光滑,加强的 Cauchy 定理也可在 Ω 上成立;⑥论述任何无旋力场必是保守力场时,纠正了长期在全世界传播的而得不到纠正的错误讲法;⑦$L_2[-\pi, \pi]$ 中的函数 $f(x)$ 能对 $L_2[-\pi, \pi]$ 中的归范正交系 $\mu_1, \mu_2, \cdots, \mu_n, \cdots$ 按 $L2[-\pi, \pi]$ 中的意义展开成 $a_1\mu_1 + \cdots + a_n\mu_n + \cdots$ 之充要条件是$a_1\mu_1 + \cdots + a_n\mu_n + \cdots$ 为 $f(x)$ 之 Fourier 级数;⑧Stokes 公式成立的充要条件.

　　2012 年 12 月,我又写了个重要论文概述,将此论文集里的 71 篇文章选出 39 篇,对其价值做了概述.

　　没有陈书记的热情鼓励,我不可能写出这么多的有重要价值的文章,没有她的大力扶持,此论文集更不可能正式出版,因此,我要最诚挚地感谢她.

在我进行科研写作过程中,得到过许多朋友的支持与鼓励,其中特别要提出来的是宁波大学原校长吴心平教授夫妇、我的老朋友潘鼎坤教授、丁绍曾教授以及我的夫人朱宗俭教授.在此,对他们一并表示感谢!尤其对给予我经费支持的周风岐教授夫妇和田铮教授更要致以由衷的谢忱。

最后,我还要感谢蒋民昌等为出版论文集而辛勤工作的出版界人士!

孙家永

2012 年 12 月于西北工业大学

目　　录

多元微分学（6 篇）

Green 公式（4 篇）

Cauchy 定理（3 篇）

Riemann　面（3 篇）

解 析 几 何（2 篇）

偏微分方程（22 篇）

杂　项(16 篇)

0. 重要论文概述

（39 篇）

孙家永　完稿于 2011 年 10 月

（1）电路模型的改进及若干相应结果.

本文指出：一段导线可以用注上 3 个非负常数 L,R,Q 或分式 $\dfrac{Lp^2+Rp+Q}{p}$ 的一段有两个端点的简单曲线来表示，且 L 恒 $\neq0$；定义电路为有限条导线串、并联而成的组件，使电路图形相应地简化；提出用等价电路来简化电路的概念，从而得出了一种用电路图来计算拉氏阻抗的较直观、简洁的方法；证明了在任何电路中都存在拉氏阻抗，并是个分子次数比分母次数高 1 的分式；证明了拉氏电位降定理中的 $\mathscr{L}\{u(t)\}=Z\mathscr{L}\{i(t)\}$ 可加强为 $\mathscr{L}^s\{u(t)\}=Z\mathscr{L}\{i(t)\}$，其中 $\mathscr{L}^s\{u(t)\}$ 为 $u(t)$ 的强拉氏变象；证明了空载电路中电流可通过电路特征表达的电路特征定理：$i(t)=g(t)*u_e(t)=\int_0^t g(t-\tau)u_e(t)\mathrm{d}\tau$，其中 $u_e(t)$ 为外接电动势两端之电位差，而 $g(t)=\mathscr{L}^{-1}\{Z^{-1}\}$ 为拟连续、缓增的函数，称为电路的电路特征；证明了电路特征测定定理：$u_e(t)=\delta_0(t)$ 时，$i(t)$ 即为 $g(t)$，且后 2 个定理对一切电路均成立.

这些结果，电路学中都有，但电路学里，论理极不严密，有许多疏漏甚至错误之处，从头到尾，不胜枚举，本文虽不说电路学应将它们全部纠正，才能科学化，但实际上我已替他们做了这个工作.

（2）矩阵用初等行变换化成最简形的形式是唯一的.

本文使得用 Gauss 消元法讨论线性方程组之解时，无论系数矩阵是否满秩都可立即得出结论，根本用不到复杂的广义逆矩阵.

（3）用强 $\mathscr{L}$ 变换通过 $\delta_0(t)$ 求基本解的方法.

电路学界都通过 $\mathscr{L}\{\delta_0(t)\}=1$ 而用 $\mathscr{L}$ 变换来求常系数线性常微分方程之基本解，很方便且所得结果也正确，数学界则认为 $\mathscr{L}\{\delta_0(t)\}=1$ 是错的，电路学界的方法不能用，而电路学界仍以为既然结果是对的，求起来又很方便，为什么不能用？这篇文章指出，电路学界的方法，犯了两个错误：一个是用了一个基本解不能满足的初始条件，二个是用了 $\mathscr{L}\{\delta_0(t)\}=1$，才得出正确的结果，应该去掉基本解不能满足的初始条件，并将 $\mathscr{L}$ 变换改成我所提出的 $\mathscr{L}^s$ 变换（强 $\mathscr{L}$ 变换）才既正确又方便，解决了数学界和电路学界纷争了近 200 年的问题.（知名数学家 Courant 曾试图解释为什么 $\mathscr{L}\{\delta_0(t)\}=1$，那是徒劳无益的.）

（4）多连通的有界闭区域可分为有限多个双型区域的充要条件.

本文首先定义了平面曲线为常规分段光滑的概念及本文中所谓双型区域的含义，然后证明了，平面有界闭区域 Ω 可分为有限多个双型区域之充要条件为 Ω 之所有边界线都常规分段光滑，纠正了一些多次重印的名著及我国通用教材以为只要边界线都分段光滑，就能这么分的错误.

（5）正确地求条件最值.

本文论述了求条件最值的方法,指出了许多学者不知道用 Lagrange 乘数法求出来的解,将 Lagrange 乘数抹去后是可疑的非奇条件最值点而不是可疑的条件最值点,从而迷失了适当比较的方向,功亏一篑,栽了跟头.

（6）高维空间的球面坐标系及其应用.

本文将三维空间的球面坐标系推广到高维空间,从而可类似于三维空间的球面坐标系那样来解决高维空间的问题,并纠正了《数学百科全书》中高维球面面积公式的严重印制错误,又补上了不知为何而不载的高维球体体积公式.

（7）方向导数与可微的关系及可微之充要条件.

本文得到并证明了微积分学中一直未能得到的重要概念——可微的充要条件,虽然本文只是就二元函数来讨论的,但对更多元函数显然也是成立的.本文还有一些文献中少见的关于二元函数方向导数的有趣例子.

（8）Green 公式能成立的一个简洁条件.

这篇文章指出,只要有界闭区域 Ω 的各条边界线都常规分段光滑且 $P(x,y),Q(x,y)$ 在 Ω 上有连续的一阶偏导数,则 Green 公式 $\int_{\partial\Omega}P(x,y)\mathrm{d}x+Q(x,y)\mathrm{d}y=\int_{\Omega}\left(\frac{\partial Q}{\partial x}-\frac{\partial P}{\partial y}\right)\mathrm{d}\Omega$ 成立.这个简洁条件是正确的,现在的通用条件只要求 $\partial\Omega$ 为分段光滑曲线是错误的.

（9）Stokes 公式成立的一般条件.

这个一般条件证明了当 $\begin{vmatrix} z'_u & x'_u \\ z'_2 & x_v \end{vmatrix}$,$\begin{vmatrix} x'_u & y'_u \\ x'_v & y'_v \end{vmatrix}$,$\begin{vmatrix} y'_u & z'_u \\ y'_v & z' \end{vmatrix}$ 的零点集合都是 ϕ 时,则只要 P,Q,R 及它们的偏导数都在 Σ 上连续,则 Stokes 公式能成立,即使将 $\partial\Omega$ 的方向换成反方向,Ω 的侧换成反侧也能成立.这使得 Stokes 公式成立,对 Σ 的要求减轻了.

（10）Stokes 公式成立的一个充要条件.

在"Stokes 公式成立的一般条件"中,已证明了 Stokes 定理（1）：

设连边光滑曲面 Σ 的方积为 $x=x(u,v),y=y(u,v),z=z(u,v),(u,v)\in\Delta,\Delta$ 为一个以有限多条分段光滑曲线为边界（的有界闭曲间,而 $\begin{vmatrix} z'_u & x'_u \\ z'_v & x'_v \end{vmatrix}$ 在 Δ 内之零点集合 ω_2 为空集时,且 $\Omega=\{(z,x)\,|\,x=x(u,v),z=z(u,v)\}$ 为 zOx 平面上的一个以常规分段光滑曲线为边界线的有界闭区域,$P(x,y)$ 及其偏导数在 Σ 上连续,则 Stokes 公式（1）$\int_{\partial\Omega}P(x,y,z)\mathrm{d}x=$ $\int_{\Omega}\left[\frac{\partial P(x,y,z)}{\partial x}\begin{vmatrix} z'_u & x'_u \\ z'_v & x'_v \end{vmatrix}-\frac{\partial P(x,y,z)}{\partial y}\begin{vmatrix} z'_u & x'_u \\ z'_v & x'_v \end{vmatrix}\right]\mathrm{d}\Omega$ 成立,同理可证 Stokes 公式（2）,（3）在类似的相应条件下成立,从而证明了 Stokes 公式在一般条件下成立.

本文则引进了一个 Stokes 测度的新概念,证明了强 Stokes 定理（1）：

若 $P(x,y,z)$ 及其偏导数在 $\sum$ 上连续,则：

$P(x,y,z)$ 在 Ω 上时 w_2 的 Stokes 测度为 0 是 Stokes 公式（1）成立的充要条件,同理可得 $\begin{vmatrix} x'_u & y'_u \\ z'_v & y'_v \end{vmatrix}$,$\begin{vmatrix} y'_u & z'_u \\ y'_v & z'_v \end{vmatrix}$ 零点集合 w_3,w_1 非空集时,Stokes 公式（2）,（3）成立之充要条件,从而得出了一组 Stokes 公式成立的充要条件,（还可得出另一组充要条件：当 Ω 换了反方向,Ω 之侧

换成反侧 Stokes 公式成立的充要条件.）

这种充要条件的发现并加以证明是此论文集中最难的，它可以说是 Stokes 公式研究领域里的"千古绝唱".

（11）当曲面的光滑性破坏时，Stokes 公式仍可成立.

本文就在重要论文概述（9）的基础上，给出了当 Stokes 公式中的连边光滑曲面∑在有些点处，光滑性被破坏时，Stokes 公式还可成立的一个定理.

（12）Stokes 公式的∇算子表示法及其在力场中的一些应用.

本文中给出了一个定理，纠正了一个长期在全世界广为传播而得不到纠正的错误讲法.

（13）平面有界闭区域可分为有限多个双型区域的充要条件及 Cauchy 定理之问题.

这是我在数学系的首次学术交流会上所作的一个报告.

关于平面有界闭区域可分为有限多个双型区域的充要条件，已在重要论文概述（4）中讲过，现在只来谈 Cauchy 定理之问题. Cauchy 照他自己想的意思画了一个可分为有限多个双型区域的区域而以为一般区域也能这样，这是他的一个疏漏，应该将区域边界线加强为都是常规分段光滑曲线才正确.

（14）加强的 Cauchy 定理.

这个定理也称推广了的 Cauchy 定理，它在讨论解析延拓时很有用，通常这个定理的证明是基于可以不断把有界闭区域 Ω 分成有限多个任意小的曲边三角形的条件，这叫 Ω 可三角剖分的条件，本文不用 Ω 可三角剖分的条件而代之以 Ω 的边界线都常规分段光滑来证明，就可使加强的 Cauchy 定理在 Ω 上成立的条件和形式都简单得多.

（15）解析元及反解析元.

本文证明了任何不是常数的解析元，必有反解析元，并定义完全解析函数及完全反解析函数之定义域为 Riemann 面，弥补了大数学家 Riemann 未给 Riemann 面下定义的缺憾，通过这样定义之后，又写了一篇文章.

（16）Riemann 面的定义及其主要性质和作用.

这篇文章论述了：（1）Riemann 面是一个由复圆盘构成的流形，是一个开连接集，流形上的每一点都有它的复坐标；（2）复圆盘构成的流形未必仅限于复平面上的区域，Riemann 面的引进已将完全解析函数之定义域扩展到"多层"的复平面了；（3）Riemann 面之边界点除了非孤立奇点外，还可有孤立奇点，它们是极点，本性奇点及支点；（4）Riemann 面上可定义曲线、区域，从而可以将复平面上对解析函数之讨论推广到 Riemann 面上对完全解析函数的讨论；（5）若完全解析函数 $f(z)$ 在内部有密集点之点集上为 0，则 $f(z)\equiv 0$ 在 Riemann 面上；（6）若 $\omega=f(z)$，$f(z)$ 为非常数之完全解析函数，则此完全解析函数之完全反解析函数 $z=\varphi(\omega)$ 使完全解析函数之 Riemann 面和完全反解析函数之 Riemann 面是相互保角映射的；（7）Riemann 面的结构可以很复杂，它未必使点绕其支点旋转一周或有限多周后会出现相同的复坐标，如 $\omega=z^{\sqrt{2}}$，也可是复平面上的开连接集

（17）Laplace 方程在闭半高维空间内有 0 边界值之 Dirichlet 问题之解的积分表示式.

本文之推论给出了 Laplace 方程在高维空间的 k 面凸体内有 0 边界值之 Dirichlet 问题之解的表达式为

$$u(P_0)=\sum_{i=1}^{k}\frac{\Gamma(n/2)}{(n-2)\pi^{n/2}}\int_{\pi i}\left(\frac{1}{r_0^{n-1}}-\frac{1}{r_{oi}^{*\,n-2}}\right)\frac{\partial u}{\partial n}\mathrm{d}S$$

此处，π_i 为多面体的一个表面，r_α^* 为 $|P_\alpha^* P|$，其中 P_α^* 为 P_0 以 π_i 为镜面之对称点.

(18)Poisson 方程在高维球上之 Neumann 问题（及 Robin 问题）之解.

由于 Robin 问题之解法基本上与 Neumann 问题之解法完全相同，故以下各篇文章中都将 Robin 问题省去.

1887 年 Neumann 通过特殊函数用 Fourier 方法求得了 Poisson 方程 $\Delta u = f$ 在圆上之解，但由于 Neumann 所用方法里的特殊函数对区域之依赖性很强，不同的区域就要有不同的特殊函数，所以 100 多年来关于这个问题的进展很少，我找了一种一般有效的方法，一口气写了 17 篇有关 Neumann 问题之解的文章，这是这些文章中的第一篇，它指出了这个问题之解的形式及有解的条件.

(19)Poisson 方程在圆上的 Neumann 问题之解.

这是 17 篇文章中的第 2 篇，它指出了此 Neumann 问题之解的形式及有解条件.

(20)Poisson 方程在高维空间凸体上的 Neumann 问题之解.

这是 17 篇文章中的第 3 篇，它指出了此 Neumann 问题之解的形式及有解条件.

(21)Poisson 方程在平面凸区域上的 Neumann 问题之解.

这是 17 篇文章中的第 4 篇，它指出了此 Neumann 问题之解的形式及有解条件.

下面又是一批将 Poisson 方程之右端的 f 换成各种含 u 的函数而求相应 Neumann 问题之解的文章. 不用我的方法，它们都是很难求解的，也不知道有解的条件.

(22)$\Delta u = u$ 在高维球体上之 Neumann 问题有唯一解及有唯一解的充要条件.

(23)$\Delta u = u$ 在圆上之 Neumann 问题有唯一解及有唯一解的充要条件.

(24)$\Delta u = u$ 在高维空间凸体上之 Neumann 问题有唯一解及有唯一解的充要条件.

(25)$\Delta u = u$ 在平面凸区域上之 Neumann 问题有唯一解及有唯一解的充要条件.

以下这些非线性偏微分方程都可以通过求它们在高维球体或圆上之 Neumann 问题之唯一隐式解而获解. 所以，这是一种解非线性偏微分方程的新方法. 可以用新方法求解的非线性偏微分方程(26)～(31)（这些结果见于以这些偏微分方程所相应的 Neumann 问题之隐式解为标题之文中）：

(26)$\Delta u = u^k (k > 1)$，其中 u 为高维空间之点的函数.

(27)$\Delta u = u^k (k > 1)$，其中 u 为平面上点的函数.

(28)$\Delta u = f(u)$，其中 u 为 n 维空间之点的函数.

(29)$\Delta u = f(u)$，其中 u 为平面上点的函数.

(30)$\Delta u = f(u, \theta)$，其中 u 为平面上点及点之极坐标 θ 的函数.

(31)$\Delta u = f(u, \theta_n, \cdots, \theta_3, \theta_2^*)$，其中 u 为 n 维空间点及点之球面坐标的函数.

这篇文章通过求 $\Delta u = f(u, \theta_n, \cdots, \theta_3, \theta_2^*)$ 在 n 维球上之 Neumann 问题的隐式解得到了很一般的非线性偏微分方程 $\Delta u = f(u, \theta_n, \cdots, \theta_3, \theta_2^*)$ 之隐式解的形式，这是用这种新方法解非线性偏微分方程，可得出之最一般结果，它比现今数学界只能证明 $\Delta u = u^k, (k \leqslant 5)$ 有解有了一个飞跃式的超越. 从原则上说，只要有了这个解的公式，其他可用新方法求解的非线性偏微分方程之解只要代入公式，就可以得到，但实际上，直接用新方法来解还更方便.

(32)$\Delta u = u^k$ 在 n 维球上之 Neumann 问题之解的几何意义及物理意义.

这篇文章指出了 $\Delta u = u^3$ 在 3 维球上之 Neumann 问题的解之图形为一涡面此解可看作一种有粘滞性的气体之速度势，其梯度为涡面上之风速，从而给出了飓风和台风的数学模型.

使人们可以见到在涡面中心附近风速是很小的.

(33)$\Delta^2 u = f(r,\theta)$,当 $r \leqslant R$,且 $u,\dfrac{\partial u}{\partial r}=0$,当 $r=R$ 之解.

这篇文章用常数变易法求出了这个问题之解,它实际上就是求出了边界夹紧的各向同性的弹性圆形板在静载荷下的变形状态,这是数学界和弹性力学界长期未能求得的结果.

(34)区域边界线有有限多条无限盘旋时,Green 公式也能成立.

在这篇文章里,我详细讨论了这种情况,它是未见以前有人作过的.因为数学家都没有认识到有界闭区域的边界线,可以发生这种情况,它为我接着要写的 3 篇重要文章作了准备.

(35)平面有界闭区域为可简约的区域,是 Green 公式能成立的充要条件.

这篇文章里,对有界闭区域 Ω 有一些相会于一个尖点的无限盘旋的边界线的情况,定义:如果一个以尖点为中心的小圆只能挖去一个尖点,使这些挖掉尖点的区域之边界线都常规分段光滑,则称此有界闭区域为一个可简约的闭区域,这篇文章证明了,当 $P(x,y)$ 在有界闭区域 Ω 上有连续偏导数时,则 Green 公式 $\int_{\partial\Omega}P(x,y)\mathrm{d}x=\int_{\Omega}-\dfrac{\partial P(x,y)}{\partial y}\mathrm{d}\Omega$ 能成立的充要条件是 Ω 为可简约的闭区域.

由于 Green 公式是一个应用广泛的著名公式,探讨这个问题有着重要的意义.

(36)空间有界闭区域为可简约的区域,是 Gauss 公式能成立的充要条件.

这篇文章的证明和上一篇类似,并且还要用到上一篇的结果,这里就不详细介绍了.由于 Gauss 公式也是一个应用广泛的著名公式,探讨这个问题,有着重要的意义.

(37)怎样讲,才能使同学从极限的直观意义到严格定义,不心存疑虑.

这是一篇教学法研究的文章,有一半是许多教师的经验.有许多教师,包括我夫人朱宗俭教授,她们讲 $x \to x_0$ 而 $\neq x_0$ 时,$f(x) \to l$ 的充分条件如下:对任一正数 ε,(不管多小)$|f(x)-l|<\varepsilon$ 的解集 S_ε 都能包含一个 x_0 的净邻域,于是当 $x \to x_0$ 而 $\neq x_0$ 时,x 必然会进入这个 x_0 的净邻域,所以就可使 $|f(x)-l|<\varepsilon$,但 ε 可以不管多小,所以 $f(x)$ 就会 $\to l$.我则说明了,如不是这样,$x \to x_0$ 而 $\neq x_0$ 时,$f(x)$ 不会 $\to l$,所以,对任一正数 ε,$|f(x)-l|<\varepsilon$ 的解集都能包含一个 x_0 的净邻域是 $x \to x_0$ 而 $\neq x_0$ 时,$f(x) \to l$ 的充要条件,然后将此充要条件与直观意义比较,得出严格定义.这样讲,同学易于接受,扫除了学微积分的一只拦路虎.打好了学运动稳定性及自动控制的基础.

(38)有界闭区域 Ω,既不可三角剖分又不边界线都常规分段光滑,加强的 Cauchy 定理也可在 Ω 上成立.

本文先作了一类有界闭区域 Ω,它既不可三角剖分,又不边界都常规分段光滑,并证明了能使加强的 Cauchy 定理在这类 Ω 上成立的充要条件是 Ω 为可简约的闭区域,这也是一个有价值的定理.

以前我们已见到常规分段光滑曲线的概念屡屡出现,许多定理要用这个概念,它是一个重要的概念,应该不久会进入数学典集.不知道这个概念.就无法写出我前面所写的许多重要文章,也无法看懂这些文章.

Stokes 公式,Green 公式,Gauss 公式,这 3 个著名公式能成立,都要用到这个概念,就由我一人对它们成立的问题都作出了前人从未得到的结果,这将是数学史里的佳话,是会传之后世,使我很高兴.在有几百年历史的古典数学里,我写出了大量前人从未研究过的重要文章,即使在非线性偏微分方程领域里,现今数学界有不少人研究,但他们所得结果只证明了 $\Delta u = u^k (k \leqslant 5)$ 有解,也远远比不上我求得了 $\Delta u = f(u, \theta_n, \cdots, \theta_3, \theta_2^*)$ 之解的形式,这些也都是足以传之后世的好文章,因为它们都是经过多少双数学家的慧眼未能发现的文章,这也使我很高兴.

(39) $L^2[-\pi, \pi]$ 中的函数 $f(x)$ 之展开问题.

本人指出了在 $[-\pi, \pi]$ 上确定的平方可积的函数组组成的 Hilbert 空间 $L^2[-\pi, \pi]$ 中的函数 $f(x)$ 能按 $L^2[-\pi, \pi]$ 的意义,对 $L^2[-\pi, \pi]$ 中的一个完全归范正交系 $u_1, u_2, \cdots, u_{n_2}, \cdots$ 展开的充要条件是 $a_1 u_1 + a_2 u_2 + \cdots + a_n u_n + \cdots$ 为 $f(x)$ 的 Fourier 级数.

1. 电路模型的改进及若干相应结果[*]

——谨以此文献给西北工业大学首任校长寿松涛

孙家永　完稿于 2004 年 6 月

摘　要　本文指出一段导线可以用注上 3 个非负常数 L,R,Q 或分式 $\dfrac{Lp^2+Rp+Q}{p}$ 的一段有两个端点的简单曲线来表示,且 L 恒 $\neq 0$;定义电路为有限条导线串、并联而成的组件,使电路图形相应地简化;提出用等价电路来简化电路的概念,从而得出了一种用电路图来计算拉氏阻抗的较直观、简洁的方法;证明了在任何电路中都存在拉氏阻抗,并是个分子次数比分母次数高 1 的分式;证明了拉氏电位降定理中的 $\mathscr{L}\{u(t)\}=Z\mathscr{L}\{i(t)\}$ 可加强为 $\mathscr{L}^s\{u(t)\}=Z\mathscr{L}\{i(t)\}$,其中 $\mathscr{L}^s\{u(t)\}$ 为 $u(t)$ 的强拉氏变象;证明了空载电路中电流可通过电路特征表达的电路特征定理:$i(t)=g(t)*u_e(t)=\displaystyle\int_0^t g(t-\tau)u_e(t)\mathrm{d}\tau$,其中 $u_e(t)$ 为外接电动势两端之电位差,而 $g(t)=\mathscr{L}^{-1}\{Z^{-1}\}$ 为拟连续、缓增的函数,称为电路的电路特征;证明了电路特征测定定理:$u_e(t)=\delta_0(t)$ 时,$i(t)$ 即为 $g(t)$,且后 2 个定理对一切电路均成立.

一、导线及电路的定义

1. 一段导线(不管它是否连有外加电气元件)的表示

由于电路理论只关心导线的电位降,而不关心导线的形状,所以随意画一条有两个端点的简单曲线段,并注上空载的导线,接通电动势后,决定其通过电流 $i(t)$ 而产生的电位降的 3 个非负常数 L,R,Q 即可. 这里 L 表示由电感而产生的电位降是 $L\mathrm{d}i(t)/\mathrm{d}t$;$R$ 表示由电阻产生的电位降是 $Ri(t)$;$Q=\begin{cases}1/C,&\text{当有电容 }C\\0,&\text{当无电容}\end{cases}$,表示由电容而产生的电位降是 $Q\displaystyle\int_0^t i(t)\mathrm{d}t$,或者注上一个分式 $(Lp^2+Rp+Q)/p$,并记之为 Z.

2. 任何一段导线所注的 L 恒 $\neq 0$

否则将这段导线两端与两端电位差为常数 $u_0\neq 0$ 的电动势两端进行连接后,导线中就有电流 $i(t)$ 流过,根据闭电路定律,可得方程 $u_0=Ri(t)+Q\displaystyle\int_0^t i(t)\mathrm{d}t$ 及初始条件 $i(t)\,|_{t=0}=0$. 这

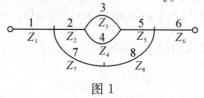

图 1

---

* 本文承蒙胡沛泉、吴心平、翁湘英诸位教授先后审阅,我对他们表示衷心感谢.

就会产生 $u_0 = 0$ 的矛盾.

3.电路的定义

有限多段导线经过串联、并联而构成的组件为一个电路. 图1就是由8段导线组成的一个电路. 一段导线是最简单的电路.

二、拉氏电位降定理及其加强

1.一段导线的情形

设有一段导线如图2所示.

$$(L, R, Q) \text{或} \frac{Lp^2 + Rp + Q}{P}$$

图 2

在空载的情形下,接通电动势后,有电流 $i(t)$ 通过,它所产生的电位降为

$$u(t) = L\frac{di(t)}{dt} + Ri(t) + Q\int_0^t i(t)\,dt \tag{1}$$

两端取拉氏变象,则有

$$\mathscr{L}\{u(t)\} = Lp\mathscr{L}\{i(t)\} + R\mathscr{L}\{i(t)\} + Q\mathscr{L}\left\{\int_0^t i(t)\,dt\right\} = Lp\mathscr{L}\{i(t)\} + R\mathscr{L}\{i(t)\} + Q\frac{1}{p}\mathscr{L}\{i(t)\} =$$

$$\frac{Lp^2 + Rp + Q}{p}\mathscr{L}\{i(t)\} \tag{2}$$

此被称为拉氏电位降定理,它也可写成

$$\mathscr{L}\{u(t)\} = Z\mathscr{L}\{i(t)\} \tag{3}$$

可见,$\mathscr{L}\{u(t)\}$(拉氏电位降)和 $\mathscr{L}\{i(t)\}$(拉氏电流)成正变,而 Z 为正变系数,亦可将 Z 称为电路的拉氏阻抗. 此外,拉氏电位降定理还允许将公式(3)左边的 $\mathscr{L}\{u(t)\}$ 改为 $u(t)$ 的强拉氏变象 $\mathscr{L}^s\{u(t)\}$.

函数 $u(t)$,可求强拉氏变象和可求拉氏变象的条件完全相同,都要求 $u(t)$ 在任何 $[0, R]$ 上都只有有限个第一类间断点,且在 $[0, +\infty)$ 上,$|u(t)| \leqslant Me^{-\alpha_0 t}$,($M, \alpha_0$ 为正数),这里将这种函数简称为拟连续、缓增的函数.

对一个拟连续、缓增的函数 $u(t)$,将 p 乘以 $u(t)$ 的一个特定广义原函数 $v(t)$(即 $v'(t)$ 在 $u(t)$ 连续点处等于 $u(t)$ 的函数)的拉氏变象称为 $u(t)$ 的强拉氏变象,即

$$\mathscr{L}^s\{u(t)\} = p\mathscr{L}\{v(t)\}\text{(也要求 } v(t) = 0,\text{当 } t < 0) \tag{4}$$

对一般的函数,都不特别指定它的广义原函数,这时就取特定广义原函数为连续,即 $\int_0^t u(t)\,dt$. 此时

$$\mathscr{L}^s\{u(t)\} = p\mathscr{L}\left\{\int_0^t u(t)\,dt\right\} = p \cdot \frac{1}{p}\mathscr{L}\{u(t)\} = \mathscr{L}\{u(t)\}$$

唯一例外的是以特殊记号表明的 Dirac 函数为

$$\delta_0(t) = \begin{cases} 0, t < 0 \\ 0, t > 0 \end{cases}$$

其广义原函数已被 Dirac 特定为

$$H_0(t) = \begin{cases} 0, t < 0 \\ 1, t > 0 \end{cases}$$

因此

$$\mathscr{L}^s\{\delta_0(t)\} = p\mathscr{L}\{H_0(t)\} = p \cdot \frac{1}{p} = 1$$

但对未知函数 $i(t)$ 的导数 $di(t)/dt$,我们都特定其广义原函数为 $i(t)$,而 $i(t)$ 的广义原函数不特别指定. 因此 $\mathscr{L}^s\{di(t)/dt\} = p\mathscr{L}\{i(t)\}$,$\mathscr{L}^s\{i(t)\} = p\mathscr{L}\{\int_0^t i(t)dt\} = \mathscr{L}\{i(t)\}$.

将函数取强拉氏变象,称为将函数作强拉氏变换,而强拉氏变换也有线性性质:

若 $u(t) = c_1 u_1(t) + c_2 u_2(t)$,则

$$\mathscr{L}^s\{u(t)\} = c_1\mathscr{L}^s\{u_1(t)\} + c_2\mathscr{L}^s\{u_2(t)\} \tag{5}$$

只要认为 $u(t)$ 的特定广义原函数等于 $c_1(u_1(t)$ 的特定广义原函数)加上 $c_2(u_2(t)$ 的特定广义原函数).

现在就来证明强拉氏电位降公式如下:

$$\mathscr{L}^s\{u(t)\} = L\mathscr{L}^s\left\{\frac{di(t)}{dt}\right\} + R\mathscr{L}^s\{i(t)\} + Q\mathscr{L}^s\left\{\int_0^t i(t)dt\right\} =$$

$$Lp\mathscr{L}\{i(t)\} + R\mathscr{L}\{i(t)\} + Qp\mathscr{L}\left\{\int_0^t i(t)dt\right\} =$$

$$Lp\mathscr{L}\{i(t)\} + R\mathscr{L}\{i(t)\} + Qp \cdot \frac{1}{p}\mathscr{L}\left\{\int_0^t i(t)dt\right\} =$$

$$\frac{Lp^2 + Rp + Q}{p}\mathscr{L}\{i(t)\} = Z\mathscr{L}\{i(t)\} \tag{6}$$

拉氏电位降定理和强拉氏电位降定理可合并为(强)拉氏电位降定理:

$$\mathscr{L}^{(s)}\{u(t)\} = Z\mathscr{L}\{i(t)\} \tag{7}$$

2. n 段导线串联的情形

设有 n 段导线串联起来的电路如图 3 所示.

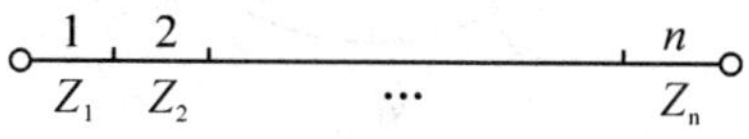

图 3

若电流 $i(t)$ 流经各段导线所产生的电位降分别为 $u_1(t), u_2(t), \cdots, u_n(t)$,则

$$u(t) = u_1(t) + u_2(t) + \cdots + u_n(t)$$

于是

$$\mathscr{L}^{(s)}\{u(t)\} = \mathscr{L}^{(s)}\{u_1(t)\} + \mathscr{L}^{(s)}\{u_2(t)\} + \cdots + \mathscr{L}^{(s)}\{u_n(t)\} =$$

$$Z_1\mathscr{L}\{i(t)\} + Z_2 L\{i(t)\} + \cdots + Z_n\mathscr{L}\{i(t)\} =$$

$$(Z_1 + Z_2 + \cdots + Z_n)\mathscr{L}\{i(t)\} = Z\mathscr{L}\{i(t)\} \tag{8}$$

其中,$Z = Z_1 + Z_2 + \cdots + Z_n$,$Z$ 还是一个分子次数比分母次数高 1 的分式,即为(强)拉氏电位降公式.

3. n 段导线并联的情形

设有 n 段导线并联起来的电路如图 4 所示.

电流 $i(t)$ 流经电路产生分流,分流在各导线的 $i_1(t), i_2(t), \cdots, i_n(t)$ 可能不一样,但恒有 $i(t) = i_1(t) + i_2(t) + \cdots + i_n(t)$,且各段导线的电位降相同,都是 $u(t)$. 故

$$\mathscr{L}^{(s)}\{u(t)\} = Z_1\mathscr{L}\{i_1(t)\} = Z_2\mathscr{L}\{i_2(t)\} = \cdots = Z_n\mathscr{L}\{i_n(t)\}$$

从而

$$\mathscr{L}\{i(t)\} = \mathscr{L}\{i_1(t)\} + \mathscr{L}\{i_2(t)\} + \cdots + \mathscr{L}\{i_n(t)\} = Z_1^{-1}\mathscr{L}^{(s)}\{u(t)\} + Z_2^{-1}\mathscr{L}^{(s)}\{u(t)\} + \cdots + Z_n^{-1}\mathscr{L}^{(s)}\{u(t)\}$$

即

$$\mathscr{L}\{i(t)\} = (Z_1^{-1} + Z_2^{-1} + \cdots + Z_n^{-1})\mathscr{L}^{(s)}\{u(t)\} \qquad (9)$$

故得

$$\mathscr{L}^{(s)}\{u(t)\} = (Z_1^{-1} + Z_2^{-1} + \cdots + Z_n^{-1})^{-1}\mathscr{L}\{i(t)\} = Z\mathscr{L}\{i(t)\} \qquad (10)$$

其中,$Z = (Z_1^{-1} + Z_2^{-1} + \cdots + Z_n^{-1})^{-1}$,它还是一个分子次数比分母次数高 1 的分式,这只是下文定理 2 中(ⅱ)的特例.

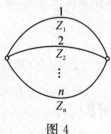

图 4

4. 一般的情形

用上面"2"和"3"所得的结果,可将几段导线串联或并联所成电路上的拉氏阻抗逐步化成一段假想导线上的拉氏阻抗,每简化一步所得的新电路的拉氏阻抗仍与未化前的拉氏阻抗相同,可称为新电路等价于原电路,用记号"⇔"来表示. 但新电路中导线段数总比原电路中的导线段数少(称原电路得到了简化),不断地找到等价的新电路,将原电路简化,就可将原电路简化成只有一段导线的等价新电路,它的拉氏阻抗就是原电路的拉氏阻抗.

例 设有由 8 段导线串联及并联而成的电路,如图 5 所示,试求其拉氏阻抗.

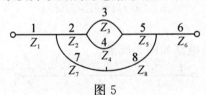

图 5

解

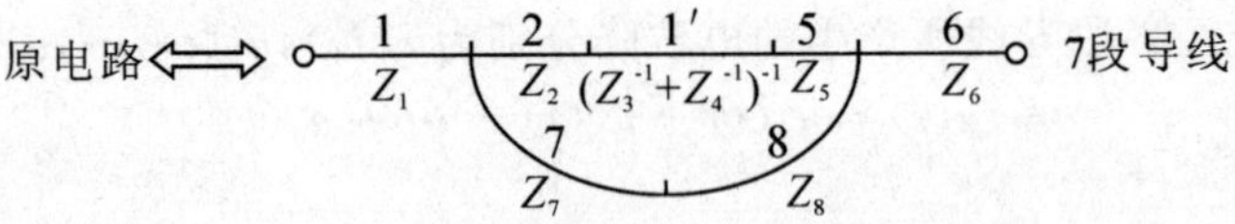

原电路 ⟺

图 6

⟺

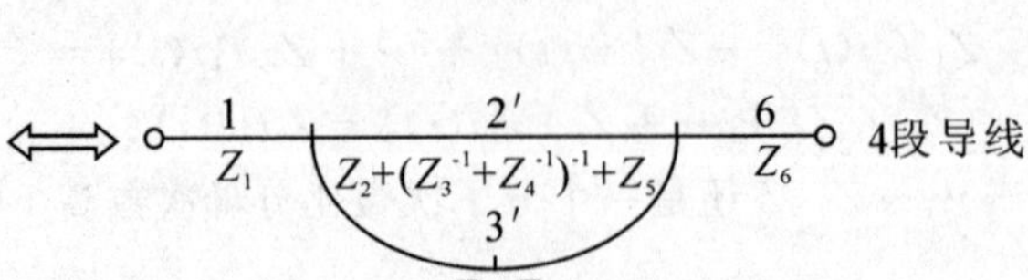

图 7

⟺

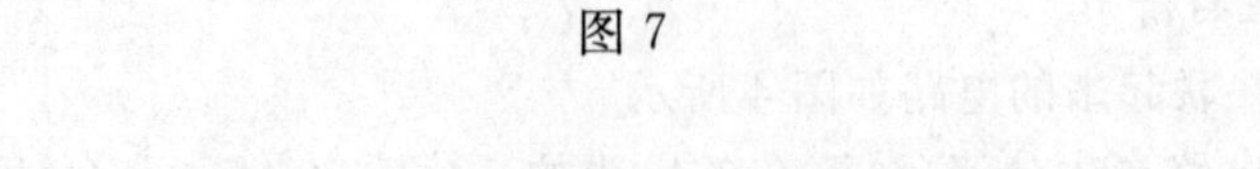

图 8

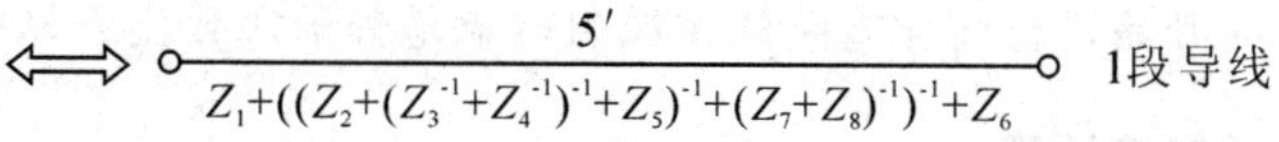

$$\Longleftrightarrow \quad \circ\!\!-\!\!\!\overset{5'}{\underline{\phantom{Z_1+((Z_2+(Z_3^{-1}+Z_4^{-1})^{-1}+Z_5)^{-1}+(Z_7+Z_8)^{-1})^{-1}+Z_6}}}\!\!-\!\!\circ \quad \text{1段导线}$$

图 9

在以上解题过程中,新引进的假想导线都用"′"表示. 则原电路的拉氏阻抗为

$$Z = Z_1 + ((Z_2 + (Z_3^{-1} + Z_4^{-1})^{-1} + Z_5)^{-1} + (Z_7 + Z_8)^{-1})^{-1} + Z_6.$$

用这样的计算法,可以根据电路是怎样由导线串联、并联而组成的,逐步找出等价的电路来简化电路,最终必将电路简化成一条假想的导线,从而找到电路的拉氏阻抗. 因此,我们有

定理 1 任何电路的拉氏阻抗总存在且可求得.

定理 2 任何电路的拉氏阻抗总是一个分式,其分子的次数比分母的次数高 1.

证 (1)n个拉氏阻抗分别为$Z_1, Z_2, \cdots, Z_n$的电路串联而成的电路等价于n个拉氏阻抗分别为$Z_1, Z_2, \cdots, Z_n$之导线串联而成的电路,因此,这样的电路的拉氏阻抗为$Z_1 + Z_2 + \cdots + Z_n$. 还要求证明的为:如果$Z_1, Z_2, \cdots, Z_n$都是分子次数比分母次数高 1 的分式,则$Z_1 + Z_2 + \cdots + Z_n$必定也是这样. 验证如下:

设

$$Z_1 = \frac{l_1 p^{k_1+1} + \cdots}{p^{k_1} + \cdots}, Z_2 = \frac{l_2 p^{k_2+1} + \cdots}{p^{k_2} + \cdots}, \cdots Z_n = \frac{l_n p^{k_n+1} + \cdots}{p^{k_n} + \cdots}, (l_1, l_2, \cdots, l_n > 0)$$

则

$$Z_1 + Z_2 + \cdots + Z_n = \frac{(l_1 p^{k_1+1+k_2+\cdots+k_n} + \cdots) + \cdots + (l_n p^{k_1+k_2+\cdots+k_n+1} + \cdots)}{p^{k_1+k_2+\cdots+k_n} + \cdots} =$$

$$\frac{(l_1 + l_2 + \cdots + l_n) p^{k_1+k_2+\cdots k_n+1} + \cdots}{p^{k_1+k_2+\cdots+k_n} + \cdots}$$

它确实是一个分子的次数比分母的次数高 1 的分式.

(2)n个拉氏阻抗分别为$Z_1, Z_2, \cdots, Z_n$的电路并联而成的电路等价于n个拉氏阻抗分别为$Z_1, Z_2, \cdots, Z_n$之导线段并联而成的电路. 因此,这种电路的拉氏阻抗为$(Z_1^{-1} + Z_2^{-1} + \cdots + Z_n^{-1})^{-1}$. 还要求证明的为:如果$Z_1, Z_2, \cdots, Z_n$都是分子次数比分母次数高 1 的分式,则$(Z_1^{-1} + Z_2^{-1} + \cdots + Z_n^{-1})^{-1}$必也是这样. 验证如下:

设

$$Z_1 = \frac{p^{k_1+1} + \cdots}{l_1 p^{k_1} + \cdots}, Z_2 = \frac{p^{k_2+1} + \cdots}{l_2 p^{k_2} + \cdots}, \cdots, Z_n = \frac{p^{k_n+1} + \cdots}{l_n p^{k_n} + \cdots}, (l_1, l_2, \cdots, l_n > 0)$$

则

$$(Z_1^{-1} + Z_2^{-1} + \cdots + Z_n^{-1})^{-1} =$$

$$\left(\frac{l_1 p^{k_1} + \cdots}{p^{k_1+1} + \cdots} + \frac{l_2 p^{k_2} + \cdots}{p^{k_2+1} + \cdots} + \cdots + \frac{l_n p^{k_n} + \cdots}{p^{k_n+1} + \cdots}\right)^{-1} =$$

$$\left(\frac{(l_1 p^{k_1+k_2+\cdots+k_n+n-1} + \cdots) + \cdots + (l_n p^{k_1+k_2+\cdots+k_n+n-1} + \cdots)}{p^{k_1+k_2+\cdots+k_n+n} + \cdots}\right)^{-1} =$$

$$\frac{p^{k_1+k_2+\cdots+k_n+n} + \cdots}{(l_1 + l_2 + \cdots + l_n) p^{k_1+k_2+\cdots+k_n+n-1} + \cdots}$$

它确实是一个分子次数比分母次数高 1 的分式.

前文"3"所讲的Z是一个分子次数比分母次数高 1 的分式,是这里的一个特例.

（3）由（1）和（2）可知，以上简化电路得到的等价新电路的拉氏阻抗仍是分子次数比分母次数高 1 的分式，因为一开始进行简化电路的拉氏阻抗就是分子次数比分母次数高 1 的分式．

三、空载电路中的电流计算

一个空载电路（在接通电动势之前，电路上没有电流，且电容中也没有电量的电路）接通两端电位差为 $u_e(t)$ 的电动势后，将有电流 $i(t)$ 流经电路，此 $i(t)$ 可以用下列电路特征定理来计算：

若 $u_e(t)$ 拟连续、缓增，则 $i(t)=g(t)*u_e(t)=\int_0^1 g(t-\tau)u_e(\tau)\mathrm{d}\tau$，此处 $g(t)=\mathscr{L}^{-1}\{Z^{-1}\}$，称为该电路的电路特征．

证 由闭电路定律，有 $u_e(t)=u(t)$，再由（强）拉氏电位降定理，可得 $\mathscr{L}\{u_e(t)\}=Z\mathscr{L}\{i(t)\}$，所以 $\mathscr{L}\{i(t)\}=Z^{-1}\mathscr{L}\{u_e(t)\}$，但 Z^{-1} 为一真分式，$\mathscr{L}^{-1}\{Z^{-1}\}$ 必然是拟连续、缓增的[1]．故由卷积定理可知

$$i(t)=g(t)*u_e(t)=\int_0^t g(t-\tau)u_e(\tau)\mathrm{d}\tau \tag{11}$$

当电路很复杂时，计算 $g(t)$ 也很复杂，则可利用电路特征测定定理，用电学办法测定出来．

若外接电动势两端之电位差为 $\delta_0(t)$，则流经电路之电流 $i(t)=g(t)$，即为电路特征测定定理．

证 由闭电路定律，有 $u_e(t)=u(t)$，再由（强）拉氏电位降定理，就可得到

$$\mathscr{L}^s\{u_e(t)\}=Z\mathscr{L}\{i(t)\} \tag{12}$$

当 $u_e(t)=\delta_0(t)$ 时，就有 $1=Z\mathscr{L}\{i(t)\}$，因此

$$i(t)=\mathscr{L}^{-1}\{Z^{-1}\}=g(t) \tag{13}$$

要提醒的是，由于任何导线都有电感 $L>0$，所以任何电路的拉氏阻抗 Z 都是分子次数比分母次数高 1 的分式，而 Z^{-1} 就是真分式，这就足以保证电路特征定理及电路特征测定定理的成立．所以，电路特征定理和电路特征测定定理是普遍成立的．

参考文献：

[1]М·А·拉甫伦捷夫，Б·А·沙巴特.复变函数论方法.北京:高等教育出版社,1957.

[2]孙家永.高等数学.西安:高等数学研究,2005.

2. 数学电路理论初探

孙家永　完稿于 2008 年 6 月

摘　要　本文将电路理论中涉及的一些术语,定律都用数学表达出来,并作了汇总.

一、一些术语

1. 导线

有两个端点的简单曲线 $\mathscr{C}$,标出有分式 $\dfrac{Lp^2+Rp+Q}{p}=Z$ 的,(其中 $L>0.R,Q\geqslant0$),就称为一条导线,记作 $\mathscr{C}(Z)$;L 称为 $\mathscr{C}(Z)$ 之电感,R 称为 $\mathscr{C}(Z)$ 之电阻;Q 称为 $\mathscr{C}(Z)$ 之电泄,$Q\neq0$ 时,称 $\dfrac{1}{Q}=C$ 为 $\mathscr{C}(Z)$ 之电容,一段导线完全由它标示的 Z 所确定,与有两端点之简单曲线的形状无关.

2. 电路

将有限条导线串联、并联起来,就得一电路:

$$\overset{Z_1\ \ Z_2\ \cdots\cdots\ Z_n}{\circ\!\!-\!\!-\!\!-\!\!-\!\!-\!\!-\!\!-\!\!-\!\!-\!\!-\!\!\circ}$$

将 $\mathscr{C}_1(Z_1),\mathscr{C}_2(Z_2),\cdots,\mathscr{C}_n(Z_n)$ 串联起来的电路,记成 $\underset{\mathscr{C}_1(Z_1)\ \ \mathscr{C}_2(Z_2)\ \cdots\cdots\ \mathscr{C}_n(Z_n)}{\circ\!\!-\!\!-\!\!-\!\!-\!\!-\!\!-\!\!\circ}$ 或简记为

将 $\mathscr{C}_1(Z_1),\mathscr{C}_2(Z_2),\cdots,\mathscr{C}_n(Z_n)$ 并联起来的电路,记成

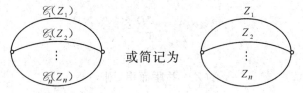

或简记为

一段导线是一个最简单的电路.

3. 电流

一个在 $(0,+\infty)$ 上确定的有连续导数且缓增的函数 $i(t)$,称为 $\mathscr{C}(Z)$ 上的电流,并且要求 $i(t)\to0$,当 $t\to0$.

4. 拉氏电流

$i(t)$ 的拉氏变象 $\mathscr{L}\{i(t)\}$,称为 $\mathscr{C}(Z)$ 的拉氏电流.

5. 电位降

$$u(t)=L\frac{\mathrm{d}i(t)}{\mathrm{d}t}+Ri(t)+Q\int_0^t i(t)\mathrm{d}t\ \text{称为}\ \mathscr{C}\left(\frac{Lp^2+Rp+Q}{p}\right)\text{上由电流}\ i(t)\ \text{所产生的电位}$$

降.

6. 拉氏电位降

$\mathscr{L}\{u(t)\}$ 称为 $\mathscr{C}\left(\dfrac{p^2+Rp+Q}{p}\right)$ 上由电流 $i(t)$ 产生的拉氏电位降,显然,对一段导线来说,有

$$\mathscr{L}\{u(t)\} = Lp\mathscr{L}\{i(t)\} + R\mathscr{L}\{i(t)\} + \frac{Q}{p}\mathscr{L}\{i(t)\} = Z\mathscr{L}\{i(t)\}$$

这个公式的左端 $\mathscr{L}\{u(t)\}$ 换成 $u(t)$ 之强拉氏变象 $\mathscr{L}^s\{u(t)\}$ 也能成立,故它可写成 $\mathscr{L}^{(s)}\{u(t)\} = Z\mathscr{L}\{i(t)\}$,其中 $\mathscr{L}^{(s)}\{u(t)\}$ 表示既可是 $\mathscr{L}\{u(t)\}$ 也可以是 $\mathscr{L}^s\{u(t)\}$. $\mathscr{L}^{(s)}\{u(t)\} = Z\mathscr{L}\{i(t)\}$ 称为一段导线的(强)拉氏电位降定理.

二、几个定律

(一) 计算电位降或拉氏电位降的两个定律

1. 全电流定律
若电路由 $\mathscr{C}_1(Z_1), \mathscr{C}_2(Z_2), \cdots, \mathscr{C}_n(Z_n)$ 串联而得,则

(1) 此电路之各段导线之电流 $i(t)$ 完全一样.

(2) 各段导线之电位降都加起来,就是该电路之电位降,即电路之电位降为

$$u(t) = \sum_{j=1}^{n}\left[L_j\frac{\mathrm{d}i(t)}{\mathrm{d}t} + R_ji(t) + Q_j\int_0^t i(t)\mathrm{d}t\right]$$

可得相应的(强)拉氏电位降

$$\mathscr{L}^{(s)}\{u(t)\} = \sum_{j=1}^{n}\left[pL_j\mathscr{L}\{i(t)\} + R_j\mathscr{L}\{i(t)\} + Q_j\frac{1}{p}\mathscr{L}\{i(t)\}\right] =$$

$$\sum_{j=1}^{n}\frac{L_jp^2 + R_jp + Q_j}{p}\mathscr{L}\{i(t)\}$$

即

$$\mathscr{L}^{(s)}\{u(t)\} = \sum_{j=1}^{n}Z_j\mathscr{L}\{i(t)\}$$

2. 分电流定律
若电路由 $\mathscr{C}_1(Z_1), \mathscr{C}_2(Z_2), \cdots, \mathscr{C}_n(Z_n)$ 并联而得,则

(1) $i(t)$ 必可分拆成各段导线上之电流 $i_1(t), i_2(t), \cdots, i_n(t)$ 之和.

(2) 各段导线之电位降都相同,同为 $u(t)$.

即

(1) $i(t) = i_1(t) + i_2(t) + \cdots + i_n(t)$

(2) $u_1(t) = u_2(t) = \cdots = u_n(t) = u(t)$

由分电流定律直接计算各段导线上之电位降不太容易,但却可以由它计算拉氏电位降或强拉氏电位降

由(1) 知 $\mathscr{L}\{i(t)\} = \mathscr{L}\{i_1(t)\} + \mathscr{L}\{i_2(t)\} + \cdots + \mathscr{L}\{i_n(t)\}$

而由(2) 知 $\mathscr{L}^{(s)}\{u_1(t)\} = \mathscr{L}^{(s)}\{u_2(t)\} = \cdots = \mathscr{L}^{(s)}\{u_n(t)\} = \mathscr{L}^{(s)}\{u(t)\}$

故 $\mathscr{L}\{i_1(t)\} = Z_1^{-1}\mathscr{L}^{(s)}\{u(t)\}, \mathscr{L}\{i_2(t)\} = Z_2^{-1}\mathscr{L}^{(s)}\{u(t)\}, \cdots, \mathscr{L}\{i_n(t)\} = Z_n^{-1}\mathscr{L}^{(s)}\{u(t)\}$

所以 $\mathscr{L}\{i(t)\} = Z_1^{-1}\mathscr{L}^{(s)}\{u(t)\} + Z_2^{-1}\mathscr{L}^{(s)}\{u(t)\} + \cdots + Z_n^{-1}\mathscr{L}^{(s)}\{u(t)\}$

从而 $\mathscr{L}^{(s)}\{u(t)\} = (Z_1^{-1} + Z_2^{-1} + \cdots + Z_n^{-1})^{-1}\mathscr{L}\{i(t)\}$

(二) 闭电路定律

若一个空载电路之两端与一个两端有电位差非 0 的 $u_e(t)$ 之电动势两端连接起来,则此空载电路上就会产生一个非 0 的电流 $i(t)$,使 $\mathscr{L}^{(s)}\{u_e(t)\} = \mathscr{L}^{(s)}\{u(t)\} = Z\mathscr{L}\{i(t)\}$

这里所谓空载电路,实际上是连接电源后,电路上产生的 $i(t)$ 引起的拉氏电位降仍是 $\mathscr{L}^{(s)}\{u(t)\} = Z\mathscr{L}\{i(t)\}$ 的换一种说法.

所有电路理论中的最基本的术语及定律(公理)就都汇总在这里,下面就只要用数学就可开展电路理论的研究,请参阅[1].

这里再说两点:

(1) 对非空载电路,$\mathscr{L}^{(s)}\{u_e(t)\} = Z\mathscr{L}\{i(t)\}$ 不成立,要零作讨论.

(2) 数学上可以讨论导线上"电位降"为

$$M\frac{\mathrm{d}^2 i}{\mathrm{d}t^2} + L\frac{\mathrm{d}i}{\mathrm{d}t} + Ri + Q\int_0^t i\mathrm{d}t$$

或

$$N\frac{\mathrm{d}^3 i}{\mathrm{d}t^3} + M\frac{\mathrm{d}^2 i}{\mathrm{d}t^2} + L\frac{\mathrm{d}i}{\mathrm{d}t} + Ri + Q\int_0^t i\mathrm{d}t, \cdots$$

的情形,但是否有实际意义,现在尚不知.

参考文献:

[1] 孙家永. 电路模型的改进及一些相应结果. 宁波大学学报(理工版),2008(3).

3. 矩阵用初等行变换化成最简形的形式是唯一的*

孙家永 完稿于 2004 年 5 月

摘 要 本文只以线性代数的知识，证明了本题目中所列之命题，从而可以取代为用消去法解线性代数方程组而引进的矩阵之广义逆概念以及其他一些复杂定理．作者从给定的 $m \times n$ 矩阵 A，$(m \leqslant n)$，按照一定的规律作出一个可逆的 $m \times m$ 方程 B，再证明不论用什么初等行变换将 A 化成最简形 S，总有 $S = B^{-1}A$，从而得到最简形的唯一性．

引理

若 $A = \begin{bmatrix} a_{11} & \cdots & a_{1n} \\ \vdots & & \vdots \\ a_{m1} & \cdots & a_{mn} \end{bmatrix}$ 经一系列初等行变换，变成 $B = \begin{bmatrix} b_{11} & \cdots & b_{1n} \\ \vdots & & \vdots \\ b_{m1} & \cdots & b_{mn} \end{bmatrix}$．以 $\alpha_1, \cdots, \alpha_n$ 记 A

之各列，$\beta_1, \cdots, \beta_n$ 记 B 之各列，则对任 $i_1, \cdots, i_k$，如有

$$c_1 \alpha_{i_1} + \cdots + c_k \alpha_{i_k} = 0$$

必有

$$c_1 \beta_{i_1} + \cdots + c_k \beta_{i_k} = 0$$

反之亦然．

证 A 能用一系列初等行变换变成 B，即可以一个 $P = E_1 \cdots E_h$（此处 $E_1, \cdots, E_k$ 为一些初等行变换矩阵，非奇异）从左乘 A 得到 B，即

$$P(\alpha_1, \cdots, \alpha_n) = (\beta_1, \cdots, \beta_n)$$

于是

$$P\alpha_1 = \beta_1, \cdots, P\alpha_n = \beta_n$$

故如有 $c_1 \alpha_{i_1} + \cdots + c_k \alpha_{i_k} = 0$，则于两端左乘 P 即得

$$c_1 P a_{i_1} + \cdots + c_k P a_{i_k} = 0$$

即

$$c_1 \beta_{i1} + \cdots + c_k \beta_{i_k} = 0$$

反之，如后一式成立则两端左乘 P^{-1}，即知前一式成立．

推论 若 $\alpha_{i_1}, \cdots, \alpha_{i_k}$ 线性无关，则 $\beta_{i_1}, \cdots, \beta_{i_k}$ 线性无关，反之亦然．

因为 $c_1 \beta_{i_1} + \cdots + c_k \beta_{i_k} = 0$ 必有 $c_1 \alpha_{i_1} + \cdots + c_k a_{i_k} = 0$，但 $a_{i_1}, \cdots, a_{i_n}$ 线性无关，故必然 $c_1, \cdots,$ c_k 全为 0，即 $\beta_{i_t}, \cdots, \beta_{i_B}$ 线性无关．反之亦然可同样证明．

---

* 本文是我与朱宗俭教授在宁波大学执教时，切磋而得的结果．

定理 矩阵 $A=\begin{bmatrix} a_{11} & \cdots & a_{1n} \\ \vdots & \ddots & \vdots \\ a_{m1} & \cdots & a_{mn} \end{bmatrix}$ 之行最简形矩阵是唯一的.

证 设 A 之秩为 r,则我们早已知道,必有一系列初等行变换能将 A 变成行最简形

$$\begin{bmatrix} 0 & \cdots & 0 & 1 & \cdots & \times & 0 & \times & \cdots & \times & 0 & \times & \cdots & \cdots \\ & & & 0 & \cdots & 0 & 1 & \times & \cdots & \times & 0 & \times & \cdots & \cdots \\ & & & & & & 0 & \cdots & \cdots & 0 & 1 & \times & \cdots & \cdots \\ & & & & & & & & & & \cdots & \cdots & \cdots & \cdots \end{bmatrix}$$

它有 r 个非 0 行. 设它的第 1 行之首数 1 在第 j_1 列,第 2 行之首数 1 在第 j_2 列,$\cdots$,第 r 行 之首数 1 在第 j_r 列,于是它的第 j_1 列为 $\begin{bmatrix} 1 \\ 0 \\ \vdots \\ \vdots \\ 0 \end{bmatrix}$,第 j_2 列为 $\begin{bmatrix} 0 \\ 1 \\ \vdots \\ \vdots \\ 0 \end{bmatrix}$,$\cdots$,第 j_r 列为 $\begin{bmatrix} 0 \\ \vdots \\ 1 \\ \vdots \\ 0 \end{bmatrix}$ $\cdots\cdots$ 第 r 行, $(j_1 < j_2 < \cdots < j_r)$

故这一系列初等行变换,将

$$\begin{bmatrix} a_{1j_1} \\ \vdots \\ a_{mj_1} \end{bmatrix}, \begin{bmatrix} a_{1j_2} \\ \vdots \\ a_{mj_2} \end{bmatrix}, \cdots, \begin{bmatrix} a_{1j_r} \\ \vdots \\ a_{mj_r} \end{bmatrix}$$

分别变成

$$\begin{bmatrix} 1 \\ 0 \\ \vdots \\ \vdots \\ 0 \end{bmatrix}, \begin{bmatrix} 0 \\ 1 \\ \vdots \\ \vdots \\ 0 \end{bmatrix}, \cdots, \begin{bmatrix} 0 \\ \vdots \\ 1 \\ \vdots \\ 0 \end{bmatrix} \cdots\cdots 第 r 行$$

现在我们分两步来证明所给定理.

(1)不管用哪一系列初等变换将 A 变成行最简形矩阵,它的各行首数 1 的位置是不会变动 的. 即若零一系列初等行变换,将 A 变成行最简形矩阵,使其第 1 行之首数 1 在 j_1' 列,第 2 行 之首数 1 在 j_2' 列. $\cdots$,第 r 行之首数 1 在 j_r' 列,即这一系列初等行变换将

$$\begin{bmatrix} a_{1j_1'} \\ \vdots \\ a_{mj_1'} \end{bmatrix}, \begin{bmatrix} a_{1j_2'} \\ \vdots \\ a_{mj_2'} \end{bmatrix}, \cdots, \begin{bmatrix} a_{1j_r'} \\ \vdots \\ a_{mj_r'} \end{bmatrix}$$

分别变成

$$\begin{bmatrix} 1 \\ 0 \\ \vdots \\ \vdots \\ 0 \end{bmatrix}, \begin{bmatrix} 0 \\ 1 \\ \vdots \\ \vdots \\ 0 \end{bmatrix}, \cdots 1 \begin{bmatrix} 0 \\ \vdots \\ \vdots \\ 0 \end{bmatrix} \cdots\cdots 第 r 行$$

则必 $j_1'=j_1,j_2'=j_2,j_r'=j_r$

证 $j_1=j_1'$

在 A 经第一系列初等行变换所变成的行最简形矩阵中,第 j_1 列之前的每一列均为 0,直到第 j_1 列才不为 0,即第 j_1 列之前的每一列均线性相关,直到第 j_1 列才不线性相关.故由推论, A 中之列的情况也是如此,这是第一种结论;在 A 经零一系列初等行变换所成的行最简形矩阵中,第 j_1' 列之前的每一列均为 0,直到第 j_1' 列才不为 0,即第 j_1' 列之前的每一列均线性相关,直到第 j_1' 列才不线性相关.故由本节中之推论, A 中之列的情况也是如此,这是第二种结论.

由这两种结论可知 $j_1 \nless j_1'$.否则, $j_1 < j_1'$,由第二种结论知 A 中第 j_1 列将线性相关,但由第一种结论 A 中之第 j_1 列是不线性相关的,矛盾.同理可知 $j_1 \ngtr j_1'$.故 $j_1 = j_1'$.

$j_2=j_2'$

在 A 经第一系列初等行变换所变成的行最简矩阵中,第 j_2 列前之各列为 $\begin{pmatrix}0\\\vdots\\\vdots\\0\end{pmatrix},\cdots,\begin{pmatrix}0\\\vdots\\\vdots\\0\end{pmatrix},$

$\begin{pmatrix}1\\0\\\vdots\\0\end{pmatrix},\begin{pmatrix}\times\\0\\\vdots\\0\end{pmatrix},\cdots,\begin{pmatrix}\times\\0\\\vdots\\0\end{pmatrix}.$ 它们之每一列均与第 j_1 列 $\begin{pmatrix}1\\0\\\vdots\\0\end{pmatrix}$ 线性相关,直到第 j_2 列 $\begin{pmatrix}0\\1\\\vdots\\0\end{pmatrix}$ 才与第 j_1 列

不线性相关.故由推论, A 中之列的情况也必如此,这是第一种结论.

完全类似,在 A 经零一系列初等行变换所变成的行最简形矩阵中,第 j_2' 前的每一列均与 $j_1'=j_1$ 列线性相关,直到第 j_2' 列才不与第 $j_1'=j_1$ 列线性相关.故 A 中之列的情况也如此.这是第二种结论.

由这两种结论可知 $j_3 \nless j_2'$.否则, $j_2 < j_2'$,由第二种结论知 A 中之第 j_2 列将与第 $j_1'=j_1$ 列线性相关,但由第一种结论, A 中之第 j_2 列与第 j_1 列是不线性相关的,矛盾.同理可知 $j_2' \nless j_2$,故 $j_2 = j_2'$.

依此类推,可知 $j_3=j_3',\cdots,j_r=j_r'$.

(2)将 A 变成行最简矩阵之初等行变换系列可各不相同,但它们所变成之行最简形矩阵都是相同的.

证 任一系列初等行变换能将 A 变成行最简形矩阵者必将

$$\begin{pmatrix}a_{1j_1}\\\vdots\\a_{mj_1}\end{pmatrix},\cdots\cdots,\begin{pmatrix}a_{1j_r}\\\vdots\\a_{mj_r}\end{pmatrix}$$

分别变成

$$\begin{pmatrix}1\\0\\\vdots\\\vdots\\\vdots\\0\end{pmatrix},\cdots,\begin{pmatrix}0\\\vdots\\1\\\vdots\\0\end{pmatrix}\cdots\cdots 第 r 行$$

由于后面这 r 个列向量线性无关,故 $\begin{bmatrix} a_{1j_1} \\ \vdots \\ a_{mj_1} \end{bmatrix}, \cdots, \begin{bmatrix} a_{1j_r} \\ \vdots \\ a_{mj_r} \end{bmatrix}$ 也线性无关. 故由判定定理知

$\begin{bmatrix} a_{1j_1} & \cdots & a_{mj_r} \\ \vdots & & \vdots \\ a_{mj_1} & \cdots & a_{mj_r} \end{bmatrix}$ 中必含有一 r 阶行列式不为 0. 设其为 $\begin{bmatrix} a_{i_1j_1} & \cdots & a_{i_1j_r} \\ \vdots & & \vdots \\ a_{i_rj_1} & \cdots & a_{i_rj_r} \end{bmatrix}$. 在

$\begin{bmatrix} a_{1j_1} & \cdots & a_{1j_r} \\ \vdots & & \vdots \\ a_{mj_1} & \cdots & a_{mj_r} \end{bmatrix}$ 之后面再接着写 $m-r$ 列. 每列除了一个数是 1 外,其余都是 0,并且各列的

1 从上而下顺次位在异于第 i_1 行, $\cdots$,第 i_r 行之各个行上,这样就确定出一个 m 阶方阵

$$\begin{bmatrix} a_{1j_1} & \cdots & a_{1j_r} & 0 & \cdots & 0 \\ \vdots & \vdots & \vdots & \vdots & \vdots & \vdots \\ \vdots & \vdots & \vdots & 1 & \vdots & 0 \\ \vdots & \vdots & \vdots & \vdots & \vdots & 1 \\ \vdots & \vdots & \vdots & \vdots & \vdots & \vdots \\ a_{mj_1} & \cdots & a_{mj_r} & 0 & \cdots & 0 \end{bmatrix} = B$$

将这个 m 阶方阵的行列式从后往前逐列按列展开,知其为

$$\begin{vmatrix} a_{i_1j_1} & \cdots & a_{i_1j_r} \\ \vdots & & \vdots \\ a_{i_rj_1} & \cdots & a_{i_rj_r} \end{vmatrix} \quad 或 \quad - \begin{vmatrix} a_{i_1j_1} & \cdots & a_{i_1j_r} \\ \vdots & & \vdots \\ a_{i_rj_1} & \cdots & a_{i_rj_r} \end{vmatrix}$$

故上述 m 阶方阵之秩为 m. 我们用 3 个系列之初等行变换将它变成 I. 首先,用将 A 变成行最简形矩阵的该任一系列初等行变换来变换

$$B = \begin{bmatrix} a_{1j_1} & \cdots & a_{1j_r} & 0 & \cdots & 0 \\ \vdots & \vdots & \vdots & \vdots & \vdots & \vdots \\ \vdots & \vdots & \vdots & 1 & \vdots & 0 \\ \vdots & \vdots & \vdots & \vdots & \vdots & \vdots \\ \vdots & \vdots & \vdots & \vdots & \vdots & 1 \\ \vdots & \vdots & \vdots & \vdots & \vdots & \vdots \\ a_{mj_1} & \cdots & a_{mj_r} & 0 & \cdots & 0 \end{bmatrix}$$

就将它变成满秩方程

$$B_1 = \begin{pmatrix} 1 & \cdots & 0 & \times & \cdots & \times \\ 0 & \vdots & \vdots & \vdots & \vdots & \vdots \\ \vdots & \vdots & 1 & \vdots & \vdots & \vdots \\ 0 & \vdots & 0 & \times & \vdots & \times \\ \vdots & \vdots & \vdots & \vdots & \vdots & \vdots \\ 0 & \cdots & 0 & \times & \cdots & \times \end{pmatrix}$$

再对 B_1 的最后 $m-r$ 行接着用一系列初等行变换将它变成行最简形,

$$\begin{pmatrix} 1 & \cdots & 0 & \times & \cdots & \times \\ 0 & \vdots & 0 & \times & \vdots & \times \\ \vdots & \vdots & \vdots & \vdots & \vdots & \vdots \\ 0 & \vdots & 1 & \times & \vdots & \times \\ 0 & \vdots & 0 & 1 & \vdots & 0 \\ \vdots & \vdots & \vdots & \vdots & 0 & \vdots \\ \vdots & \vdots & \vdots & \vdots & \vdots & \vdots \\ 0 & \cdots & 0 & 0 & \cdots & 1 \end{pmatrix}$$

由于不能有 0 行出现,故 B_1 之右下角必然化成一个 $(m-r) \times (m-r)$ 阶单位阵 I_{m-r}.

最后接着用一系列消元变换将 I_{m-r} 上方的数都变成 0,就得到了 I.

记第一系列初等行变换(即该任一系列初等行变换)相应之初等行变换矩阵之乘积为 P,第二系列初等行变换相应之初等行变换矩阵之乘积为 P',最后一系列初等行变换相应之初等行变换矩阵之乘积为 P'',就可得到

$$P''P'P \begin{pmatrix} a_{1j_1} & \cdots & a_{1j_r} & 0 & \cdots & 0 \\ \vdots & \vdots & \vdots & \vdots & \vdots & \vdots \\ \vdots & \vdots & \vdots & 1 & \vdots & 0 \\ \vdots & \vdots & \vdots & \vdots & \vdots & \vdots \\ \vdots & \vdots & \vdots & \vdots & \vdots & 1 \\ \vdots & \vdots & \vdots & \vdots & \vdots & \vdots \\ a_{mj_1} & \cdots & a_{mj_r} & 0 & \cdots & 0 \end{pmatrix} = P''P'PB = I$$

故 $P''P'P = B^{-1}$

现在来看这三系列初等行变换将 A 变成什么. 第一系列初等行变换已将 A 变成了行最简形矩阵.

$$S = \begin{pmatrix} 0 & \cdots & 0 & 1 & \times & \cdots & \times & 0 & \times & \cdots & \times & 0 & \times & \cdots \\ & & 0 & \cdots & \cdots & 0 & 1 & \times & \cdots & \times & 0 & \times & \cdots \\ & & & & & & & 0 & \cdots & \cdots & 0 & 1 & \times & \cdots \\ & & & & & & & & & \cdots & \cdots & \cdots & & \\ & & & & & & & & & & & & & \end{pmatrix}$$ 它的最后 $m-r$ 行全是 0.

再对它们作第二系列初等行变换,S 的形式不会改变,最后一系列消元变换,都是把某 r_i(行)$(i \leqslant r)$ 换成新 $r'_i = r_i - cr_j$ 的形式(其中 c 为适当数,$j > r$). 它们都不会改变 S 的形式.(因为 r_j 行是 0 行)

故得 $$PA = S, P'PA = P'S = S, P''P'PA = P''S = S$$

但 $P''P'P = B^{-1}$ 故 $S = B^{-1}A$. 既然 S 总是这个形式,它就是唯一确定的.

参考文献:

[1]孙家永.线性代数.高等数学研究,2005.

[2]倪国熙.常用的矩阵理论和方法.上海:上海科学技术出版社,1984.

4. 函数最值之正规求法及舍弃原理

孙家永　完稿于 2003 年 12 月

摘　要　本文为求非紧集上连续的函数之最值(含条件最值)提供了一种辅助工具.

设要求某个函数在集合 E 中所有点处之函数值之最大者(称函数在 E 上之最大值). 我们先看 E 上所有点处函数值之最大值是否存在. 如不存在, 就不必找; 如存在, 则进一步找. 正规的找法是将所有可能是最大值的那些函数值进行比较, 由于 E 上的最大值必是这些进行比较的函数值之最大者, 将它找出来, 就是函数在 E 上之最大值了. 由于要进行比较的函数值往往不太多, 很容易找出它们之最大者, 从而就找到了函数在 E 上的最大值.

例如, E 是一个闭区间, 函数 $f(x)$ 在 E 上连续, 则 $f(x)$ 在 E 上的最大值就存在. 再由内最大值点定理, 区间之内点, 只有 $f'(x)$ 不存在或 $f'(x)=0$ 之点, 才有可能使 $f(x)$ 在这些点处取最大值. 故将区间内部所有使 $f'(x)$ 不存在或 $f'(x)=0$ 之点处之函数值及端点(也可能使函数取最大值)之函数值进行比较, 找出最大者, 它就是函数在闭区间上之最大值. 这是大家所熟悉的. 这种方法可推广为求多元函数之最大值或条件最大值之方法. 然而, 如果不能肯定函数在 E 上之最大值存在, 则这种方法无效.

可否从 E 中舍弃一些不能使函数取最大值之点, 使函数在剩下的点集上存在最大值, 从而使正规求法有效? 下面要讲的舍弃原理就是一个这样的定理, 由于它说得很原则性(怎样取 D, D' 都没有具体说明), 所以我把它叫成了舍弃原理.

舍弃原理　设要求某个函数在 E 中所有点处之函数值之最大者. 如 $D \subset E$, 且对 D 的每一个点处之函数值, 在 $E \backslash D$ 中都有一相应点处之函数值 $>$ 它, 则任何包含于 D 中之 D' 中所有点处之函数值都不是 E 中所有点处函数值之最大者, 可将它们舍弃, E 中所有点处函数值之最大者, 只能在 $E \backslash D'$ 上取得; 并且只要 $E \backslash D'$ 中所有点处之函数值存在最大者, 它必然就是 E 中所有点处函数值之最大者.

证　第一部分结论是明显的, 只证第二部分结论. 设 M 为 $E \backslash D'$ 中所有点处函数值之最大者, 则 $M \geqslant E \backslash D'$ 中所有点处之函数值, 当然 $\geqslant E \backslash D$ 中所有点处之函数值(因 $E \backslash D \subset E \backslash D'$), 且 D 中每一点处之函数值必 $< E \backslash D'$ 中一相应点之函数值(因 $E \backslash D' \supset E \backslash D$), 从而 $\leqslant M$, 所以 $M \geqslant E$ 中所有点处之函数值, 即 M 为 E 中所有点处函数值之最大者.

舍弃原理中将最大换成最小, 当然也能成立.

现在介绍这个原理在求一元函数最值时的应用.

设 $f(x)$ 在 $E = (a, b]$ 上连续, 则 $f(x)$ 在 E 上是否有最大值不能肯定, 不能用正规方法求最大值. 但是有时可用舍弃原理帮助来求最大值.

例如, 若已求得 $f(x)$ 在 (a, b) 中所有使 $f'(x)$ 不存在或 $f'(x)=0$ 之点及点 b 处函数值之最大者为 $f(x_1)$, 而 $f(x_1) > \lim\limits_{x \to a^+} f(x)$, 则 $f(x_1)$ 就是 $f(x)$ 在 $(a, b]$ 上之最大值.

证　由极限之局部估值定理可知有 $c > a$, 使 $f(x) < f(x_1)$, 在 (a, c) 上. 现在 x_1 必属于

$[c,b]$(因 $f(x) < f(x_1)$,当 $x \in (a,c)$). 因此,可以将 (a,c) 舍弃,最大值只能在 $[c,b]$ 上取得,并且 $f(x)$ 在 $[c,b]$ 上之最大值就是 $f(x)$ 在 $(a,b]$ 上之最大值.

由于 $f(x_1) \geqslant \lim\limits_{x \to c^-} f(x) = f(c)$(因 $f(x) < f(x_1)$,当 $x \in (a,c)$). 所以 $f(x_1)$ 不仅是 $(a,b]$ 内所有可疑点及 b 处函数值之最大者,也是 $[c,b]$ 内所有可疑点及 b,c 处之最大函数值,即 $f(x_1)$ 是 $[c,b]$ 上 $f(x)$ 之最大值,它就是 $f(x)$ 在 $(a,b]$ 上最大值.

上述这些说法将最大换成最小也能成立.

这个命题将 $(a,b]$ 换成 $[a,b)$ 类似作法也成立,并且区间开的一端可以是 $\pm \infty$.

若将 $(a,b]$ 换成 (a,b),则作法稍有不同,我们先求出 $f(x)$ 在 (a,b) 中的所有可疑点处之函数值,设最大的及最小的分别为 $f(x_1), f(x_2)$ 则当 $f(x_1) > \max\{\lim\limits_{x \to a^+} f(x), \lim\limits_{x \to b^-} f(x)\}$ 或 $f(x_2) < \min\{\lim\limits_{x \to a^+} f(x), \lim\limits_{x \to b^-} f(x)\}$ 时,$f(x_1)$ 或 $f(x_2)$ 就分别是 $f(x)$ 在 (a,b) 上之最大值或最小值. 舍弃原理在讨论多元函数之最值或条件最值时也可用. 它在帮助解决多元函数之最值及条件最值问题时,更会显示可以灵活选 D 及 D' 之方便性.

参考文献:

[1] 孙家永. 高等数学. 高等数学研究,2005.

[2] 孙家永. 引进参数求最值的方法. 高等数学研究,2005(2).

[3] 孙家永. 正确地求条件最值. 高等数学研究,2006(2).

5. 正确地求条件最值

孙家永　完稿于 2004 年 5 月

摘　要　本文对正确地求条件最值问题作了系统论述,并举例来澄清一些普遍存在的错误观念.

一、关于隐函数组的一些预备知识

1. 奇点、非奇点

设 $g_1(x_1,\cdots,x_n)=0,\cdots,g_m(x_1,\cdots,x_n)=0,(m<n)$ 为已给的方程组,$(x_{10},\cdots,x_{n0})$ 为方程组图形 S 上的一个点.

若 在 $(x_{10},\cdots,x_{n0})$ 处,$g_1(x_1,\cdots,x_n),\cdots,g_m(x_1,\cdots,x_n)$ 之 诸 偏 导 数 都 连 续 且

$$\mathrm{rank}\begin{bmatrix} g'_{1x_1}, & \cdots, & g'_{1x_n} \\ \vdots & & \vdots \\ g'_{mx_1}, & \cdots, & g'_{mx_n} \end{bmatrix}=m,$$ 则称 $(x_{10},\cdots,x_{n0})$ 为 S 上的非奇点;否则,称 $(x_{10},\cdots,x_{n0})$ 为 S 上

之 奇 点, 即 S 上 之 奇 点 是 使 $g_1,\cdots,g_m$ 之 诸 偏 导 数 在 该 点 有 不 连 续 的 或 使

$$\mathrm{rank}\begin{bmatrix} g'_{1x_1} & \cdots & g'_{1x_n} \\ \vdots & & \vdots \\ g'_{mx_1} & \cdots & g'_{mx_n} \end{bmatrix}$$ 在该点 $<m$ 的点.

若 在 $(x_{10},\cdots,x_{n0}),g_1(x_1,\cdots,x_n),\cdots,g_m(x_1,\cdots,x_n)$ 之 诸 偏 导 数 都 连 续, 且

$$\det\begin{bmatrix} g'_{1x_{i_1}} & \cdots & g'_{1x_{i_m}} \\ \vdots & & \vdots \\ g'_{mx_{i_1}} & \cdots & g'_{mx_{i_m}} \end{bmatrix}\neq 0,$$ 则称 $(x_{10},\cdots,x_{n0})$ 为 S 上之非 $x_{i_1},\cdots,x_{i_m}$ 奇点,否则称之为 $x_{i_1},\cdots,$

x_{i_m} 奇点.

2. 隐函数组定理

定理　若 $x_{10},\cdots,x_{n0}$ 为 S 上之非 $x_1,\cdots,x_m$ 奇点,则在 $(x_{m+10},\cdots,x_{n0})$ 之某一邻域上有唯一的,有连续偏导数的由此方程组所确定的隐函数组

$$x_1=x_1(x_{m+1},\cdots,x_n),\cdots,x_m=x_m(x_{m+1},\cdots,.x_n)$$

它的图形通过 $(x_{10},\cdots,x_{m0},x_{m+10},\cdots,x_{n0})$ 且可延伸.

3. 隐函数组之图形

我们称其图形已最大程度地延伸了的隐函数组为相应于此非奇点之隐函数组,此隐函数组图形之边界点可能不是图形上之点,不管它是否为图形上之点,都是图形上的 $x_{i_1},\cdots,x_{i_m}$ 奇点. 此隐函数组图形上不到边界之点都不是图形上之 $x_{i_1},\cdots,x_{i_m}$ 奇点. 如图形有界时,图形连同它的所有边界点是有界闭集.

二、条件最值之定义

函数 $f(x_1, \cdots, x_n)$ 在 $g_1(x_1, \cdots, x_n) = 0, \cdots, g_m(x_1, \cdots, x_n) = 0$ 之图形 S 上的所有点处函数值之最大者，即 $\max\limits_{(x_1, \cdots, x_n) \in S} f(x_1, \cdots, x_n)$ 称为 $(f(x_1, \cdots, x_n)$ 在约束条件 $g_1(x_1, \cdots, x_n) = 0$, $\cdots, g_m(x_1, \cdots, x_n) = 0$ 下之条件最大值，使 $f(x_1, \cdots, x_n)$ 取得条件最大值之点称为条件最大值点；条件最小值及条件最小值点之定义类似. 条件最大值、条件最小值统称条件最值；条件最大值点、条件最小值点统称条件最值点.

三、非奇最值点定理

设 $f(x_1, \cdots, x_n)$ 之偏导数在 S 上每点都连续.

若 $(x_{10}, \cdots, x_{n0})$ 为 $g_1(x_1, \cdots, x_n) = 0, \cdots, g_m(x_1, \cdots, x_n) = 0$ 图形 S 上之非奇点，且是 $f(x_1, \cdots, x_n)$ 在 $g(x_1, \cdots, x_n) = 0, \cdots, g_m(x_1, \cdots, x_n) = 0$ 条件下之条件最值点，则 $(x_{10}, \cdots, x_{n0})$ 不仅要使

$$g_1(x_1, \cdots, x_n) = 0, \cdots \cdots, g_m(x_1, \cdots, x_n) = 0 \tag{1}$$

并且还要使

$$\mathrm{rank}\begin{bmatrix} f'_{x_1} & \cdots & f'_{x_n} \\ g'_{1x_1} & \cdots & g'_{1x_n} \\ \vdots & & \vdots \\ g'_{mx_1} & \cdots & f'_{mx_n} \end{bmatrix} = \mathrm{rank}\begin{bmatrix} g'_{1x_1} & \cdots & g'_{1x_n} \\ \vdots & & \vdots \\ g'_{mx_1} & \cdots & g'_{mx_n} \end{bmatrix} = m \tag{2}$$

证 由于 $(x_{10}, \cdots \cdots, x_{n0})$ 是 $g_1(x_1, \cdots, x_n) = 0, \cdots, g_m(x_1, \cdots, x_n) = 0$ 图形 S 上之非奇点，故在 $(x_{10}, \cdots, x_{m0})$ 处 $\mathrm{rank}\begin{bmatrix} g'_{1x_1} & \cdots & g'_{1x_n} \\ \vdots & & \vdots \\ g'_{mx_1} & \cdots & g'_{mx_n} \end{bmatrix} = m$，故必有一 m 阶子行列式 $\neq 0$，不妨设为

$\det\begin{bmatrix} g'_{1x_1} & \cdots & g'_{1x_m} \\ \vdots & & \vdots \\ g'_{mx_1} & \cdots & g'_{mx_m} \end{bmatrix} \neq 0$，故 $(x_{10}, \cdots, x_{n0})$ 非 $x_1, \cdots, x_m$ 奇点，由隐函数定理知，在 $(x_{m+10},$ $\cdots, x_{n0})$ 之某邻域上有由方程组确定之隐函数组

$$x_1 = x_1(x_{m+1}, \cdots, x_n), \cdots, x_m = x_m(x_{m+1}, \cdots, x_m)$$

它们有连续偏导数且图形通过 $(x_{10}, \cdots, x_{m0}, x_{m+10}, \cdots, x_{n0})$ 且

$$\left. \begin{aligned} g_1(x_1(x_{m+1}, \cdots, x_n), \cdots, x_m(x_{m+1}, \cdots, x_n), x_{m+1}, \cdots, x_n) &\equiv 0 \\ \cdots \cdots \\ g_m(x_1(x_{m+1}, \cdots, x_n), \cdots, x_m(x_{m+1}, \cdots, x_n), x_{m+1}, \cdots, x_n) &\equiv 0 \end{aligned} \right\} \tag{3}$$

即 $(x_1(x_{m+10}, \cdots, x_{n0}), \cdots, x_m(x_{m+10}, \cdots, x_{n0}), x_{m+10}, \cdots, x_{n0}) = (x_{10}, \cdots, x_{m0}, x_{m+10}, \cdots, x_{n0})$ 且 $(x_1(x_{m+1}, \cdots, x_n), \cdots, x_m(x_{m+1}, \cdots x_n), x_{m+1}, \cdots, x_n)$ 在 S 上，当 $(x_{m+1}, \cdots, x_n)$ 在该某邻域上.

现在 $f(x_1(x_{m+1}, \cdots, x_n), \cdots, x_m(x_{m+1}, \cdots, x_n), x_{m+1}, \cdots, x_n)$ 在该某邻域上确定，且当 $x_{m+1} = x_{m+10}, \cdots, x_n = x_{n0}$ 时，其值为 $f(x_{10}, \cdots, x_{m0}, x_{m+10}, \cdots, x_{n0})$ 它 $\geqslant$（或 $\leqslant$）在该某邻域上 $f(x_1(x_{m+1}, \cdots, x_n), \cdots, x_m(x_{m+1}, \cdots, x_n), x_{m+1}, \cdots, x_n)$ 之值，因为 $(x_1(x_{m+1}, \cdots, x_n), \cdots, x_m(x_{m+1}, \cdots, x_n), x_{m+1}, \cdots, x_n)$ 在 S 上且 $(x_{10}, \cdots, x_{n0})$ 是条件最值点. 故由内最

值点定理，知在 $(x_{m+10}, \cdots, x_{n0})$ 处必有

$$\left.\begin{array}{l} f'_{x_1} x'_{1 x_{m+1}} + \cdots + f'_{x_m} x'_{m x_{m+1}} + f'_{x_{m+1}} = 0 \\ \cdots\cdots \\ f'_{x_1} x'_{1 x_n} + \cdots + f'_{x_m} x'_{m x_n} + f'_{x_n} = 0 \end{array}\right\} \tag{4}$$

由式（3）求偏导数可得

$$\left.\begin{array}{l} g'_{i x_1} x'_{1 x_{m+1}} + \cdots + g'_{i x_m} x'_{m x_{m+1}} + g'_{i x_{m+1}} \equiv 0 \\ \cdots\cdots \\ g'_{i x_1} x'_{1 x_n} + \cdots + g'_{i x_m} x'_{m x_n} + g'_{i x_n} \equiv 0 \end{array}\right\}, \quad i = 1, \cdots, m \tag{5}$$

由式（5）及式（4）之第一个方程可知

$$\begin{pmatrix} f'_{x_{m+1}} \\ g'_{1 x_{m+1}} \\ \vdots \\ g_{m x_{m+1}} \end{pmatrix} \in \operatorname{span}\left\{ \begin{pmatrix} f'_{x_1} \\ g'_{1 x_1} \\ \vdots \\ g_{m x_1} \end{pmatrix}, \cdots, \begin{pmatrix} f'_{x_m} \\ g'_{1 x_m} \\ \vdots \\ g_{m x_m} \end{pmatrix} \right\}$$

由式（5）及（4）以下各方程可知

$$\begin{pmatrix} f'_{x_{m+2}} \\ g'_{1 x_{m+2}} \\ \vdots \\ g'_{m x_{m+2}} \end{pmatrix}, \cdots, \begin{pmatrix} f'_{x_n} \\ g'_{1 x_n} \\ \vdots \\ g'_{m x_n} \end{pmatrix} \in \operatorname{span}\left\{ \begin{pmatrix} f'_{x_1} \\ g'_{1 x_1} \\ \vdots \\ g'_{m x_1} \end{pmatrix}, \cdots, \begin{pmatrix} f'_{x_m} \\ g'_{1 x_m} \\ \vdots \\ g'_{m x_m} \end{pmatrix} \right\}$$

故

$$\operatorname{span}\left\{ \begin{pmatrix} f'_{x_1} \\ g'_{1 x_1} \\ \vdots \\ g'_{m x_1} \end{pmatrix}, \cdots, \begin{pmatrix} f'_{x_n} \\ g'_{1 x_n} \\ \vdots \\ g'_{m x_n} \end{pmatrix} \right\} = \operatorname{span}\left\{ \begin{pmatrix} f'_{x_1} \\ g'_{1 x_1} \\ \vdots \\ g'_{m x_1} \end{pmatrix}, \cdots, \begin{pmatrix} f'_{x_m} \\ g'_{1 x_m} \\ \vdots \\ g'_{m x_m} \end{pmatrix} \right\}$$

所以

$$\operatorname{rank}\begin{bmatrix} f'_{x_1} & \cdots & f'_{x_n} \\ g'_{1 x_1} & \cdots & g'_{1 x_n} \\ \vdots & & \vdots \\ g'_{m x_1} & \cdots & g'_{m x_n} \end{bmatrix} = \operatorname{rank}\begin{bmatrix} f'_{x_1} & \cdots & f'_{x_m} \\ g'_{1 x_1} & \cdots & g'_{1 x_m} \\ \vdots & & \vdots \\ g'_{m x_1} & \cdots & g'_{m x_m} \end{bmatrix}$$

但 $\det\begin{bmatrix} g'_{1 x_1} & \cdots & g'_{1 x_m} \\ \vdots & & \vdots \\ g'_{m x_1} & \cdots & g'_{m x_m} \end{bmatrix} \neq 0$，故

$$\operatorname{rank}\begin{bmatrix} f'_{x_1} & \cdots, & f'_{x_m}, & f'_{x_{m+1}}, & \cdots, & f'_{x_n} \\ g'_{1 x_1} & \cdots, & g'_{1 x_m}, & g'_{1 x_{m+1}}, & \cdots, & g'_{1 x_n} \\ \vdots & & \vdots & \vdots & & \vdots \\ g'_{m x_1} & \cdots, & g'_{m x_m}, & g'_{m x_{m+1}}, & \cdots, & g'_{m x_n} \end{bmatrix} = \operatorname{rank}\begin{bmatrix} f'_{x_1} & \cdots & f'_{x_m} \\ g'_{1 x_1} & \cdots & g'_{1 x_m} \\ \vdots & & \vdots \\ g'_{m x_1} & \cdots & g'_{m x_m} \end{bmatrix} = m$$

这也就是说 $f(x_1, \cdots, x_n)$ 之条件最值点，如果不是 S 之奇点，必须是满足式（1）、式

（2）之点，这种点称为 $f(x_1,\cdots,x_n)$ 取条件最值之可疑点，简称可疑点.因为局部取条件最值之点也满足（1）、（2）.

四、Lagrange 乘数法求可疑点

求满足式（1）、式（2）之点，即可疑点，可用 Lagrange 乘数法.

作 $L \equiv f + \lambda_1 g_1 + \cdots \lambda_m g_m$

命

$$
\left.
\begin{aligned}
L'_{x_1} &\equiv f'_{x_1} + \lambda_1 g'_{1x_1} + \cdots + \lambda_m g'_{mx_1} = 0 \\
&\cdots\cdots \\
L'_{x_n} &\equiv f'_{x_n} + \lambda_1 g'_{1x_n} + \cdots + \lambda_m g'_{mx_n} = 0
\end{aligned}
\right\}
\tag{6}
$$

$$
\left.
\begin{aligned}
L'_{\lambda_1} &\equiv g_1 = 0 \\
&\cdots\cdots \\
L'_{\lambda_m} &\equiv g_m = 0
\end{aligned}
\right\}
\tag{7}
$$

求出式（7），式（6）之解而将 $\lambda_1,\cdots,\lambda_m$ 抹去即得可疑点 $(x_1^*,\cdots,x_n^*)$

证 若式（7），式（6）之解为 $(x_1,\cdots,x_n,\lambda_1,\cdots,\lambda_m)$，则 $(x_1,\cdots,x_n)$ 必满足式（7）且要满足式（6）有解 $\lambda_1,\cdots,\lambda_m$ 之条件即式（2）.反之，若式（7），式（2）有解 $(x_1,\cdots,x_n)$，则 $(x_1,\cdots,x_n)$ 除了满足式（7）还满足式（2），它恰巧是式（6）有解 $\lambda_1,\cdots,\lambda_m$ 之充要条件，故必有 $\lambda_1,\cdots,\lambda_m$ 为式（6）之解，而 $x_1,\cdots,x_n,\lambda_1,\cdots,\lambda_m$ 就满足式（7），式（6）.

有不少人说，我不用 Lagrange 乘数法也可求可疑点，也就是解式（7），式（2）.这一般不如用 Lagrange 乘数法，解式（7）、式（6）方便.

五、进行适当比较以定最值

（1）S 为紧集时，例如 S 为有限个连边界之延拓了的隐函数图形之并集时.

这时由于设 $f(x_1,\cdots,x_n)$ 之偏导数在 S 上每个点处都连续，从而 $f(x_1,\cdots,x_n)$ 必连续，它在 S 上有最大值及最小值（即条件最大值及条件最小值）.它不会在不可能取最大值、最小值处取得，它不是在奇点取得就要在可疑点取得，并且条件最大值必是所有奇点及可疑点处函数之最大者；条件最小值必是所有奇点及可疑点处函数值之最小者，只要把这些点处函数值之最大者，最小者找出来就得到了条件最大值和条件最小值.S 之奇点，不一定要由定义来找.有许多情况，可看出某点不能有隐函数组图形通过时，就可由隐函数组定理知道它必是奇点.S 之可疑点仍以用 Lagrange 法找为宜.

（2）S 非紧集时，可考虑用舍弃原理或其他方法试着求，这种情形可能没有条件最值.

六、举例

这些例子，以说明方法，澄清概念为主，都很简单.

例1 试求原点到椭圆 $\dfrac{x^2}{a^2} + \dfrac{y^2}{b^2} = 1$ 上的点之距离 d 的最大及最小值.

解 由于 d 与 d^2 有同样的条件最值点，故改求 d^2 之条件最值点，这样可避免根号，简化求导.

作 $L = x^2 + y^2 + \lambda\left(\dfrac{x^2}{a^2} + \dfrac{y^2}{b^2} - 1\right)$.命 $L'_x \equiv 2x + \dfrac{2x}{a^2}\lambda = 0, L'_y \equiv 2y + \dfrac{2y}{b^2}\lambda = 0, L'_\lambda \equiv$

$\dfrac{x^2}{a^2} + \dfrac{y^2}{b^2} - 1 = 0$，解得 $x = 0, y = \pm b$ 或 $y = 0, x = \pm a$ 而 λ 可为任何数（抹去）故得可

疑点 $(0, \pm b)$ 及 $(\pm a, 0)$. 椭圆是紧集，条件最值是存在的，（因 $x^2 + y^2$ 在椭圆上各点连

续）且椭圆上是没有奇点的，故只要将可疑点处之 $d^2 = x^2 + y^2$ 之值比较即可得出 d^2 之最

大值为 a^2，d^2 之最小值为 b^2，亦即 d 最大为 a，最小为 b.

例 2   试求原点到星形线 $x^{\frac{2}{3}} + y^{\frac{2}{3}} = 1$ 之距离 d 的最大及最小值.

解   先求 d^2 在 $x^{\frac{2}{3}} + y^{\frac{2}{3}} = 1$ 条件下之可疑点，作

$$L \equiv x^2 + y^2 + \lambda(x^{\frac{2}{3}} + y^{\frac{2}{3}} - 1).$$

令 $L'_x \equiv 2x + \lambda \dfrac{2}{3} x^{-\frac{1}{3}} = 0, L'_y \equiv 2y + \lambda \dfrac{2}{3} y^{-\frac{1}{3}} = 0 \quad L'_\lambda \equiv x^{\frac{2}{3}} + y^{\frac{2}{3}} - 1 = 0$

求其解而将 λ 抹去可得四个可疑点：

$$\left(\left(\tfrac{1}{2}\right)^{\frac{3}{2}}\right), \left(\tfrac{1}{2}\right)^{\frac{3}{2}}\right), \left(-\left(\tfrac{1}{2}\right)^{\frac{3}{2}}, \left(\tfrac{1}{2}\right)^{\frac{3}{2}}\right), \left(\left(\tfrac{1}{2}\right)^{\frac{3}{2}}, -\left(\tfrac{1}{2}\right)^{\frac{3}{2}}\right), \left(-\left(\tfrac{1}{2}\right)^{\frac{3}{2}}, -\left(\tfrac{1}{2}\right)^{\frac{3}{2}}\right);$$

星形线上有四个奇点：

$$(1, 0), (-1, 0), (0, 1), (0, -1)$$

可疑点处 d^2 之值为 $\dfrac{1}{4}$，奇点处 d^2 之值为 1，故可疑点为条件最小值点，条件最小值 $d =$

$\dfrac{1}{2}$；奇点为条件最大值点，条件最大值为 1.

例 3   求 $2x^2 + y^2$ 在 $x + y - 1 = 0$ 条件下之最小值.

解   先求所有可疑点：作 $L \equiv 2x^2 + y^2 + \lambda(x + y - 1)$

令 $L'_x \equiv 4x + \lambda = 0, L'_y \equiv 2y + \lambda = 0, L'_\lambda \equiv x + y - 1 = 0$

求其解而将 λ 抹去，可得一个可疑点：$\left(\dfrac{1}{3}, \dfrac{2}{3}\right)$. 在此可疑点处，$2x^2 + y^2 = \dfrac{2}{3}$.

由于 $x + y - 1 = 0$ 之图形 S 是一条直线，不是紧集. $\dfrac{2}{3}$ 是否为条件最小值要进一步判断.

考虑用舍弃原理. 当 $x^2 + y^2 > 1$ 时，$2x^2 + y^2 > 1 > \dfrac{2}{3}$，可以将 $x + y - 1 = 0$ 图形上

$x^2 + y^2 > 1$ 部份舍弃，经舍弃后，$x + y - 1 = 0$ 之图形，只剩下单位圆中的一段 S'. 它

是连接 $(1, 0)$ 到 $(0, 1)$ 的一段直线，它是有界闭集. 在 S' 上 $2x^2 + y^2$ 是有最小值的，这个

最小值就是 $2x^2 + y^2$ 在 S 上的最小值. 可以求得可疑点仍是 $\left(\dfrac{1}{3}, \dfrac{2}{3}\right)$. 此时 S' 有奇点 $(1,$

$0)$ 及 $(0, 1)$（因为 S' 不能通过这些点而延伸）. 在这两个奇点处 $2x^2 + y^2$ 之值分别为 2 及

1 而在 $\left(\dfrac{1}{3}, \dfrac{2}{3}\right)$ 处之值则为 $\dfrac{2}{3}$，最小. 故在 $\left(\dfrac{1}{3}, \dfrac{2}{3}\right)$ 处有条件最小值 $\dfrac{2}{3}$.

数学界有许多人把非奇的条件最值可疑点，误以为是无条件最值的可疑点，因而用

Lagrange 乘数法，找到了非奇的条件最值可疑点后，不知道应该和 S 的奇点处的函数值进

行比较，在求条件最值时栽了勤斗，也有许多人在条件最值问题上存在一些糊涂的概念，

请看下面的例子：

例 4   求 d 在 $g(x, y) = 0$ 条件下之最大、最小值，其中 $g(x, y) \equiv \left(x + \dfrac{1}{2}\right)^2 +$

$(y-1)^2 - 4, 0 \leqslant x \leqslant \dfrac{1}{2}$.（说明条件最值点可以不是可疑点）

解　先求 d^2 在 $g(x,y) = 0$ 条件下之最值点.

作 $L \equiv x^2 + y^2 + \lambda\left[\left(x + \dfrac{1}{2}\right)^2 + (y-1)^2 - 4\right], 0 \leqslant x \leqslant \dfrac{1}{2}$

命 $L'_x \equiv 2x + 2\left(x + \dfrac{1}{2}\right)\lambda = 0,\ L'_y \equiv 2y + 2(y-1)\lambda = 0,\ L'_\lambda \equiv \left(x + \dfrac{1}{2}\right)^2 + (y-1)^2 - 4 = 0.$

求其当 $0 \leqslant x \leqslant \dfrac{1}{2}$ 之解,得唯一的可疑点 $A,(\overline{OA} \perp g(x,y) = 0$（见图 1）.此外, $g(x,y) = 0$ 图形上有 4 个边界点 B,C,D,E 都是奇点,经比较, A 是条件最小值点, E 是条件最大值点.

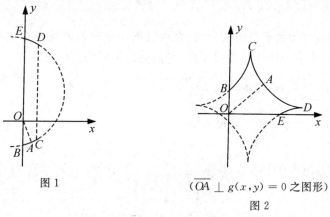

图 1

$(\overline{OA} \perp g(x,y) = 0$ 之图形)

图 2

例 5　求 d 在 $g(x,y) = 0$ 条件下之最大、最小值,其中 $g(x,y) \equiv (x-a)^{\frac{2}{3}} + (y-b)^{\frac{1}{3}} - 1$, $x,y \geqslant 0$ 而 a,b 则使 $g(x,y) = 0$ 之图形如图 2 所示（说明唯一的条件极小值点不一定就是条件最小值点）

解　用 Lagrange 乘数法可求得唯一的可疑点 A,此外, $g(x,y) = 0$ 之图形之边界点 B,E 及 C,D 都是奇点.经比较,可知 B 是条件最小值点, D 是条件最大值点, A 虽是条件极小值点（与图形上邻近之 A' 点比, A 处之 d 最小）但既不是条件最大值点,也不是条件最小值点.

从这几个例子可知,有条件最值和无条件最值性质并不相同.

参考文献：

［1］孙家永.高等数学.高等数学研究,2005.

［2］孙家永.引进参数求最值的方法.高等数学研究,2005(2).

6. 引进参数求最值的方法[*]

孙家永　　完稿于 2004 年 3 月

　　摘　要　本文提供一种引进参数求最值的方法,把一个求最值问题拆成几个更简单的求最值问题来解决,并举了一个新近求条件最值的公开题为例子.

　　下面介绍一种引进参数求最值的办法.它可以把一个求最值问题拆成几个更简单的求最值问题来解决.由于这是一种技巧性的办法,我们通过举例来说明它.

　　例 1　设 $a,b,c>0$,试证 $abc^3 \leqslant 27\left(\dfrac{a+b+c}{5}\right)^5$

　　证　我们来求 $\dfrac{abc^3}{\left(\dfrac{a+b+c}{5}\right)^5}$ 之最大值.

　　对任何正数 k,命 $\dfrac{a+b+c}{5}=k$,来求 $\dfrac{abc^3}{\left(\dfrac{a+b+c}{5}\right)^5}=\dfrac{abc^3}{k^5}$ 之最大值 M. M 是 k 之函数,$M=$

$M(k)$.再求 $M(k)$,当 k 为任何正数时之最大值,即得 $\dfrac{abc^3}{\left(\dfrac{a+b+c}{5}\right)^5}$ 之最大值.这样就把原来求

$\dfrac{abc^3}{\left(\dfrac{a+b+c}{5}\right)^5}$ 之最大值问题拆成了先求 $\dfrac{abc^3}{k^5}$ 在 $\dfrac{a+b+c}{5}-k=0$ 条件下之最大值 $M(k)$,再求

$M(k)$ 对任何正数 k 之最大值.

　　先求 $M(k)$.

　　作　$L \equiv \dfrac{abc^3}{k^5}+\lambda\left(\dfrac{a+b+c}{5}-k\right)$

　　命 $L'_a \equiv \dfrac{bc^3}{k^5}+\dfrac{\lambda}{5}=0, L_b' \equiv \dfrac{ac^3}{k^5}+\dfrac{\lambda}{5}=0, L_c' \equiv \dfrac{3abc^2}{k^5}+\dfrac{\lambda}{5}=0, L_\lambda' \equiv \dfrac{a+b+c}{5}-k=0.$

解得 $3a=3b=c$,所以 $a=b=k,c=3k,\lambda=-\dfrac{5\times27}{k}$(抹去).$\dfrac{abc^3}{k^5}$ 在可疑点 $(k,k,3k)$ 之值为 27.

　　约束条件之图形为第一卦限中的一块不连边界的平面 $a+b+c=5k$. $\dfrac{abc^3}{k^5}$ 在边界点之极

限值都是 0.所以可疑点处 $\dfrac{abc^3}{k^5}$ 之值 27 为最大值 $M(k)$.它是常数,对任何正数 k 之最大值仍是

27,故 $\dfrac{abc^3}{\left(\dfrac{a+b+c}{5}\right)^5} \leqslant 27$　　即　$abc^3 \leqslant 27\left(\dfrac{a+b+c}{5}\right)^5$.

---

　　[*] 此例是新近北欧一个数学杂志上的一个公开题.

例 2　设 $a,b,c>0$,试求

$$Q=\frac{1}{1+b+c}+\frac{1}{1+c+a}+\frac{1}{1+a+b}-\frac{1}{2+a}-\frac{1}{2+b}-\frac{1}{2+c}$$ 在条件 $abc-1=0$ 下之最大值.

解　对任何 $k\geqslant3$,命 $a+b+c=k$(因正数 a,b,c 在 $abc=1$ 时,$a+b+c$ 最少为 3),先求

$$Q=\frac{1}{1+b+c}+\frac{1}{1+c+a}+\frac{1}{1+a+b}-\frac{1}{2+a}-\frac{1}{2+b}-\frac{1}{2+c}=\frac{1}{k+1-a}+\frac{1}{k+1-b}+$$

$\dfrac{1}{k+1-c}-\dfrac{1}{2+a}-\dfrac{1}{2+b}-\dfrac{1}{2+c}$ 在 $abc-1=0$ 条件下之最大值 $M(k)$.

作 $L\equiv\dfrac{1}{k+1-a}+\dfrac{1}{k+1-b}+\dfrac{1}{k+1-c}-\dfrac{1}{2+a}-\dfrac{1}{2+b}-\dfrac{1}{2+c}+\lambda(abc-1)$

命　$L'_a\equiv\dfrac{1}{(k+1-a)^2}+\dfrac{1}{(2+a)^2}+\dfrac{\lambda}{a}=0,L'_b\equiv\dfrac{1}{(k+1-b)^2}+\dfrac{1}{(2+b)^2}+\dfrac{\lambda}{b}=0,L'_c\equiv$

$\dfrac{1}{(k+1-c)^2}+\dfrac{1}{(2+c)^2}+\dfrac{\lambda}{c}=0,L'_\lambda\equiv abc-1=0.$ 解得 $a=b=c=1$,故得可疑点 $(1,1,1)$,

$Q\,|_{(1,1,1)}=\dfrac{3}{k}-1.$

它是否为 Q 在 $abc-1=0$ 条件下之最大值,还须再进行比较.

由于 $abc-1=0$ 之图形 S 无界,Q 在 S 上未必有最值,考虑用舍弃原理:

取 S_n 为 S 落在以 $D_n\left(\dfrac{1}{n},\dfrac{1}{n},\dfrac{1}{n}\right)$ 为顶点而各面 // 坐标面之正角锥形以内的那一部份(n 为 $\geqslant1$ 之数).S_n 为紧集,在 S_n 上 Q 是有最大值的,它是 Q 在可疑点及奇点的值的最大者.现在可疑点仍为 $(1,1,1)$.S_n 之奇点为其边界点. 设 S_n 的各尖角点分别为 $A_n\left(n^2,\dfrac{1}{n},\dfrac{1}{n}\right)$, $B_n\left(\dfrac{1}{n},n^2,\dfrac{1}{n}\right)$ 及 $C_n\left(\dfrac{1}{n},\dfrac{1}{n},n^2\right).Q$ 在 $\widehat{A_nB_n}$ 上的条件最大

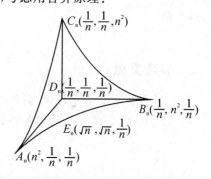

值即 $Q\,|_{(a,b,\frac{1}{n})}=\dfrac{1}{k+1-a}+\dfrac{1}{k+1-b}+\dfrac{1}{k+1-\frac{1}{n}}-\dfrac{1}{2+a}-\dfrac{1}{2+b}-\dfrac{1}{2+\frac{1}{n}}$,当 $ab=n$ 时的

最大值. 用 Lagrange 乘数法,可求得可疑点为 $E_n\left(\sqrt{n},\sqrt{n},\dfrac{1}{n}\right).Q$ 在 $\widehat{A_nB_n}$ 上的最值为

$\max\{Q\,|_{An},Q\,|_{Bn},Q\,|_{En}\}$,因 $\widehat{A_nB_n}$ 之奇点为 A_n,B_n. 故 Q 在 $\widehat{A_nB_n}$ 上的最大值为

$$\max\{\frac{1}{k+1-n^2}+\frac{1}{k+1-\frac{1}{n}}+\frac{1}{k+1-\frac{1}{n}}-\frac{1}{2+n^2}-\frac{1}{2+\frac{1}{n}}-\frac{1}{2+\frac{1}{n}},\frac{1}{k+1-\frac{1}{n}}+$$

$$\frac{1}{k+1-n^2}+\frac{1}{k+1-\frac{1}{n}}-\frac{1}{2+\frac{1}{n}}-\frac{1}{2+n^2}-\frac{1}{2+\frac{1}{n}},\frac{1}{k+1-\sqrt{n}}+\frac{1}{k+1-\sqrt{n}}+\frac{1}{k+1-\frac{1}{n}}-$$

$$\frac{1}{2+\sqrt{n}}-\frac{1}{2+\sqrt{n}}-\frac{1}{2+\frac{1}{n}}\}$$

即

$$\max\left\{\frac{1}{k+1-n^2}+\frac{2}{k+1-\frac{1}{n}}-\frac{1}{2+n^2}-\frac{2}{2+\frac{1}{n}},\frac{2}{k+1-\sqrt{n}}+\frac{1}{k+1-\frac{1}{n}}-\frac{2}{2+\sqrt{n}}-\frac{1}{2+\frac{1}{n}}\right\}$$

但当 $n\to+\infty$ 时，$\dfrac{1}{k+1-n^2}+\dfrac{2}{k+1-\frac{1}{n}}-\dfrac{1}{2+n^2}-\dfrac{2}{2+\frac{1}{n}}\to\dfrac{2}{k+1}-1<\dfrac{3}{k}-1$，当 $k\geqslant 3$

时. 当 $n\to+\infty$ 时，$\dfrac{2}{k+1-\sqrt{n}}-\dfrac{1}{k+1-\frac{1}{n}}-\dfrac{2}{2+\sqrt{n}}-\dfrac{1}{2+\frac{1}{n}}\to\dfrac{1}{k+1}-\dfrac{1}{2}<\dfrac{3}{k}-1$，当 $k\geqslant$

3 时，故 n 相当大，$n\geqslant$ 某 N 时，Q 在 $\overparen{A_nB_n}$ 的最大值 $<\dfrac{3}{k}-1=Q\mid_{(1,1,1)}$.

同理，当 $n\geqslant N$ 时，Q 在 $\overparen{B_nC_n}$，$\overparen{C_nA_n}$ 的最大值 $<\dfrac{3}{k}-1=Q\mid_{(1,1,1)}$.

对 S 上 S_N 之外部分的任一点 P，它总是某 S_n 边界上的一个点 $(n>N)$. 从而 $Q\mid_P<\dfrac{3}{k}-$

$1=Q\mid_{(1,1,1)}$. 由舍弃原理，可以将这部分舍弃.

Q 在 S 上的最大值只能在 S_N 上取得，而 Q 在 S_N 上的是大值就是 $Q\mid_{(1,1,1)}=\dfrac{3}{k}-1$，故 Q

在 S 上之最大值为 $\dfrac{3}{k}-1=M(k)$，当 $k=3$ 时，其值 0 最大，它就是 Q 在条件 $abc-1=0$ 下的

最大值.

参考文献：

[1] 孙家永. 高等数学. 高等数学研究，2005.

[2] 孙家永. 要正确地求条件最值. 高等数学研究，2005(2).

7. Stokes 定理证明的毛病

孙家永　　完稿于 2005 年 3 月

摘　要　本文指出了当今 Stokes 定理证明中的一些毛病.

Stokes 定理问世已 150 多年了,几乎是人所周知的了. 它说的是:设 $\sum$ 为一连边的光滑曲面,指定好侧,$\partial\sum$ 为一条或几条分段光滑曲线,方向为 $\sum$ 所指定侧之正向且 $P(x,y,z)$,$Q(x,y,z)$,$R(x,y,z)$ 及其偏导数都在 $\sum$ 上连续,在一定条件下,有

$$\int_{\partial\sum} P(x,y,z)\mathrm{d}x + Q(x,y,z)\mathrm{d}y + R(x,y,z)\mathrm{d}z =$$

$$\int_{\sum}\left(\frac{\partial R}{\partial y}-\frac{\partial Q}{\partial z}\right)\mathrm{d}\Omega_{yz} + \left(\frac{\partial P}{\partial z}-\frac{\partial Q}{\partial x}\right)\mathrm{d}\Omega_{zx} + \left(\frac{\partial Q}{\partial x}-\frac{\partial P}{\partial y}\right)\mathrm{d}\Omega_{xy}$$

这也就是说,对任何光滑曲面 $\sum$,它可以有一些以分段光滑曲线为边界的洞,用以下 3 式表示.

$$\int_{\partial\sum} P(x,y,z)\mathrm{d}x = \int_{\sum}\frac{\partial P(x,y,z)}{\partial z}\mathrm{d}\Omega_{zx} - \frac{\partial P(x,y,z)}{\partial y}\mathrm{d}\Omega_{xy} \tag{1}$$

$$\int_{\partial\sum} Q(x,y,z)\mathrm{d}y = \int_{\sum}\frac{\partial Q(x,y,z)}{\partial x}\mathrm{d}\Omega_{xy} - \frac{\partial Q(x,y,z)}{\partial z}\mathrm{d}\Omega_{yz} \tag{2}$$

$$\int_{\partial\sum} R(x,y,z)\mathrm{d}z = \int_{\sum}\frac{\partial R(x,y,z)}{\partial y}\mathrm{d}\Omega_{yz} - \frac{\partial R(x,y,z)}{\partial x}\mathrm{d}\Omega_{zx} \tag{3}$$

我对同学采用了下列讲法:

设 $\sum$ 既可表示为 $z = z(x,y)$,$(x,y)\in\Omega_{xy}$

又可表示为 $x = x(y,z)$ $(y,z)\in\Omega_{yz}$

且还可表示为 $y = y(z,x)$,$(z,x)\in\Omega_{zx}$

此处 Ω_{xy},Ω_{yz},Ω_{zx} 分别为 xOy,yOz,zOx 平面上的区域,它们都有几条以分段光滑曲线为边界的边界线,并且这些区域分别都能分成有限个,既是 x 又是 y 型的区域;既是 y 型又是 z 型的区域和既是 z 型又是 x 型的区域,则式(1),式(2),式(3) 在 $\sum$ 上都能成立.

证　式(1) 成立,因为式(1) 的两边为

$$左边 = \int_{\partial\sum} P(x,y,z)\mathrm{d}x = \int_{\partial\Omega_{xy}} P(x,y,z(x,y))\mathrm{d}x$$

这是由于,对 $\partial\Omega_{xy}$ 中任一条封闭边界线 l,可设其参数方程为

$$x = x(t),y = y(t),z = z(t),t\in[a,b]$$

且其自然方向就是 l 的方向,也是 $\sum$ 上相应边界曲线 l' 的方向,于是 l' 的参数方程为

$$x = x(t),y = y(t),z = z(x(t),y(t)),t\in[a,b]$$

且其自然方向就是 l' 的指定方向,于是

$$\int_{l'} P(x,y,z)\mathrm{d}x = \int_l P(x,y,z(x,y))\mathrm{d}x = \int_{[a,b]} P(x(t),y(t),z(x(t),y(t))x'(t)\mathrm{d}t$$

所以 $\qquad\qquad \int_{\partial\Sigma} P(x,y,z)\mathrm{d}x = \int_{\partial\Omega_{xy}} P(x,y,z(x,y))\mathrm{d}x$

再看(1)式之右边,根据 II 型曲面积分的计算法可知:

$$右边 = \int_\Sigma \frac{\partial P(x,y,z)}{\partial z}\mathrm{d}\Omega_{zx} - \frac{\partial P(x,y,z)}{\partial y}\mathrm{d}\Omega_{xy} =$$

$$\int_{\Omega_{xy}} \left[\frac{\partial P(x,y,z)}{\partial z}\Big|_{z=z(x,y)} \begin{vmatrix} z'_x & x'_x \\ z'_y & x'_y \end{vmatrix} - \frac{\partial P(x,y,z)}{\partial y}\Big|_{z=z(x,y)} \begin{vmatrix} x'_x & y'_x \\ x'_y & y'_y \end{vmatrix} \right]\mathrm{d}\Omega =$$

$$\int_{\Omega_{xy}} \left(\frac{\partial P(x,y,z)}{\partial z}\Big|_{z=z(x,y)} \cdot -z'_y - \frac{\partial P(x,y,z)}{\partial y}\Big|_{z=z(x,y)} \right)\mathrm{d}\Omega =$$

$$\int_{\Omega_{xy}} -\frac{\partial}{\partial y}\left[P(x,y,z)\mid_{z=z(x,y)} \right]\mathrm{d}\Omega =$$

$$\int_{\partial\Omega_{xy}} P(x,y,z)\mid_{z=z(x,y)}\mathrm{d}x \qquad (由 \ Green \ 公式)$$

式(1)之右边 = 左边.式(1)证明完毕.

同理,将 $\sum$ 表示成 $x=x(y,z),(y,z)\in\Omega_{yz}$ 或 $y=y(z,x),(z,x)\in\Omega_{zx}$ 就可证明

$$\int_{\partial\Sigma} Q(x,y,z)\mathrm{d}y = \int_\Sigma \frac{\partial Q(x,y,z)}{\partial x}\mathrm{d}\Omega_{xy} - \frac{\partial Q(x,y,z)}{\partial z}\mathrm{d}\Omega_{yz} \ 或$$

$$\int_{\partial\Sigma} R(x,y,z)\mathrm{d}z = \int_\Sigma \frac{\partial R(x,y,z)}{\partial y}\mathrm{d}\Omega_{yz} - \frac{\partial R(x,y,z)}{\partial x}\mathrm{d}\Omega_{xy}$$

成立,即在 $\sum$ 上,式(2),式(3)也成立,所以 Stokes 公式成立.

这里的证明虽然没有毛病,但对曲面的限制过于苛刻,应用也不方便.它暴露了人们对 Stokes 定理的认识还处在很不够的状态,有待继续研究.

参考文献:

[1] 同济大学数学教研室.高等数学.北京:高等教育出版社,2004.

[2] 陈纪修,於崇华,金路.数学分析.北京:高等教育出版社,1956.

[3] 孙家永.高等数学.高等数学研究,2005.

[4] 菲赫金哥尔茨.微积分学教程.北京:高等教育出版社,1956.

8. Stokes 公式成立的简明条件

孙家永　　完稿于 2005 年 5 月

摘　要　本文参考文献[1]的证明虽然无误,但应用时,不很方便,因而又写了本文,提出了 Stokes 公式能成立的简明条件.

Stokes 定理问世已 150 多年了,几乎是人所周知的了.它说的是:设 $\sum$ 为一连边光滑的曲面,指定好侧,$\partial\sum$ 为一条或几条分段光滑曲线,方向为 $\sum$ 所指定侧之正向且 $P(x,y,z)$, $Q(x,y,z)$,$R(x,y,z)$ 及其偏导数都在 $\sum$ 上连续,在一定条件下,有

$$\int_{\partial\sum} P(x,y,z)\mathrm{d}x + Q(x,y,z)\mathrm{d}y + R(x,y,z)\mathrm{d}z = \int_{\sum} (\frac{\partial R}{\partial y} - \frac{\partial Q}{\partial z})\mathrm{d}\Omega_{yz} + (\frac{\partial P}{\partial z} - \frac{\partial Q}{\partial x})\mathrm{d}\Omega_{zx} + (\frac{\partial Q}{\partial x} - \frac{\partial P}{\partial y})\mathrm{d}\Omega_{xy}$$

这也就是说,对任何光滑曲面 $\sum$,以下 3 式

$$\int_{\partial\sum} P(x,y,z)\mathrm{d}x = \int_{\sum} \frac{\partial P(x,y,z)}{\partial z}\mathrm{d}\Omega_{zx} - \frac{\partial P(x,y,z)}{\partial y}\mathrm{d}\Omega_{xy} \tag{1}$$

$$\int_{\partial\sum} Q(x,y,z)\mathrm{d}y = \int_{\sum} \frac{\partial Q(x,y,z)}{\partial x}\mathrm{d}\Omega_{xy} - \frac{\partial Q(x,y,z)}{\partial z}\mathrm{d}\Omega_{yz} \tag{2}$$

$$\int_{\partial\sum} R(x,y,z)\mathrm{d}z = \int_{\sum} \frac{\partial R(x,y,z)}{\partial y}\mathrm{d}\Omega_{yz} - \frac{\partial R(x,y,z)}{\partial x}\mathrm{d}\Omega_{zx} \tag{3}$$

都成立.就采用了下列讲法:

设 $\sum$ 既可表示为 $z = z(x,y)$,$(x,y) \in \Omega_{xy}$

又可表示为 $x = x(y,z)$ $(y,z) \in \Omega_{yz}$

且还可表示为 $y = y(z,x)$,$(z,x) \in \Omega_{zx}$

此处 Ω_{xy},Ω_{yz},Ω_{zx} 分别为 xOy,yOz,zOx 平面上的区域,它们都有几条以分段光滑曲线为边界的边界线,并且这些区域分别都能分成有限个,既是 x 又是 y 型的区域;既是 y 型又是 z 型的区域和既是 z 型又是 x 型的区域,则式(1)、式(2)、式(3)在 $\sum$ 上都能成立.

当时作者还未发现平面上常规分段光滑曲线的概念,直到 2006 年,作者发现了常规分段光滑曲线的概念后,再回过头来审查文[1]时,就发现了,用 Ω_{xy},Ω_{yz},Ω_{zx} 的边界都分别是 xy 平面,yz 平面,zx 平面上的常规分段光滑曲线的条件来代替文[1]中稍稍有些烦琐的条件,Stokes 公式能在简明的条件下成立,因此写下了这篇短文.

参考文献:

[1] 孙家永.Stokes 定理证明中的毛病.

9. Stokes 公式成立的一般条件

孙家永　　完稿于 2012 年 12 月

摘　要　著名的 Stokes 公式：$\int_{\partial\Sigma} P(x,y,z)\mathrm{d}x + Q(x,y,z)\mathrm{d}y + R(x,y,z)\mathrm{d}z =$ $\int_{\Sigma}\left(\dfrac{\partial R}{\partial y} - \dfrac{\partial Q}{\partial z}\right)\mathrm{d}\Omega_{yz} + \left(\dfrac{\partial P}{\partial z} - \dfrac{\partial R}{\partial x}\right)\mathrm{d}\Omega_{zx} + \left(\dfrac{\partial Q}{\partial x} - \dfrac{\partial P}{\partial y}\right)\mathrm{d}\Omega_{xy}.$

等价于以下 3 式：（分别称为 Stokes 公式（1）、（2）、（3））

$$\int_{\partial\Sigma} P(x,y,z)\mathrm{d}x = \int_{\Sigma}\frac{\partial P(x,y,z)}{\partial z}\mathrm{d}\Omega_{zx} - \frac{\partial P(x,y,z)}{\partial y}\mathrm{d}\Omega_{xy} \tag{1}$$

$$\int_{\partial\Sigma} Q(x,y,z)\mathrm{d}y = \int_{\Sigma}\frac{\partial Q(x,y,z)}{\partial x}\mathrm{d}\Omega_{xy} - \frac{\partial Q(x,y,z)}{\partial z}\mathrm{d}\Omega_{yz} \tag{2}$$

$$\int_{\partial\Sigma} R(x,y,z)\mathrm{d}z = \int_{\Sigma}\frac{\partial R(x,y,z)}{\partial y}\mathrm{d}\Omega_{yz} - \frac{\partial R(x,y,z)}{\partial x}\mathrm{d}\Omega_{zx} \tag{3}$$

其中 Σ 为一连边光滑的曲面，指定好侧；$\partial\Sigma$ 为一条或几条分段光滑曲线，方向为 Σ 所指定侧的正向，且 P,Q,R 及其偏导数都在 Σ 上连续．虽说在这样的条件下，这些公式都有意义，然而这些公式不加条件却不能成立，就象它们的特例 Green 公式那样．但 Stokes 公式出现 150 多年来，除了最简单的特殊情况外，一直没有能得到它能成立的一般条件，见[1]．本文通过下列定理，证明了它能成立的一般条件．

Stokes 定理（1）设连边光滑的曲面 Σ 的方程为 $x = x(u,v), y = y(u,v), z = z(u,v)$，$(u,v) \in \Delta, \Delta$ 为一个以有限条分段光滑曲线为边界线的有界闭区域（它可有有限多个洞），而 $\begin{vmatrix} z'_u & x'_u \\ z'_v & x'_v \end{vmatrix}$ 在 Δ^0 内无零点且 $\Omega = \{(z,x) \mid z = z(u,v), x = x(u,v) \mid (u,v) \in \Delta\}$ 为 zOx 平面上的一个以有限多条常规分段光滑曲线为边界线的区域，$P(x,y,z)$ 及其偏导数在 Σ 上连续，则 Stokes 公式（1）成立．

对 Stokes 公式（2）、公式（3）作同样论述，也可得出相应的一般条件．

关键词　Stokes 定理，常规分段光滑曲线，最大延拓了的隐函数组，Green 定理成立的简洁条件

在讲 Stokes 定理（1）之前，先给出常规分段光滑曲线的定义．

常规分段光滑曲线的定义：若一条简单的分段光滑平面曲线，组成它的光滑曲线段都只有有限多次凹、凸性变化，则称此分段光滑曲线为常规分段光滑曲线，这里光滑曲线段的凹、凸性变化指的是点沿此曲线段的任一方向移动时，曲线在该点切线方向角的增、减性的变化．

今后，为了简单，我们恒按下列定侧法则来指定连边光滑曲面 Σ 之侧：设 $\partial\Omega$ 之方向为 Ω 上侧之正向，$\partial\Sigma$ 之方向为 $\partial\Omega$ 之相应方向，Σ 之侧指定起来，使 $\partial\Sigma$ 为 Σ 此侧之正向．（此处 Ω 为确定 Σ 方程之区域）

现在开始来证主要用于证明 Stokes 定理（1）的弱 Stokes 定理（1）．开始之前，需要两个

引理.

引理 1 设连边光滑曲面 Σ 内部的方程为 $x=x(u,v),y=y(u,v),z=z(u,v),(u,v)\in$ $\Delta^0,\begin{vmatrix} z'_u & x'_u \\ z'_v & x'_v \end{vmatrix}$ 在 Δ^0 无零点,命 $\Omega^0=\{(z,x)\mid z=z(u,v),x=x(u,v),(u,v)\in\Delta^0\}$,则

(1)Ω^0 为一开区域,在其上能确定一组有连续偏导数的函数 $(u,v)=(u(z,x),v(z,x))$,使 $z=z(u(z,x),v(z,x)),x=x(u(z,x),v(z,x)),(z,x)\in\Omega^0$.

(2)Ω^0 与 Δ^0 同胚.

(3)Σ 内部之方程可写为 $x=x,y=y(u(z,x),v(z,x)),z=z,(z,x)\in\Omega^0$

(4)y'_z,y'_x 都可在 Ω 上确定且连续.

其中 $y(u(z,x),v(z,x))$ 有连续偏导数.

证 (1) 由于 $\begin{vmatrix} z'_u & x'_u \\ z'_v & x'_v \end{vmatrix}$ 在 Δ^0 无零点,故 Ω^0 中任一点都不是方程组 $z-z(u,v)=0,x-x(u,v)=0$ 之 u,v 奇点. 在 Ω^0 中任取一点 (z_0,x_0),由隐函数组定理,在此点之某邻域上可唯一确定一组由方程组确定的有连续偏导数的隐函数组 $(u,v)=(u(z,x),v(z,x))$. 可保持此组隐函数有连续偏导数的性质,而将它的定义域延拓至最大,称此定义域最大延拓了的隐函数组为相应于 (z_0,x_0) 的最大延拓了的隐函数组. 此隐函数组之定义域必是包含在 Ω^0 内的一个子区域,但不能是真子区域,否则此真子区域有一边界点 $\in\Omega^0$,它必不是方程组的 u,v 奇点,在此点之某个邻域上必有一组由方程组确定的有连续偏导数的隐函数组,致使最大延拓了的隐函数组的定义域还可再扩大,这是不可能的,所以此最大延拓了的隐函数组的定义域必是 Ω^0,Ω^0 就必为一开连接集. 记此最大延拓了的隐函数组为 $u=u(z,x)$,$v=v(z,x),(z,x)\in\Omega^0$,它在 Ω^0 的任一点 (z,x) 处,都能使 $z(u(z,x),v(z,x))=z,x(u(z,x),v(z,x))=x$.

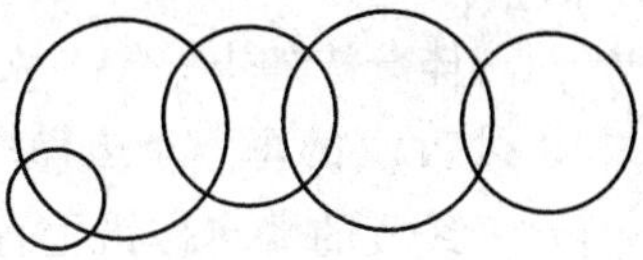

(2)Ω^0 与 Δ^0 同胚,是因为 Ω^0 之点与 Δ^0 之点 $1-1$ 对应且正映射 $(z,x)=(z(u,v),x(u,v)),(u,v)\in\Delta^0$ 及逆映射 $(u,v)=(u(z,x),v(z,x)),(z,x)\in\Omega^0$ 都是连续的.

图1

(3) 将 Σ 内部之方程 $x=x(u,v),y=y(u,v),z=z(u,v),(u,v)\in\Delta^0$ 用 $u=u(z,x),v=v(z,x),(z,x)\in\Omega^0$ 代入,Σ 内部的方程变为
$$x=x(u(z,x),v(z,x))=x,y=y(u(z,x),v(z,x)),z=z(u(z,x),v(z,x))=z,(z,x)\in\Omega^0$$
并且由复合函数求导法则
$$[y(u(z,x),v(z,x))]'_z=y'_u(u(z,x),v(z,x))u'_z(z,x)+y'_v(u(z,x),v(z,x))v'_z(z,x)$$
$$[y(u(z,x),v(z,x))]'_x=y'_u(u(z,x),v(z,x))u'_x(z,x)+y'_v(u(z,x),v(z,x))v'_x(z,x)$$
确实存在且连续. 今后,将 $y(u(z,x),v(z,x))$ 简记为 $y(z,x)$.

(4) 由连边光滑曲面的固有性质,(此性质与曲面方程之参数无关),曲面内部点 (z,x) 处之单位法线向量 $(\dfrac{-y'_x}{\sqrt{y'^2_x+1+y'^2_z}},\dfrac{1}{\sqrt{y'^2_x+1+y'^2_z}},\dfrac{-y'_z}{\sqrt{y'^2_x+1+y'^2_z}})$ 当 $(z,x)\to$ 边界点时,所趋近之向量,就是边界点处之单位法线向量,所以 $(\dfrac{-y'_x}{\sqrt{y'^2_x+1+y'^2_z}},\dfrac{1}{\sqrt{y'^2_x+1+y'^2_z}}$,

$\dfrac{-y'_z}{\sqrt{y'^2_x+1+y'^2_z}})$ 可在 Ω 上确定,即 y'_z,y'_x 都可在 Ω 上确定;且由这样确定的单位法线向量在

Ω 上连续,就可知道,y'_z,y'_x 都在 Ω 上连续.

引理 2 若 $\begin{vmatrix} z'_u & x'_u \\ z'_v & x'_v \end{vmatrix}$ 在 Δ^0 无零点,Ω^* 为 Ω^0 内一个以常规分段光滑边界线所围的闭区域,则 Ω^* 可以分成有限个既是 z 型又是 x 型的小区域.

证 设 l^* 为 Ω^* 的一条常规分段光滑边界线,L^* 为 l^* 的光滑弧段,则 L^* 不无限盘旋(见图 2),且

(1)L^* 只能含有有限多个水平线段. 因为连接两个水平线段时,L^* 至少有一次凹、凸性改变. 这是由于当点从一个水平线段的端点变到下一个水平线段的端点时,L^* 在该点之切线方向角或者连续地从 0 先增而后再减为 0,(或增、减几次后再为 0),或者连续地从 0 先减而后再增为 0,(或减、增几次后再为 0),方向角都至少有一次增、减改变. 所以这样的水平线段不能有无限多个.

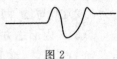

图 2

(2)L^* 上只能有有限多个极高、极低点. 因为极高、极低点总是相间地出现的,并且每对比邻的极高、极低点之间,L^* 总会有一次凹、凸性改变,所以极高、极低点,不能是无限多个,否则,L^* 就会出现无限次凹、凸性改变.

同理,还有:

(1)$'L^*$ 只能含有有限多个铅垂线段.

(2)$'L^*$ 只能有有限多个极左、极右点.

现在我们根据(1),(2),(1)$'$,(2)$'$ 就可将 Ω^* 分成有限个既是 z 型又是 x 型的小区域了. 具体分法如下:

过 $\partial\Omega^*$ 的每一条边界线 l^* 的角点,作水平直线和铅垂直线;再过 l^* 的每个光滑弧段所含的水平线段的端点作铅垂直线,并将水平线段无限延长;又再过 l^* 的每个光滑弧段的铅垂线段的端点,作水平直线,并将铅垂线段无限延长;最后,通过光滑弧段上之极高、极低点及极左、极右点作水平直线和铅垂直线,所有这有限多条直线,可构成包含 Ω^* 的有限多个小矩形,$\partial\Omega^*$ 的边界线落在任何一个这样的小矩形之内的部分,除了可能是小矩形的部分边界外,就只能是单调向左(或向右)且单调向上(或向下)的斜坡形光滑弧段,因为我们已经过所有 $\partial\Omega^*$ 的边界线的极高、极低点和极左、极右点都作了水平线和铅垂线了,Ω^* 就是由其内部的小矩形以及那些只含有 $\partial\Omega^*$ 边界线上一小段斜坡形的光滑弧段的有缺损的小矩形所拼成,Ω^* 就被分成了这些有限多个既是 z 型又是 x 型的小区域了.

从上面的具体分法可见,实际分只要用(1),(2) 及(1)$'$,(2)$'$ 亦即只要用每条分段光滑边界线只含有有限多个水平线段和铅垂线段且上、下,左、右不无限振荡,就可以分了. 我们把这种边界线称为准常规分段光滑的. 所以,有如下推论.

推论:若区域 Ω^* 的所有边界线都准常规分段光滑,则 Ω^* 必可分为有限多个既是 z 型又是 x 型的小区域.

这是一个后面有用的命题. 现在就可来证弱 Stokes 定理(1).

若 $\begin{vmatrix} z'_u & x'_u \\ z'_v & x'_v \end{vmatrix}$ 在 Δ^0 无零点,Ω^* 为 Ω 内一个以有限多条常规分段光滑曲线为边界线的闭区域,则

$$\int_{\partial\Omega^*} P(x,y,z)\Big|_{y=y(z,x)}\,\mathrm{d}x - \int_{\Omega^*}\Big[\frac{\partial P(x,y,z)}{\partial z}\Big|_{y=y(z,x)}\begin{vmatrix}z'_z & x'_z \\ z'_x & x'_x\end{vmatrix} -$$

$$\frac{\partial P(x,y,z)}{\partial y}\Big|_{y=y(z,x)}\begin{vmatrix}x'_z & y'_z \\ x'_x & y'_x\end{vmatrix}\Big]\mathrm{d}\Omega = 0$$

成立.

证 由于此时曲面的方程为 $x=x,y=y(z,x),z=z,(z,x)\in\Omega^*$,故

$$\int_{\partial\Omega^*} P(x,y(z,x),z)\mathrm{d}x - \int_{\Omega^*}\Big[\frac{\partial P(x,y,z)}{\partial z}\Big|_{y=y(z,x)}\begin{vmatrix}z'_z & x'_z \\ z'_x & x'_x\end{vmatrix} - \frac{\partial P(x,y,z)}{\partial y}\Big|_{y=y(z,x)}\begin{vmatrix}x'_z & y'_z \\ x'_x & y'_x\end{vmatrix}\Big]\mathrm{d}\Omega =$$

$$\int_{\partial\Omega^*} P(x,y(z,x),z)\mathrm{d}x - \int_{\Omega^*}\Big[\frac{\partial P(x,y,z)}{\partial z}\Big|_{y=y(z,x)}\cdot 1 - \frac{\partial P(x,y,z)}{\partial y}\Big|_{y=y(z,x)}\cdot -y'_x\Big]\mathrm{d}\Omega =$$

$$\int_{\partial\Omega^*} P(x,y(z,x),z)\mathrm{d}x - \int_{\Omega^*}\Big[\frac{\partial P(x,y,z)}{\partial z}\Big|_{y=y(z)} + \frac{\partial P(x,y,z)}{\partial y}\Big|_{y=y(z,x)}\cdot y'_z\Big]\mathrm{d}\Omega =$$

$$\int_{\partial\Omega^*} P(x,y(z,x),z)\mathrm{d}x - \int_{\Omega^*}\frac{\partial P(x,y(z,x),z)}{\partial z}\mathrm{d}\Omega = 0$$

Ω^* 可分成有限个既是 z 型又是 x 型的小区域,Green 公式是可以用的.

为了证明 Stokes 定理(1),我们要在 Ω 内作出一个边界线均为常规或准常规分段光滑的闭区域 Ω^*,且 Ω^* 为能连续变形为 Ω 的闭区域. 为此,先介绍一下,zx 平面上区域 Ω 之边界线均为常规分段光滑曲线 l,且无角点时,l 的 ρ — 平行线的概念,在 l 上任一点 (z,x) 处,作 l 向 Ω 内一侧之法线,在法线上取点 (z',x'),使它到 (z,x) 的距离为一常数 ρ. 当 (z,x) 沿 l 连续移动而形成轨迹 l 时,(z',x') 也连续移动而形成一条曲线,这条曲线称为 l 的 ρ — 平行线,并记之为 l_ρ.

引理 3 若 $\partial\Omega$ 中任一条封闭边界线 l 都是常规分段光滑曲线且无角点,则

(1) 当 $\rho <$ 某数 γ 时,这些 l_ρ 都不自交或互交且所有内边界线 $l_i(i=1,\cdots,n)$ 之 ρ — 平行线 $l_{i\rho}$ 都落在外边界线 l_o 的 ρ — 平行线 $l_{o\rho}$ 之内.

(2) 这些 $l_{i\rho}$ 可围成一个区域 Ω^*.

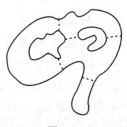

(3) 每个 $l_{i\rho}$ 只含有有限多条水平线段和铅垂线段,只能作有限多次上、下,左、右的振荡,即每个 $l_{i\rho}$ 都准常规分段光滑,$(i\geqslant 0)$.

(4)Ω^* 可分成有限多个既是 z 型又是 y 型的小区域.

(5)Ω^* 可连续变形为 Ω.

图 3

证 (1)命各 l_i 间的距离,Ω 之最狭宽度以及 Ω 诸边界线上各点处之最大内接圆中最小的那个之直径,这样 3 个数的最小者为 $2\gamma(i=0,1,\cdots,n)$,则 $\rho<\gamma$ 时,就可使这些 l_ρ 都不自交或互交,这从图 3 看已很明显,但也可用三角形不等式来证.

例如,设 $l_{i\rho}$ 为 $l_{j\rho}$ 有交点 K,则从 K 向 l_i,l_j 各作垂线,垂足分别为 F_i,F_j 就可得一以 K 为顶点,以 ρ 为两腰长的等腰三角形 KF_iF_j,从而 $\rho+\rho=|KF_i|+|KF_j|\geqslant$ 底边长度 $|F_1F_2|$,它 $\geqslant 2\gamma$(见图 4),矛盾.

(2) 由(1)已知.

(3) 由于 $l_{i\rho}$ 之水平线段及铅垂线段和 l_i 之水平线段及铅垂线段是 $1-1$ 对应的,l_i 只有有限个水平线段及铅垂线段,$l_{i\rho}$ 也应如此. 由于 $l_{i\rho}$ 的点和 l_i 上的相应点的距离都是 ρ,l_i 只有有限

次上、下、左、右振荡，l_{ip} 也只能如此. 而不可能有无限多次上、下、左、右振荡，所以 l_{ip} 是准常规分段光滑的.

(4) 由引理 2 之推论可知.

(5) 因为各 l_{ip} 都随 $\rho \to 0$ 而无限逼近 l_i.

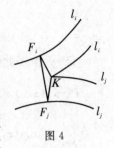

图 4

当 $l_i (i > 0)$ 有角点时，l_{ip} 在角点附近可能断开，也可能自交. 我们在角点附近修改 l_{ip}，在其他地方保持 l_{ip} 不动，而将 l_{ip} 改成一条常规分段光滑的曲线 l_{ip}^*. 以保证(1)—(5)仍然成立.

这种会发生 l_{ip} 断开的角点，叫 I 型角点，点沿 l_i 顺时针方向通过角点时，点的移动方向会顺时针方向转过一个 $\leqslant \pi$ 弧度之角；这种会发生 l_{ip} 自交的角点，叫 II 型角点，点沿着 l_i 顺时针方向通过角点时，点的移动方向会逆时针方向转过一个 $\leqslant \pi$ 弧度之角.

对 I 型角点，用角点为中心，$\frac{1}{2}\rho$ 为半径之圆弧落在 l_i

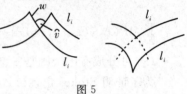

图 5

在角点的两段法线间的那一段圆弧及法线的上半段所组成的 w 形线连接起来，如果没有 II 型角点，对每个 I 型角点处都添上 w 形线连接起来，就得到了一条使 l_{ip} 连接起来的 l_{ip}^*；如果还有一些 II 型角点，将 l_{ip} 在各个角点处自交后多余的弧段删去，就得到了一条连接的曲线 l_{ip}^*（见图 5，如果没有 I 型角点，只要删去 II 型角点处 l_{ip} 自交后多余的弧就可以得出 l_{ip}^*）.

原来 l_{ip} 只含有限多个水平线段和铅垂线段且不会上、下、左、右无限振荡，将它截去一部分和添上一些 w 形线成了简单封闭曲线 l_{ip}^* 后，仍然有这两个性质. 对于 l_{op}，也可以同样地用添加 w 形线和删去自交后多余的弧段而得到 l_{op}^*. 所有 l_{ip}^* 到 l_i 的距离都 $\leqslant \rho$，并且各 $l_{ip}^* (i > 0)$ 还都是 l_{op}^* 内的一些互不相交的曲线，这可象引理 3(1)那样利用三角形不等式来证.

例如，设有某 $l_{ip}^* (i > 0)$ 上之点 H 不落在 l_{op}^* 之内部，则从 H 向 l_o 和 l_i 分别作垂线，得垂足 $F_o, F_i, |HF_o| \leqslant \rho, |HF_i| \leqslant \rho$，从而在 $\triangle HF_oF_i$ 中，有 $\rho + \rho \geqslant |HF_o| + |HF_i| \geqslant |F_oF_i| \geqslant 2\gamma$，矛盾，所以各 $l_{ip}^* (i > 0)$ 和 l_{op}^* 会围成一个 Ω^*，故 l_{ip}^* 是准常规分段光滑的，从而 Ω^* 可分成一些既是 z 型又是 x 型的小区域，且 Ω^* 可连续变形为 Ω，因为 l_{ip}^* 都随 $\rho \to 0$ 而无限逼近 l_i（见图 6）.

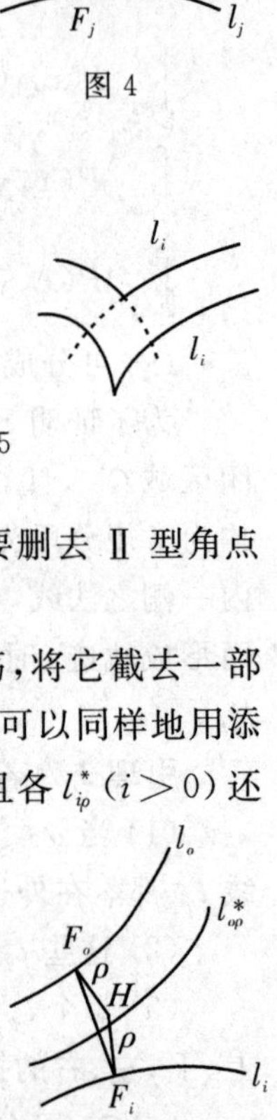

图 6

现在就可来证 Stokes 定理 ①，或即证 $\mathrm{St}(P(x, y(z, x), z); \Omega(l_o, \cdots, l_n)) = 0$. 此处 $\mathrm{St}(P(x, y(z, x), z; \Omega)$ 表示将 Stokes 公式(1)之右端都移到左端所得的式子，而 $\Omega(l_0, l_1, \cdots, l_n)$ 表示 Ω 是 $l_0, l_1, \cdots, l_n$ 所围区域，以下类此. 由于 Ω^* 的边界线都是常规分段光滑的，所以通过 Green 公式，可知 $\mathrm{St}(P(x, y(z, x), z); \Omega^*(l_{op}^*, l_{1p}^*, \cdots, l_{np}^*)) = 0$，从而

$$\mathrm{St}(P(x, y(z, x), z); \Omega(l_0, l_1, \cdots, l_n)) =$$

$$\mathrm{St}(P(x, y(z, x), z); \Omega(l_0, l_1, \cdots, l_n)) - \mathrm{St}(P(x, y(z, x), z); \Omega^*(l_{op}^*, \cdots, l_{np}^*)) =$$

$$\sum_{i=0}^{n} \left[\int_{l_i} P(x, y, z) \bigg|_{y = y(z, x)} \mathrm{d}x - \int_{l_{ip}^*} P(x, y, z) \bigg|_{y = y(z, x)} \mathrm{d}x \right] -$$

$$\int_{\Omega\backslash\Omega^*}\left[\left.\frac{\partial P(x,y,z)}{\partial z}\right|_{y=y(z,x)}\begin{vmatrix}z'_z & x'_z\\z'_x & x'_x\end{vmatrix}-\left.\frac{\partial P(x,y,z)}{\partial y}\right|_{y=y(z,x)}\begin{vmatrix}x'_z & y'_z\\x'_x & y'_x\end{vmatrix}\right]\mathrm{d}\Omega=$$

$$\sum_{i=0}^{n}\left[\iint_{l_i}P(x,y(z,x),z)\mathrm{d}x-\int_{l_{ip}^*}P(x,y(z,x),z)\mathrm{d}x\right]-$$

$$\int_{\Omega\backslash\Omega^*}\left[\left.\frac{\partial P(x,y,z)}{\partial z}\right|_{y=y(z,x)}\cdot1+\left.\frac{\partial P(x,y,z)}{\partial y}\right|_{y=y(z,x)}\cdot y'_z\right]\mathrm{d}\Omega=$$

$$\sum_{i=0}^{n}\int_{l_i}P(x,y(z,x),z)\mathrm{d}x-\int_{l_{ip}^*}P(x,y(z,x),z)\mathrm{d}x-\int_{\Omega\backslash\Omega^*}\frac{\partial P(x,y(z,x),z)}{\partial z}\mathrm{d}\Omega$$

为了简单,将曲线积分和二重积分的被积式都略去不写并将被积函数绝对值之上界,记作 B,B 是有限数,因为 $y(z,x)$ 及 $y'_z(z,x)$ 在 Ω 上连续且 $P(x,y,z)$ 及其偏导数在 Σ 上连续,导致了 $P(x,y(z,x),z)$ 及 $\dfrac{\partial P(x,y(z,x),z)}{\partial z}$ 在 Ω 上连续. 于是,有

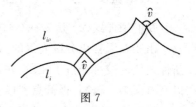

图 7

$$\mathrm{St}(P(x,y(z,x),z);\Omega(l_o,l_1,\cdots,l_n)=\sum_{i=0}^{n}\left[\int_{l_i}-\int_{l_{ip}^*}\right]-$$

$$\int_{\Omega\backslash\Omega^*}=\sum_{i=0}^{n}\left[\int_{l_i}-\int_{l_{ip}^*}\right]-\sum_{i=0}^{n}\int_{l_i\text{与}l_{ip}^*\text{所围的环状区域}}\quad\text{相应于}l_i\text{的环状区}$$

域总是由一些位在 l_i 上的基弧与位在 l_{ip} 上的顶弧以及基弧两端之法线所围成的条形区域(称 ρ-条带形)和一些附加的小区域 $\hat{v}$ 和 $\tilde{v}$ 所构成(见图7),在 Ⅰ 型角点两边基弧都不要动,只是在角点处要添一个 $\hat{v}$;在 Ⅱ 型角点两边基弧都要缩一段,使缩短了的基弧端点所作 l_i 之法线相交在角点邻近那两段顶弧的交点,这两条法线和 l_i 在角点处的 v 形弧围成了一个小区域 $\hat{v}$(如图8所示). 现在每个以 L 为基弧,以 L_ρ 为顶弧,以 L 两端法线所围成的 ρ-条带形之面积为

$$\rho\cdot2\left|L_{\frac{\rho}{2}}\right|$$

它随 $\rho\to0$ 而 $\to0$,故在其上之有界量之积分也是这样.

$\hat{v}$ 之面积为

$$\frac{1}{2}(\frac{\rho}{2})^2\theta\pi(0<\theta\leqslant1)$$

它也随 $\rho\to0$ 而 $\to0$,故在其上之有界量之积分也是这样.

图 8

$\tilde{v}$ 之面积也随 $\rho\to0$ 而 $\to0$,因为 $\rho\to0$ 时,$\tilde{v}$ 缩向一个 Ⅱ 型角点,故在其上有界量之积分也是这样.

所以上面的二重积分部分都随 $\rho\to0$ 而 $\to0$.

再来看曲线积分部分.

有了上面对 ρ-条带形的讨论后,可以将 l_i 及 l_{ip}^* 通过 l_i 上的一些 ρ-条带形的顶弧及基弧来刻划:在 Ⅰ 型角点处,ρ-条带形之基弧不动而顶弧则要添加一个 w 形线;在 Ⅱ 型角点处,ρ-条带形之顶弧不动而基弧则要添加一个 v 形线,(即 $\hat{v}$ 边界上之 v 形弧段),因此

$$\int_{l_i}-\int_{l_{ip}^*}=\int_{\text{这些}\rho\text{-条带形之基弧}+\text{一些}v\text{线}}-\int_{\text{这些}\rho\text{-条带形之顶弧}+\text{一些}w\text{线}}=$$

$$\int_{\text{这些条带形之基弧}}+\int_{\text{一些}v\text{线}}-\left[\int_{\text{这些条带形之顶弧}}+\int_{\text{一些}w\text{线}}\right]=$$

$$\text{一些}\int_{\text{条带形基弧}}\text{之和}+\text{一些}\int_{v\text{线}}\text{之和}-\text{一些}\int_{\text{条带形顶弧}}\text{之和}-\text{一些}\int_{w\text{线}}\text{之和}=$$

$$\Big[\text{一些}\int_{\text{条带形之基弧}}\text{之和}-\text{一些}\int_{\text{条带形顶弧}}\text{之和}\Big]+\text{一些}\int_{v\text{线}}\text{之和}-\text{一些}\int_{\text{一些}w\text{线}}\text{之和}$$

（对 $i=0$，这些弧段的方向都是逆时针方向；对 $i>0$，这些弧段的方向都是顺时针方向.）

现在上式中的每一项都是 $\rho\to0$ 时的无穷小量.

$\int_{w\text{线}}$ 是，因为 w 线之长度 $\to0$，故在其上之有界量的积分当 $\rho\to0$ 时，也 $\to0$，

$\int_{v\text{线}}$ 是，因为当 $\rho\to0$ 时，v 线缩向角点，它们的长度 $\to0$，所以在其上之有界量的积分 $\to0$.

为什么一些 $\Big[\int_{\text{条带形基弧}}-\int_{\text{条带形顶弧}}\Big]$ 当 $\rho\to0$ 时，会 $\to0$ 呢？

考虑 $\int_{\text{条带形基弧}}P(x,y(z,x),z)\mathrm{d}x-\int_{\text{条带形顶弧}}P(x,y(z,x),z)\mathrm{d}x$ 或记 $P(x,y(z,x),z)$ 为

$P(z,x)$ 考虑 $\int_{\text{条带形基弧}}P(z,x)\mathrm{d}x-\int_{\text{条带形顶弧}}P(z,x)\mathrm{d}x.$ \hfill (4)

我们来证式(4)是 $\rho\to0$ 时的一个无穷小量.

由于 l_i 为常规分段光滑的，条带形基弧是它的一个光滑弧段，故可以分成有限多个，无凹、凸性改变的较小光滑子弧段.并且这些较小光滑子弧段只能有有限多个水平线段和铅垂线段以及有限多个极高、极低点和极左、极右点(简称它们为局部"极"点)，但对水平线段和铅垂线段，式(4)的那些项是0，可将它们略去，再将略去后剩下的较小子弧段用局部"极"点分细，就得到了有限多个除端点外.没有局部"极"点的无凹、凸性改变的更小光滑子弧段，我们只要对这一种更小子弧段 $\bar{l}$ 来证明式(4)是无穷小量就可以了.

(1)设 $\bar{l}$ 是凹弧且 $\bar{l}_\rho$ 在其上，将曲线积分按照定义，写成和式的极限，$\bar{l}_\rho$ 上的分点是 $\bar{l}$ 上分点的相应点，这些分点将 $\bar{l},\bar{l}_\rho$ 分成小段弧的最大长度都随分段数 $n\to+\infty$ 而 $\to0$，且和式中之计值点可以都取在小段弧的右端点(见图9)，若 $\bar{l}$ 之方向是向右的，则

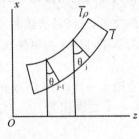

图 9

$$\Big|\int_{\bar{l}}P(z,x)\mathrm{d}x-\int_{\bar{l}_\rho}P(z,x)\mathrm{d}x\Big|=$$

$$\Big|\lim_{n\to+\infty}\sum_{i=1}^{n}(P(z,x))_j\Delta x_j-\lim_{n\to+\infty}\sum_{j=1}^{n}(P(x,z))_{j\rho}\Delta x_{j\rho}\Big|=$$

$$\Big|\lim_{n\to+\infty}\sum_{i=1}^{n}\big[(P(z,x))_j\Delta x_j-((P(z,x))_{j\rho}\Delta x_{j\rho}\big]\Big|$$

此处 $(P(z,x))_j$ 表示 $P(z,x)$ 在 $\bar{l}$ 之第 j 小段弧右端点之值；

$(P(z,x))_{j\rho}$ 表示 $P(z,x)$ 在 $l_{j\rho}$ 之第 j 小段弧右端点之值；

Δx_j 表示 $\bar{l}$ 上第 j 小段弧在 x 轴上之计向投影长度 >0；

$\Delta x_{j\rho}$ 表示 $\bar{l}_\rho$ 上第 j 小段弧在 x 轴上之计向投影长度 >0.

但

$$\Big|\sum_{j=1}^{n}\big[(P(z,x))_j\Delta x_j-(P(z,x))_{j\rho}\Delta x_{j\rho}\big]\Big|\leqslant\sum_{j=1}^{n}\big|(P(z,x))_j\Delta x_j-(P(z,x))_{j\rho}\Delta x_{j\rho}\big|\leqslant$$

$$\sum_{j=1}^{n}\Big\{\big|\big[P(z,x))_j\Delta x_j-(P(z,x))_{j\rho}\Delta x_j\big]\big|+\big|\big[(P(z,x))_{j\rho}(\Delta x_j-\Delta x_{j\rho})\big]\big|\Big\}$$

由于 $P(z,x)$ 在 Ω 上是一致连续的，对任 $\varepsilon>0$，必有 $\delta>0$，使 Ω 上任何两点之距离 $<\delta$ 时，此两点处 $P(z,x)$ 之值的绝对差 $<\varepsilon$.取 $\rho<\delta$ 时，

上式 $< \varepsilon \mid \bar{l} \mid + \sum\limits_{j=1}^{n} B \mid \Delta x_j - \Delta x_{j\rho} \mid$

（因为 $(P(z,x))_j$ 及 $(P(z,x))_{j\rho}$ 是 $P(z,x)$ 在相距为 $\rho < \delta$ 的两点所取之值）

$$< \varepsilon \mid l_i \mid + \sum_{j=1}^{n} B \mid \Delta x_j - \Delta x_{j\rho} \mid$$

但 $\sum\limits_{j=1}^{n} B \mid \Delta x_j - \Delta x_{j\rho} \mid = \sum\limits_{j=1}^{n} B \mid \rho\sin\theta_j - \rho\sin\theta_{j-1} \mid$

此处，θ_j 为 $\bar{l}$ 在其第 j 小段弧右端点之法线与 $\bar{l}_\rho$ 在其第 j 小段弧右端点之铅垂线所成之角，它是递增的，故

$$\sum_{j=1}^{n} B \mid \rho\sin\theta_j - \rho\sin\theta_{j-1} \mid = \sum_{j=1}^{n} B\rho \mid \sin\theta_j - \sin\theta_{j-1} \mid = B\rho(\sin\theta_n - \sin\theta_o) \leqslant B\rho$$

所以

$$\left| \int_{\bar{l}} P(z,x)dx - \int_{\bar{l}_\rho} P(z,x)dx \right| = \left| \lim_{n\to+\infty} \sum_{j=1}^{n} \left[(P(z,x))_j \Delta x_j - (P(z,x))_{j\rho}\Delta x_{j\rho} \right] \right| \leqslant$$

$$\lim_{n\to+\infty} \sum_{j=1}^{n} \mid (P(z,x))_j \Delta x_j - (P(z,x))_{j\rho}\Delta x_{j\rho} \mid < \varepsilon \mid l_i \mid + B\rho$$

当 ρ 很小时，可使之 $< \varepsilon(\mid l_i \mid + 1)$. 故

$\int_{\bar{l}} P(z,x)dx - \int_{\bar{l}_\rho} P(z,x)dx$ 是 $\rho \to 0$ 时的一个无穷小量（$\bar{l}$ 之方向相反时，估计同样成立）

（2）设 $\bar{l}$ 为凹弧而 $\bar{l}_\rho$ 在 $\bar{l}$ 之下，对 $\mid \int_{\bar{l}} P(z,x)\mathrm{d}x - \int_{\bar{l}_\rho} P(z,x)\mathrm{d}x \mid$ 所作的估计与式（1）所作的估计，几乎完全一样，只是

$$\sum_{j=1}^{n} B \mid \Delta x_j - \Delta x_{j\rho} \mid = \sum_{j=1}^{n} B \mid \rho\sin\theta_j - \rho\sin\theta_{j-1} \mid$$

中的 θ_j 的含义稍有不同而已（见图 10），所以，当 ρ 很小时

$$\mid \int_{\bar{l}} P(z,x)\mathrm{d}x - \int_{\bar{l}_\rho} P(z,x)\mathrm{d}x \mid < \varepsilon(\mid l_i \mid + 1)$$

即 $\int_{\bar{l}} P(z,x)\mathrm{d}x - \int_{\bar{l}_\rho} P(z,x)\mathrm{d}x$ 是 $\rho \to 0$ 时的一个无穷小量.

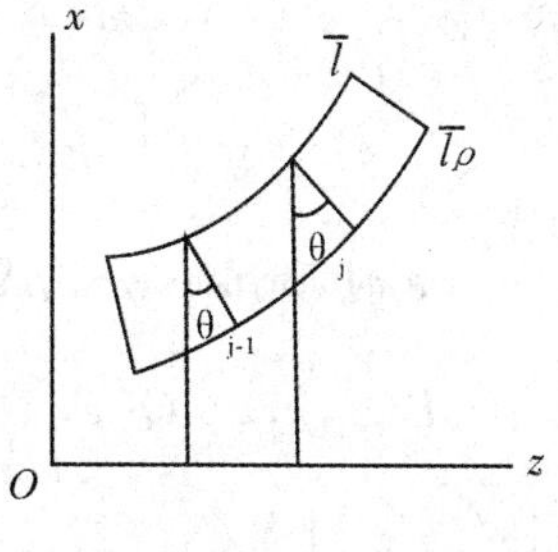

（3）设 $\bar{l}$ 为凸弧而 $\bar{l}_\rho$ 在 $\bar{l}$ 之上，这是和式（2）完全一样的，我们仍有

$\int_{\bar{l}} P(z,x)\mathrm{d}x - \int_{\bar{l}_\rho} P(z,x)\mathrm{d}x$ 是 $\rho \to 0$ 时的一个无穷小量.

（4）设 $\bar{l}$ 为凸弧而 $\bar{l}_\rho$ 在 $\bar{l}$ 之下，这是和（1）完全一样的，我们仍有

$\int_{\bar{l}} P(z,x)\mathrm{d}x - \int_{\bar{l}_\rho} P(z,x)\mathrm{d}x$ 是 $\rho \to 0$ 时的一个无穷小量.

这也就是说，不管是什么情形，$\int_{\bar{l}} P(z,x)\mathrm{d}x - \int_{\bar{l}_\rho} P(z,x)\mathrm{d}x$ 总是 $\rho \to 0$ 时的一个无穷小量.

由此可见，$\int_{l_i} - \int_{l_{i\rho}^*}$ 当 $\rho \to 0$ 时，是 $\to 0$ 的

前面已经见到二重积分 $\int_{l_i \text{与} l_{i\rho}^* \text{所围的环状区域}}$，当 $\rho \to 0$ 时，是 $\to 0$ 的

所以

图 10

$St(P(x,y(z,x),z);\Omega(l_o,l_1,\cdots,l_n))=$

$St(P(x,y(z,x),z);\Omega(l_o,l_1,\cdots,l_n))-St(P(x,y(z,x),z);\Omega^*(l_{o\rho}^*,l_{1\rho}^*,\cdots,l_{n\rho}^*))=$

$\sum\limits_{i=0}^{n}[\int_{l_i}-\int_{l_{i\rho}^*}]-\sum\limits_{i=0}^{n}\int_{l_i 与 l_{i\rho}^* 所围的环状区域}$

当 $\rho\rightarrow0$ 时,是 $\rightarrow0$ 的,但 $St(P(x,y(z,x),z);\Omega(l_o,l_1,\cdots,l_n))$ 是固定数,它必是 0 无疑. 这样,我们就证明了 $St(P(x,y(z,x),z);\Omega(l_o,l_1,\cdots,l_n))=0$ 成立,也就是证明了 Stokes 定理 (1).

同理,若 $Q(x,y,z)$ 及其偏导数在 $\sum$ 上连续,且 $\begin{vmatrix} x'_u & y'_u \\ x'_v & y'_v \end{vmatrix}$ 在 Δ° 中无零点时,Stokes 公式 (2) 成立.

若 $R(x,y,z)$ 及其偏导数在 $\sum$ 上连续,且 $\begin{vmatrix} y'_u & z'_u \\ y'_v & z'_v \end{vmatrix}$ 在 Δ° 中无零点时,Stokes 公式 (3) 成立.

所以,Stokes 公式成立的条件为 $P(x,y,z),Q(x,y,z),R(x,y,z)$ 及它们的偏导数都在 $\sum$ 上连续,且 $\begin{vmatrix} z'_u & x'_u \\ z'_v & x'_v \end{vmatrix}$,$\begin{vmatrix} x'_u & y'_u \\ x'_v & y'_v \end{vmatrix}$,$\begin{vmatrix} y'_u & z'_u \\ y'_v & z'_v \end{vmatrix}$,在 Δ° 中无零点.

如将 $\partial\Omega$ 之方向换成反方向,Ω 之侧换成反侧,则 Stokes 公式 (1),(2),(3) 分别换成了

$$\int_{\partial\Omega}P(x,y,z)\mathrm{d}x=\int_\Omega\left[\frac{\partial P}{\partial y}\begin{vmatrix} x'_u & y'_u \\ x'_v & y'_v \end{vmatrix},-\frac{\partial P}{\partial y}\begin{vmatrix} z'_u & x'_u \\ z'_v & x'_v \end{vmatrix}\right]\mathrm{d}\Omega$$

$$\int_{\partial\Omega}Q(x,y,z)\mathrm{d}y=\int_\Omega\left[\frac{\partial Q}{\partial z}\begin{vmatrix} y'_u & z'_u \\ y'_v & z'_v \end{vmatrix},-\frac{\partial}{\partial y}\begin{vmatrix} x'_u & y'_u \\ x'_v & y'_v \end{vmatrix}\right]\mathrm{d}\Omega$$

$$\int_{\partial\Omega}R(x,y,z)\mathrm{d}z=\int_\Omega\left[\frac{\partial P}{\partial y}\begin{vmatrix} z'_u & x'_u \\ z'_v & x'_v \end{vmatrix},-\frac{\partial R}{\partial y}\begin{vmatrix} y'_u & z'_u \\ y'_v & z'_v \end{vmatrix}\right]\mathrm{d}\Omega$$

此时,Stokes 公式成立的条件为

$P(x,y,z),Q(x,y,z),R(x,y,z)$ 及它们的偏导数都在 $\sum$ 上连续,且 $\begin{vmatrix} x'_u & y'_u \\ x'_v & y'_v \end{vmatrix}$,

$\begin{vmatrix} y'_u & z'_u \\ y'_v & z'_v \end{vmatrix}$,$\begin{vmatrix} z'_u & x'_u \\ z'_v & x'_v \end{vmatrix}$,在 Ω° 中无零点,和前面的条件一样,所以只要 $P(x,y,z),Q(x,y,z)$,

$R(x,y,z)$ 及它们的偏导数都在 $\sum$ 上连续,且 $\begin{vmatrix} z'_u & y'_u \\ x'_v & y'_v \end{vmatrix}$,$\begin{vmatrix} y'_u & z'_u \\ y'_v & z'_v \end{vmatrix}$,$\begin{vmatrix} z'_u & x'_u \\ z'_v & x'_v \end{vmatrix}$,在 Δ° 中无

零点,就是 Stokes 公式成立的一般条件,此时 $\sum$ 是用参数式表式的,此简单条件里 $\sum$ 是通过它在三个坐标轴上正投影区域上的方程来表示的,当然"宽松"位得多了.

参考文献:

[1] 孙家永. Stokes 公式 (1) 能成立的简明条件.

10. Stokes 公式成立的一个充要条件

孙家永   完稿于 2005 年 6 月

摘　要　著名的 Stokes 公式,$\int_{\partial\Sigma} P(x,y,z)\mathrm{d}x + Q(x,y,z)\mathrm{d}y + R(x,y,z)\mathrm{d}z = \int_{\Sigma}(\frac{\partial R}{\partial y} - \frac{\partial Q}{\partial z})\mathrm{d}\Omega_{yz} + (\frac{\partial P}{\partial z} - \frac{\partial R}{\partial x})\mathrm{d}\Omega_{zx} + (\frac{\partial Q}{\partial x} - \frac{\partial P}{\partial y})\mathrm{d}\Omega_{xy}.$

等价于以下 3 式:(分别称为 Stokes 公式(1),(2),(3))

$$\int_{\partial\Sigma} P(x,y,z)\mathrm{d}x = \int_{\Sigma}\frac{\partial P(x,y,z)}{\partial z}\mathrm{d}\Omega_{zx} - \frac{\partial P(x,y,z)}{\partial y}\mathrm{d}\Omega_{xy} \tag{1}$$

$$\int_{\partial\Sigma} Q(x,y,z)\mathrm{d}y = \int_{\Sigma}\frac{\partial Q(x,y,z)}{\partial x}\mathrm{d}\Omega_{xy} - \frac{\partial Q(x,y,z)}{\partial z}\mathrm{d}\Omega_{yz} \tag{2}$$

$$\int_{\partial\Sigma} R(x,y,z)\mathrm{d}z = \int_{\Sigma}\frac{\partial R(x,y,z)}{\partial y}\mathrm{d}\Omega_{yz} - \frac{\partial R(x,y,z)}{\partial x}\mathrm{d}\Omega_{zx} \tag{3}$$

其中 Σ 为一连边光滑的曲面,指定好侧;$\partial\Sigma$ 为一条或几条分段光滑曲线,方向为 Σ 所指定侧的正向,且 P,Q,R 及其偏导数都在 Σ 上连续.

　　Stokes 公式出现 150 多年来,关于它成立的充分条件,有过一些讨论,但对 Stokes 公式成立的充要条件,却一直没有得到.陈省身先生在他去世前说过"我和布尔巴基学派的创始人都是好朋友,但是他们的工作不能解决我的问题,比如 Stokes 定理成立的充分必要条件(结构)就写不出来."[1] 本文对 Stokes 公式(1),通过强 Stokes 定理,证明了它能成立的充要条件.

　　(强 Stokes 定理(1)) 设连边光滑的曲面 Σ 的方程为 $x = x(u,v),y = y(u,v),z = z(u,v)$,$(u,v)\in\Omega,\Omega$ 为一个以有限多条常规分段光滑曲线为边界线的有界闭区域.$P(x,y,z)$ 及其偏导数在 Σ 上连续,且 $\begin{vmatrix} z'_u & x'_u \\ z'_v & x'_v \end{vmatrix}$ 在 Ω^0 内有零点,则 Stokes 公式(1)成立之充要条件为 $P(x,y,z)$ 对 $\begin{vmatrix} z'_u & x'_u \\ z'_v & x'_v \end{vmatrix}$ 在 Ω^0 的零点集合 ω_2 之 Stokes 测度为 0.

　　对 Stokes 公式(2)、(3)作同样讨论,也可得出相应的充要条件,于是就可得出 Stokes 公式能成立之充要条件.

　　Stokes 测度是对 $\begin{vmatrix} z'_x & x'_x \\ z'_y & x'_y \end{vmatrix}$ 在 Ω^0 有零点时,讨论 Stokes 公式(1)成立的充要条件而引进的一个概念.

　　设 $P(x,y,z)$ 及其偏导数,在连边光滑曲面 Σ 上连续,Σ 之方程为 $x = x(u,v),y = y(u,v)$,$z = z(u,v),(u,v)\in\Omega,\Omega$ 为一以有限多条常规分段光滑曲线为边界线的有界闭区域. 要求 Σ 按定测法则定侧.$\omega_z = \{(u,v)\mid \begin{vmatrix} z'_u & x'_u \\ z'_v & x'_v \end{vmatrix} = 0,(u,v)\in\Omega\}$

$\mathscr{F} = \{F \mid F$ 为有限多个 uv 平面上的闭区域 $F_1, \cdots, F_n$ 的并集；$F \supset \omega_2, F \subset \Omega$ 且每个 ∂F_j 是有限多条常规分段光滑曲线$\}$

我们称

$$\int_{\partial F} P\,\mathrm{d}x - \int_F \left[\frac{\partial P}{\partial z}\begin{vmatrix} z'_u & x'_u \\ z'_v & x'_v \end{vmatrix} - \frac{\partial P}{\partial y}\begin{vmatrix} x'_u & y'_u \\ x'_v & y'_v \end{vmatrix}\right]\mathrm{d}\Omega \quad (\partial F \text{之方向为} F \text{上侧之正方向})$$

为 P 在 F 上之拟 Stokes 表达式，简记为 $\mathrm{St}^*(P;F)$ 或 $\mathrm{St}^*(P;F_1,\cdots,F_m)$，并把 $\inf\limits_{F \in \mathscr{F}}\{|\mathrm{St}^*(P;F)|\}$ 称为 P 在 Ω 上，对于 ω_2 之 Stokes 测度，它是存在的，因为要求其下确界的数集非空（且有下界 0），为什么非空呢？因为 ω_2 是有界闭集，从它的复盖 $\{N_\varepsilon(P_a) \mid P_a \in \omega_2\}$ 中可选有限复盖 $\{N_\varepsilon(P_1), \cdots, N_\varepsilon(P_n) \mid P_1, \cdots, P_n \in \omega_2\}$ 而 $\overline{\bigcup\limits_{i=1}^{n} N_\varepsilon(P_i)} \bigcap \Omega = F$ 就是有限个闭区域之并集，每个闭区域的边界都是一些常规的分段光滑曲线且 $F \supset \omega_2, F \subset \Omega$.

当 $\omega_2 = \phi$ 时，我们认为 P 在 Ω 上对于 ω_2 之 Stokes 测度为 0.

在计算 P 在 Ω 上对于 ω_2 之 Stokes 测度时，对 F 中的任一 F_j，允许保持其边界线在 Ω 内且常规分段光滑又不经过 ω_2 之点连续变形为 F'_j，（简称 F_j 经等效变换成 F'_j）因为由 Stokes 定理(1)，有 F_j 作等效变换成 F'_j 的 F' 与原 F 有相等的拟 Stokes 表达式，$\mathrm{St}^*(P;F) = \mathrm{St}^*(P;F')$

引理 1 若 $F \in \mathscr{F}$，则 F 之 F_j 可以分成两类：① 第 1 类 F_j 与 $\partial\Omega$ 无公共弧段，此类 F_j 与 $\partial\Omega$ 之任何边界线的距离都 > 0；② 第 2 类 F_j 与 $\partial\Omega$ 之某 l_i 有公共弧段，此类 F_j 可等效变换为 F'_j，使 $\partial F'_j$ 与 l_i 只有有限多个公共弧段（此引理中，弧段可退化为一点）.

证 (1)因 F_j 与 $\partial\Omega$ 都是有界闭集，故 F_j 到 $\partial\Omega$ 之距离 > 0，(2)假如 ∂F_j 与 l_i 有一些弧段公共，有些弧段不公共，如图 1 所示，其中有些 ∂F_j 与 l_i 之非公共弧段所围的区域中有 ω_2 之点，有些没有（在小区域中加"·"或不加"·"来区分），对于没有加"·"的小区域，可以通过等效变换将 F_j 变为 F'_j，使得围成这些没有 ω_2 之点的小区

图 1

域之边界上的非 l_i 部分变 l_i 部分，而其余的 $\partial F'_j$ 与 ∂F_j 相同，这样就可使 $\partial F'_j$ 与 l_i 只有在有 ω_2 之点的小区域上才有非公共弧段，剩下的都是公共弧段，所以，除非有 ω_2 之点的小区域有无限多个时，∂F_j 都可等效变换成 $\partial F'_j$，它与 l_i 只有有限多个公共弧段，但此时，每个有 ω_2 之点的小区域中都得有一个组成 F 的异于 F_j 的 F_i 来复盖这些 ω_2 之点，这样，F 将至少再有无限多个 F_i，才能复盖 ω_2，而这是不可能的.

引理 2 对任何 $F \in \mathscr{F}$，我们恒有 $\mathrm{St}(P;\Omega) = \mathrm{St}^*(P;F)$

证 考虑 $\mathrm{St}(P;\Omega) - \mathrm{St}^*(P;F)$ 并称它为一个准 Stokes 表达式，为了说明方便，我们要作一个准 Stokes 表达式的示意图来帮助.

在 Ω 的外边界线内画出 Ω 的所有空洞及组成 F 的所有 F_j 区域 $(j=1,\cdots,m)$，并加上影线来表示，F_j 区域和空洞区域不同，它可以内部有洞，也可以和 Ω 的外边界线有公共弧段（含弧段退化为点的情形），由引理 1，可以认为组成 F 的 F_j 只有两类：第 1 类是到 $\partial\Omega$ 的每一条边界线的距离都 > 0 的；第 2 类是其边界线与 $\partial\Omega$ 的某些边界线有有限多个公共弧段的.

(1) 在准 Stokes 表达式里把某个第 1 类无洞的 F_j 有关的项减去，得

$\mathrm{St}(P;\Omega) - \mathrm{St}^*(P;F) = \mathrm{St}(P;\Omega) - \mathrm{St}^*(P;F_j) - \mathrm{St}^*(P;F_1,\cdots,\hat{F}_j,\cdots,F_m) =$

$$\sum_{i=0}^{n} \int_{l_i} P\,\mathrm{d}x - \int_{\Omega}\left[\frac{\partial P}{\partial z}\begin{vmatrix} z'_u & x'_u \\ z'_v & x'_v \end{vmatrix} - \frac{\partial P}{\partial y}\begin{vmatrix} x'_u & y'_u \\ x'_v & y'_v \end{vmatrix}\right]\mathrm{d}\Omega -$$

$$\left\{\int_{\partial F_j} P\,\mathrm{d}x - \int_{F_j}\left[\frac{\partial P}{\partial z}\begin{vmatrix} z'_u & x'_u \\ z'_v & x'_v \end{vmatrix} - \frac{\partial P}{\partial y}\begin{vmatrix} x'_u & y'_u \\ x'_v & y'_v \end{vmatrix}\right]\mathrm{d}\Omega\right\} -$$

$$\mathrm{St}^*(P;F_1,\cdots,\hat{F}_j,\cdots,F_m) =$$

$$\sum_{i=0}^{n} \int_{l_i} P\,\mathrm{d}x + \int_{(\partial F_j)^-} P\,\mathrm{d}x - \int_{\Omega\backslash F_j}\left[\frac{\partial P}{\partial z}\begin{vmatrix} z'_u & x'_u \\ z'_v & x'_v \end{vmatrix} - \frac{\partial P}{\partial y}\begin{vmatrix} x'_u & y'_u \\ x'_v & y'_v \end{vmatrix}\right]\mathrm{d}\Omega -$$

$$\mathrm{St}^*(P;F_1,\cdots,\hat{F}_j,\cdots,F_m)$$

现在 $\Omega\backslash F_j$ 是 Ω 中挖去一个由 F_j 形成的空洞之区域,$(\partial F_j)^-$ 是 ∂F_j 的反向,刚好是新添之洞的边界线之正向,所以上式就成为 $\mathrm{St}(P;\Omega\backslash F_j) - \mathrm{St}^*(P;F_1,\cdots,\hat{F}_j,\cdots,F_m)$,它还是一个准 Stokes 表达式 $\mathrm{St}(P;\Omega') - \mathrm{St}^*(P;F')$ 的形式,只是 Ω' 比原 Ω 多了一个空洞,而组成 F' 的那些闭区域比原组成 F 的那些闭区域少掉了一个 F_j;减 F_j 有关项的示意图如图 2,图 3 所示.

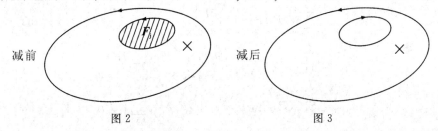

图 2   图 3

其中画"×"的空白部分,表示这里有沿所有空洞区域边界线上的曲线积分及 $\mathrm{St}^*(P; F_1,\cdots,\hat{F}_j,\cdots,F_m)$.(严格说,应是这里有这些曲线积分的积分曲线和二重积分的积分域,但有了积分曲线和积分域当然就有曲线积分和二重积分,所以就没有严格说,以下也如此.)

继续这样减下去,最后将原准 Stokes 表达式化成空洞比原 Ω 多一些的区域 Ω' 上的 Stokes 表达式,减去比原 F 的组成闭区域少掉那些无洞的第 1 类闭区域 F' 上的拟 Stokes 表达式的形式,$\mathrm{St}(P;\Omega') - \mathrm{St}^*(P;F')$.

(2) 在 (1) 化简得出的准 Stokes 表达式里把某个第 1 类有洞的 F_j 有关的项减去,得

$$\mathrm{St}(P;\Omega') - \mathrm{St}^*(P;F') = \sum_{i=0}^{n} \int_{l_i} P\,\mathrm{d}x + \int_{(\partial F_j)^-} P\,\mathrm{d}x -$$

$$\int_{\Omega\backslash F_j}\left[\frac{\partial P}{\partial z}\begin{vmatrix} z'_u & x'_u \\ z'_v & x'_v \end{vmatrix} - \frac{\partial P}{\partial y}\begin{vmatrix} x'_u & y'_u \\ x'_v & y'_v \end{vmatrix}\right]\mathrm{d}\Omega -$$

$$\mathrm{St}^*(P;F_1,\cdots,\hat{F}_j,\cdots,F_m)$$

这时它会分裂成一些新的准 Stokes 表达式之和,我们把减 F_j 有关项的示意图作出来说明(见图 4、图 5).

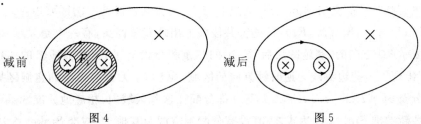

图 4   图 5

这示意图里也有画"×"的空白部分,表示这里有沿空洞区域(包括新添的)边界线上的曲线积分及 $\mathrm{St}^*(P;F_j,\dots,\hat{F}_j,\dots,F_m)$. 实施减法后,$F_j$ 上的二重积分没有了;沿 F_j 内边界线的曲线积分,都要变成沿 F_j 小洞正方向的曲线积分,沿 F_j 外边界线的曲线积分,要变成沿顺时针方向的曲线积分,它和沿 Ω 外边界线逆时针方向的曲线积分合在一起,刚好构成沿一个环形边界正方向的曲线积分.

沿空洞区域边界线上的曲线积分及 $\mathrm{St}^*(P;F_j,\dots,\hat{F}_j,\dots,F_m)$ 就分配在这环状区域及小洞区域之内. 原准 Stokes 表达式就分裂为这些小洞及环状区域上的准 Stokes 表达式之和.

继续这样作下去,最终就将原准 Stokes 表达式化成一些准 Stokes 表达式之和. 这些准 Stokes 表达式都形如 $\mathrm{St}(P;\Omega)-\mathrm{St}^*(P;F)$,其中 Ω 可以不同,但各 Ω 都已远非原来的 Ω,F 也可不同但都是由第 2 类 F_j 组成.

(3) 在(2) 化简所得的每个准 Stokes 表达式中把某个第 2 类 F_j 有关的项减去,得
$$\mathrm{St}(P;\Omega)-\mathrm{St}^*(P;F)=\mathrm{St}(P;\Omega)-\mathrm{St}^*(P;F_j)-\mathrm{St}^*(P;F_1,\cdots,\hat{F}_j,\cdots,F_m)=$$
$$\sum_{i=0}^{n}\int_{l_i}P\,\mathrm{d}x-\int_{\Omega}\left[\frac{\partial P}{\partial z}\begin{vmatrix}z'_u & x'_u\\ z'_v & x'_v\end{vmatrix}-\frac{\partial P}{\partial y}\begin{vmatrix}x'_u & y'_u\\ x'_v & y'_v\end{vmatrix}\right]\mathrm{d}\Omega-$$
$$\left\{\int_{\partial F_j}P\,\mathrm{d}x-\int_{F_j}\left[\frac{\partial P}{\partial z}\begin{vmatrix}z'_u & x'_u\\ z'_v & x'_v\end{vmatrix}-\frac{\partial P}{\partial y}\begin{vmatrix}x'_u & y'_u\\ x'_v & y'_v\end{vmatrix}\right]\mathrm{d}\Omega\right\}-$$
$$\mathrm{St}^*(P;F_1,\cdots,\hat{F}_j,\cdots,F_m)=\sum_{i=0}^{n}\int_{l_i}P\,\mathrm{d}x+\int_{(\partial F_j)^-}P\,\mathrm{d}x-$$
$$\int_{\Omega\setminus F_j}\left[\frac{\partial P}{\partial z}\begin{vmatrix}z'_u & x'_u\\ z'_v & x'_v\end{vmatrix}-\frac{\partial P}{\partial y}\begin{vmatrix}x'_u & y'_u\\ x'_v & y'_v\end{vmatrix}\right]\mathrm{d}\Omega-$$
$$\mathrm{St}^*(P;F_1,\cdots,\hat{F}_j,\cdots,F_m)$$

它也会分裂成一些新的准 Stokes 表达式之和,我们把减 F_j 有关项的示意图作出来说明(见图6、图7):

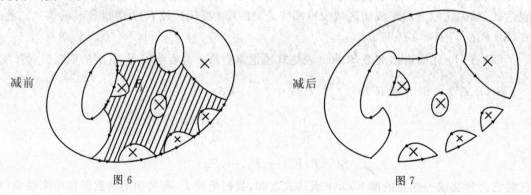

减前　　图 6　　　　　　　　　　减后　　图 7

这里也有画"×"的空白部分,表示这里有与 F_j 无公共弧段的空洞区域边界线上的曲线积分及 $\mathrm{St}^*(P;F_j,\dots,\hat{F}_j,\dots,F_m)$,这些公共段弧上出现双重箭头,有一个是表示 ∂F_j 方向的,零一个是表示 $\partial\Omega$ 方向的,实施减法后,F_j 上的二重积分没有了;这些弧段上的曲线积分也都抵消了,但出现了一些边界线为逆时针方向的区域,而与 F_j 无公共弧段的空洞区域边界线上的曲线积分及 $\mathrm{St}^*(P;F_j,\dots,\hat{F}_j,\dots,F_m)$ 都分配在这些区域内,相应地原准 Stokes 表达式就分裂为一些新的准 Stokes 表达式之和(没有分配到空洞及其他 F_j 的准 Stokes 表达式为 0,可

以删除). 继续这样作下去, 就可将原准 Stokes 表达式分裂为一些准 Stokes 表达式之和. 这些准 Stokes 表达式已经没有任何与 F_j 有关的项, 即它们都成了 Stokes 表达式了, 由 Stokes 定理 (1), 它们都是 0, 引理 2 得证.

由引理 2, 立即可得

强 Stokes 定理 (1) 若连边滑曲面 Σ 确定在有界闭区域 Ω 上, $\partial\Omega$ 为有限多条常规分段光滑曲线, $P(x,y,z)$, 及其偏导数在 Σ 上连续, 则 Stokes 公式 (1) 成立之充要条件为 P 在 Ω 上, 对于 ω_2 之 Stokes 测度 $=0$.

证 由引理 2, 对任何 $F\in\mathscr{F}$

$$\int_{\partial\Omega}P\,\mathrm{d}x-\int_{\Omega}\left[\frac{\partial P}{\partial z}\begin{vmatrix}z'_u & x'_u\\ z'_v & x'_v\end{vmatrix}-\frac{\partial P}{\partial y}\begin{vmatrix}x'_u & y'_u\\ x'_v & y'_v\end{vmatrix}\right]\mathrm{d}\Omega=$$

$$\int_{\partial F}P\,\mathrm{d}x-\int_{F}\left[\frac{\partial P}{\partial z}\begin{vmatrix}z'_u & x'_u\\ z'_v & x'_v\end{vmatrix}-\frac{\partial P}{\partial y}\begin{vmatrix}x'_u & y'_u\\ x'_v & y'_v\end{vmatrix}\right]\mathrm{d}\Omega$$

所以

$$\inf_{F\in\mathscr{F}}\left\{\left|\int_{\partial F}P\,\mathrm{d}x-\int_{F}\left[\frac{\partial P}{\partial z}\begin{vmatrix}z'_u & x'_u\\ z'_v & x'_v\end{vmatrix}-\frac{\partial P}{\partial y}\begin{vmatrix}x'_u & y'_u\\ x'_v & y'_v\end{vmatrix}\right]\mathrm{d}\Omega\right|\right\}=$$

$$\left|\int_{\partial\Omega}P\,\mathrm{d}x-\int_{\Omega}\left[\frac{\partial P}{\partial z}\begin{vmatrix}z'_u & x'_u\\ z'_v & x'_v\end{vmatrix}-\frac{\partial P}{\partial y}\begin{vmatrix}x'_u & y'_u\\ x'_v & y'_v\end{vmatrix}\right]\mathrm{d}\Omega\right|$$

故 Stokes 测度为 0, 是 $\int_{\partial\Omega}P\,\mathrm{d}x-\int_{\Omega}\left[\frac{\partial P}{\partial z}\begin{vmatrix}z'_u & x'_u\\ z'_v & x'_v\end{vmatrix}-\frac{\partial P}{\partial y}\begin{vmatrix}x'_u & y'_u\\ x'_v & y'_v\end{vmatrix}\right]\mathrm{d}\Omega=0$ 成立之充要条件.

同理可得强 Stokes 定理 (2) 及 (3), 所以 Stokes 公式成立的充要条件为

$$\begin{cases}P(x,y,z) \text{ 在 }\Omega\text{ 上对于 }\omega_2\text{ 之 Stokes 测度}=0\\ Q(x,y,z) \text{ 在 }\Omega\text{ 上对于 }\omega_3\text{ 之 Stokes 测度}=0\\ R(x,y,z) \text{ 在 }\Omega\text{ 上对于 }\omega_1\text{ 之 Stokes 测度}=0.\end{cases}$$

当然要有 $P(x,y,z),Q(x,y,z),R(x,y,z)$ 及它们的偏导数都在 $\sum$ 连续的前提条件.

如果将 $\partial\Omega$ 之方向换成反方向, Ω 之侧也换成反侧, 则 Stokes 公式 (1) 就成为

$$\int_{\partial\Omega}P\,\mathrm{d}x-\int_{\Omega}\left[\frac{\partial P}{\partial y}\begin{vmatrix}x'_u & y'_u\\ x'_v & y'_v\end{vmatrix}-\frac{\partial P}{\partial z}\begin{vmatrix}z'_u & x'_u\\ z'_v & x'_v\end{vmatrix}\right]\mathrm{d}\Omega=0$$

所以, P 在 Ω 上对 w_1 之 Stokes 测度为 0 是 Stokes 公式 (1) 成立之充要件.

同理, Q 在 Ω 上对 w_2 之 Stokes 测度为 0 是 Stokes 公式 (2) 成立之充要件.

R 在 Ω 上对 w_3 之 Stokes 测度为 0 是 Stokes 公式 (3) 成立之充要件.

这三组充要条件合在一起, 也是 Stokes 公式成立之充要条件的.

所以, Stokes 公式成立之充要条件也可以是

$$\begin{cases}P \text{ 在 }\Omega\text{ 上对 }w_1\text{ 之 Stokes 测度为 }0,\\ P \text{ 在 }\Omega\text{ 上对 }w_2\text{ 之 Stokes 测度为 }0,\\ P \text{ 在 }\Omega\text{ 上对 }w_3\text{ 之 Stokes 测度为 }0.\end{cases}$$

这些充要条件是在 P,Q,R 及它们的偏导数都在 $\sum$ 上连续的前提下而言的.

以上这两组条件都是在 P,Q,R 及它们的偏导数在 $\sum$ 上连续的情况下 Stokes 公式能成

立的充要条件(第二组是当 $\partial\Omega$ 之方向换成反方向,侧也换成反侧时的充要条件).

Stokes 公式成立的一般条件是这里的充要条件当 $w_1 = w_2 = w_3 = \phi$ 的特例.

参考文献:

[1]张莫宙.微积分数学:从冰冷的美丽到火热的思考.高等数学研究,2006(2).

11. 当曲面的光滑性被破坏时，Stokes 公式仍可成立

孙家永　完稿于 2005 年 7 月

摘　要　Stokes 定理中的 $\sum$ 是要求为连边光滑之曲面的、现在如果 $\sum$ 的光滑性在一些点处被破坏，那么 Stokes 公式是否还能成立？本文指出在一定条件下，Stokes 公式仍可成立，但可能要出现广义积分.

关键词　Stokes 定理，光滑曲面，常规分段光滑曲线.

设 $\sum$ 为指定了侧的连边光滑曲面，$\partial\sum$ 为 $\sum$ 所指定侧之正向，$P(x,y,z),Q(x,y,z)$，$R(x,y,z)$ 以及它们的偏导数都 $\sum$ 上连续，则以下 3 式分别称为 Stokes 公式(1)，(2)，(3)成立：

$$\int_{\partial\sum} P(x,y,z)\mathrm{d}x = \int_{\sum}\frac{\partial P(x,y,z)}{\partial z}\mathrm{d}\Omega_{zx} - \frac{\partial P(x,y,z)}{\partial y}\mathrm{d}\Omega_{xy} \tag{1}$$

$$\int_{\partial\sum} Q(x,y,z)\mathrm{d}y = \int_{\sum}\frac{\partial Q(x,y,z)}{\partial x}\mathrm{d}\Omega_{xy} - \frac{\partial Q(x,y,z)}{\partial z}\mathrm{d}\Omega_{yz} \tag{2}$$

$$\int_{\partial\sum} R(x,y,z)\mathrm{d}z = \int_{\sum}\frac{\partial R(x,y,z)}{\partial y}\mathrm{d}\Omega_{yz} - \frac{\partial R(x,y,z)}{\partial x}\mathrm{d}\Omega_{zx} \tag{3}$$

文[1] 对 Stokes 公式(1)之成立问题，给出了

Stokes 定理(1)　设连边光滑曲面的方程为：

$x=x(u,v),y=y(u,v),z=z(u,v),(u,v)\in\Delta(\Delta$ 为一个可以有洞的有界闭区域）如 $\begin{vmatrix} z'_u & x'_u \\ z'_v & x'_v \end{vmatrix}$ 在 Δ° 内无零点，且 $u=u(z,x),v=v(z,x)$ 为 $z\in z(u,v),x=x(u,v)$ 在 Δ° 上之最大延拓了的反函数组，它确定了一个把 Δ° 映射到 zx 平面上一个以有限多条常规分段光滑的曲线为边界线的区域 Ω° 的映射 Ψ. 则当 $P(x,y,z)$ 及其偏导数在 $\sum$ 上连续时，则 Stokes 公式(1) 成立.

类似地，我们还可以有 Stokes 公式(2)，(3) 成立的 Stokes 定理(2)，(3).

现在如果 $\sum$ 上有点集 S，使 $\sum$ 之光滑性在 S 中之点处遭破坏，那么 Stokes 定理是否还能成立？我们有下列定理(1)来回答这个问题：

定理(1)．若 S 只是 $\sum$ 上的有限多个点及弧段，它们被 Ψ 映射成 Ω° 上的有限多个点及常规分段光滑弧段，则 Stokes 公式(1) 还可成立.

证　将 Ω° 上每个被 Ψ 映射到的点 K 及常规分段光滑弧零设 l，分别用以 K 为中心 ρ 为半径的小圆及 l 两侧的 l^*_{p1},l^*_{p2} 与 l 两端点为中心，ρ 为半径的弧段包围起来，这些包围线都是常

规分段光滑的曲线. 由一般条件下的 Stokes 定理 ①. 我们有

$$\int_{\partial(\sum \backslash S')} P(x,y,z)\mathrm{d}x = \int_{\sum \backslash S'} \frac{\partial P(x,y,z)}{\partial z}\mathrm{d}\Omega_{zx} - \frac{\partial P(x,y,z)}{\partial y}\mathrm{d}\Omega_{xy}$$

此处 S' 为上述那些包围线内部在 $\sum$ 上的相应部份

令 $\rho \to 0$ 取极限得

$$\lim_{\rho \to 0} \int_{\partial(\sum \backslash S')} P(x,y,z)\mathrm{d}x = \int_{\partial \sum} P(x,y,z)\mathrm{d}x$$

（因为 $P(x,y,z)$ 连续有界）所以

$$\int_{\partial \sum} P(x,y,z)\mathrm{d}x = \lim_{\rho \to 0} \int_{\sum \backslash S'} \frac{\partial P(x,y,z)}{\partial z}\mathrm{d}\Omega_{zx} - \frac{\partial P(x,y,z)}{\partial y}\mathrm{d}\Omega_{xy}$$

由于 $P(x,y,z)$ 之偏导数可以有无穷间断，故右端为按广义积分来理解之积分.

$$\int_{\sum} \frac{\partial P(x,y,z)}{\partial z}\mathrm{d}\Omega_{zx} - \frac{\partial P(x,y,z)}{\partial y}\mathrm{d}\Omega_{xy}$$

对 Stokes 公式(2),(3) 也能成立,可作同样讨论.

参考文献:

[1]孙家永. Stokes 公式(1)能成立的一般条件.

12. Stokes 公式的∇算子表示法及它在力场中的一些应用

孙家永　完稿于 2005 年 8 月

摘　要　本文利用向量的运算及 ∇ 算子给出了 Stokes 公式的一种简便记忆法,并且纠正了前人长期以来,在论述保守力场时的错误.

关键词　Stokes 公式,旋度,保守力场.

设 $\vec{F}(x,y,z) = P(x,y,z)\vec{i} + Q(x,y,z)\vec{j} + R(x,y,z)\vec{k}$,它是一个在空间某开区域 Ω 中随 (x,y,z) 之取值而唯一确定的向量值函数.

$\nabla = \frac{\partial}{\partial x}\vec{i} + \frac{\partial}{\partial y}\vec{j} + \frac{\partial}{\partial z}\vec{k}$,它是一种形式上的向量称为倒 Δ 算子(读作 atled),它与 (x,y,z) 的函数,合在一起才有意义.

设 $\vec{F}(x,y,z) = P(x,y,z)\vec{i} + Q(x,y,z)\vec{j} + R(x,y,z)\vec{k}$,则

$$\nabla \times \vec{F} = \begin{vmatrix} \vec{i} & \vec{j} & \vec{k} \\ \frac{\partial}{\partial x} & \frac{\partial}{\partial y} & \frac{\partial}{\partial z} \\ P & Q & R \end{vmatrix} = \begin{vmatrix} \frac{\partial}{\partial y} & \frac{\partial}{\partial z} \\ Q & R \end{vmatrix}\vec{i} + \begin{vmatrix} \frac{\partial}{\partial z} & \frac{\partial}{\partial x} \\ R & P \end{vmatrix}\vec{j} + \begin{vmatrix} \frac{\partial}{\partial x} & \frac{\partial}{\partial y} \\ P & Q \end{vmatrix}\vec{k}$$

$$= \left(\frac{\partial R}{\partial y} - \frac{\partial Q}{\partial z}\right)\vec{i} + \left(\frac{\partial P}{\partial z} - \frac{\partial R}{\partial x}\right)\vec{j} + \left(\frac{\partial Q}{\partial x} - \frac{\partial P}{\partial y}\right)\vec{k}$$

称为 $\vec{F}$ 之旋度.

$$\nabla \cdot \vec{F} = \left(\frac{\partial}{\partial x}\vec{i} + \frac{\partial}{\partial y}\vec{j} + \frac{\partial}{\partial z}\vec{k}\right) \cdot (P\vec{i} + Q\vec{j} + R\vec{k}) = \frac{\partial P}{\partial x} + \frac{\partial Q}{\partial y} + \frac{\partial R}{\partial z}$$

称为 $\vec{F}$ 之散度

∇ 与数量函数 $f(x,y,z)$ 相乘也可有意义:

$$\nabla f = \frac{\partial f}{\partial x}\vec{i} + \frac{\partial f}{\partial y}\vec{j} + \frac{\partial f}{\partial z}\vec{k}$$

称为 f 之梯度.

它们各自都有各自的物理意义,这些我们不想多介绍了,这里只介绍一下 Stokes 公式通过 ∇ 算子的简单表达形式,顺便谈一下它的应用.

利用 $\vec{F}$ 之旋度,可以将 Stokes 公式表示为

$$\int_{\partial\Sigma} \vec{F} \cdot \vec{t}\, \mathrm{d}s = \int_{\Sigma} \nabla \times \vec{F} \cdot \vec{n}\, \mathrm{d}s \tag{1}$$

此处 $\vec{t}$ 为沿 $\partial\sum$ 方向之单位切向量，$\vec{n}$ 为指向 $\sum$ 之侧的单位法向量.

因为将式(1)具体写出来，就是

$$\int_{\partial\sum} P\mathrm{d}x + Q\mathrm{d}y + R\mathrm{d}z = \int_{\sum}\left(\frac{\partial R}{\partial y} - \frac{\partial Q}{\partial z}\right)\mathrm{d}\Omega_{gz} + \left(\frac{\partial P}{\partial z} - \frac{\partial R}{\partial x}\right)\mathrm{d}\Omega_{zx} + \left(\frac{\partial Q}{\partial x} - \frac{\partial P}{\partial y}\right)\mathrm{d}\Omega_{xg}$$

它就是 Stokes 公式.

现在我们结合式(1)来谈谈 Stokes 公式的应用.

设 $\vec{F}(x,y,z)$ 为确定在空间里的一个开区域 Ω 上，则习惯上就说，在 Ω 上确定了一个向量场 $\vec{F}$，这向量是力时，就说在 Ω 上确定了一个力场 $\vec{F}$.

如果 Ω 上确定的力场 $\vec{F}$ 沿着 Ω 内任何一条简单封闭的分段光滑曲线 l 所作的功恒为 0，亦即 $\int \vec{F} \cdot \vec{t}\mathrm{d}s$ 恒为 0，则称该力场是在 Ω 上的一个保守力场.

前人不知道 Stokes 公式成立是要有条件的，误以为空间一条简单封闭的分段光滑曲线，只要它能在 Ω 内连续变形以至于消失，则连续变形所经的曲面就可作为 $\sum$，而 l 就是 $\partial\sum$，只要适当定向，就可得出 Stokes 公式，所以，$\nabla\times\vec{F}$ 在 Ω 上恒为 $\vec{0}$，就是力场 $\vec{F}$ 为保守力场的一个充分条件，因为 $\int_l\vec{F}\cdot\vec{t}\mathrm{d}s = \int_{\partial\sum}\vec{F}\cdot\vec{t}\mathrm{d}s = \int_{\sum}\nabla\times\vec{F}\cdot\vec{n}\mathrm{d}s = 0$. 这是个荒谬的论述，但它长期在全世界传播，得不到纠正.

下面我们对空间不被管道穿透的开区域 Ω，给出一个定理，正确论述了 $\nabla\times\vec{F}\equiv\vec{0}$ 在 Ω 上之力场 $\vec{F}$ 为 Ω 上的保守力场的充分条件.

定理 设 Ω 为一个空间里的开区域，它可以无界，但不能有管道穿透，象一个算盘子那样，在 Ω 内部可有许多个小洞，$\vec{F}(x,y,z) = P(x,y,z)\vec{i} + Q(x,y,z)\vec{j} + R(x,y,z)\vec{k}$ 在 Ω 上有 $\nabla\times\vec{F}\equiv\vec{0}$，则对任何一条 Ω 内的简单封闭分段光滑曲线 l，一定可使 $\int_{\partial\sum}\vec{F}\cdot\vec{t}\mathrm{d}s = 0$.

证 在 Ω 内作一以 l 为边界线的连边光滑曲面 $\sum$.

在 $\sum$ 上任取一以分段光滑曲线为边界线之 ΔS，则 $\vec{F}$ 沿 $\partial(\Delta S)$ 之环量 $\int_{\partial(\Delta S)}\vec{F}\cdot\vec{t}\mathrm{d}s$ 是 $\sum$ 上一个随 ΔS 之取定而唯一确定之量 $U(\Delta S)$，它具有可加性，即若 $\Delta S_1 + \Delta S_2 + \cdots + \Delta S_n = \sum$，则

$$U\left(\sum\right) = U(\Delta S_1) + U(\Delta S_2) + \cdots + U(\Delta S_n) =$$

$$\int_{\partial(\Delta S_1)}\vec{F}\cdot\vec{t}\mathrm{d}s + \int_{\partial(\Delta S_2)}\vec{F}\cdot\vec{t}\mathrm{d}s + \cdots + \int_{\partial(\Delta S_n)}\vec{F}\cdot\vec{t}\mathrm{d}s = \int_l\vec{F}\cdot\vec{t}\mathrm{d}s = \int_{\partial(\sum)}\vec{F}\cdot\vec{t}\mathrm{d}s$$

即 $\int_l\vec{F}\cdot\vec{t}\mathrm{d}s$ 是可加量 $U(\Delta S)$ 之总值，由微元法可知，只要求出 $U(\sum)$ 在 $\sum$ 上任一点处之 $\mathrm{d}U(\sum)$，则 $\int_{\sum}\mathrm{d}U(\sum) = U(\sum) = \int_l\vec{F}\cdot\vec{t}\mathrm{d}s$.

在 $\sum$ 上任一点处作 ΔS 而求 $\dfrac{\int_{\partial(\Delta S)}\vec{F}\cdot\vec{t}\mathrm{d}s}{|\Delta S|}$，当 ΔS 缩为 $\sum$ 上一点时之极限它就是 $\nabla\times$

$\vec{F} \cdot \vec{n}$ ($\vec{n}$ 为 $\sum$ 在该点之单位法线向量) 所以，$dU(\sum) = (\nabla \times \vec{F}) \cdot \vec{n}\,ds$ 其积分为 $\displaystyle\int_l \vec{F} \cdot \vec{t}\,ds = \int_{\sum} (\nabla \times \vec{F}) \cdot \vec{n}\,ds = 0$.

在 Ω 上 $\nabla \times \vec{F} \equiv \vec{0}$ 之场称为 Ω 上之无旋场.（作者以为称有零旋度场更为合适）

例如，在空间坐标系的原点处放置一个单位正电荷，它对空间任何不在原点处的单位正电荷，就有一个斥力，这个斥力为

$$\vec{F} = \frac{\mu \vec{r}}{|\vec{r}|^3}, \text{（其中 } \mu \text{ 为一常数，} \vec{r} \text{ 为该非原点处之点的位置向量）}$$

这是在空间除去原点之开区域 Ω 上确定的力场. 这个力场是无旋场，因为可以算出 $\nabla \times \vec{F} = \vec{0}$.

要计算 $\nabla \times \vec{F}$ 应将 $\vec{F}$ 的 3 个分量都表示为 x, y, z 的函数再计算. 现在

$$\vec{F} = \frac{\mu \vec{r}}{|\vec{r}|^3} = \mu \frac{x\vec{i} + y\vec{j} + z\vec{k}}{(x^2 + y^2 + z^2)^{3/2}} = \mu \frac{x\vec{i} + y\vec{j} + z\vec{k}}{r^{3/2}} \text{（记 } r \text{ 为 } x^2 + y^2 + z^2 \text{）}$$

于是

$$\nabla \times \vec{F} = \mu \begin{vmatrix} \vec{i} & \vec{j} & \vec{k} \\ \dfrac{\partial}{\partial x} & \dfrac{\partial}{\partial y} & \dfrac{\partial}{\partial z} \\ \dfrac{x}{r^3} & \dfrac{y}{r^3} & \dfrac{z}{r^3} \end{vmatrix} = \mu \left[\begin{vmatrix} \dfrac{\partial}{\partial y} & \dfrac{\partial}{\partial z} \\ \dfrac{y}{r^{3/2}} & \dfrac{z}{r^{3/2}} \end{vmatrix} \vec{i} + \begin{vmatrix} \dfrac{\partial}{\partial z} & \dfrac{\partial}{\partial x} \\ \dfrac{z}{r^{3/2}} & \dfrac{x}{r^{3/2}} \end{vmatrix} \vec{j} + \begin{vmatrix} \dfrac{\partial}{\partial x} & \dfrac{\partial}{\partial y} \\ \dfrac{x}{r^{3/2}} & \dfrac{y}{r^{3/2}} \end{vmatrix} \vec{k} \right] =$$

$$\mu \left[\left(z \frac{-3 \cdot 2y}{2r^{5/2}} - y \frac{-3 \cdot 2z}{2r^{5/2}} \right) \vec{i} + \left(x \cdot \frac{-3 \cdot 2z}{2r^{5/2}} - z \frac{-3 \cdot 2x}{2r^{5/2}} \right) \vec{j} + \right.$$
$$\left. \left(y \cdot \frac{-3 \cdot 2x}{2r^{5/2}} - x \frac{-3 \cdot 2y}{2r^{5/2}} \right) \vec{k} = \vec{0} \right.$$

所以 $\vec{F}$ 是确定在 V 上的一个保守场.

这里我们应该注意 $\nabla \times \vec{F} = \vec{0}$ 虽然它是就一定的坐标系来定义的，但实际上是与坐标系之选取无关的，因为既然 $\nabla \times \vec{F}$ 是零向量，那么它在任何坐标系的坐标轴上之投影也必然都是 0，即在新坐标系下，$\nabla \times \vec{F}$ 仍为 $\vec{0}$.

参考文献：

[1]同济大学数学教研室. 高等数学. 北京：高等教育出版社，2004.

[2]菲赫金哥尔茨. 微积分学教程. 北京：高等教育出版社，1956.

[3]孙家永. Stokes 定理证明的毛病.

[4]孙家永. Stokes 公式成立的简明条件.

[5]孙家永. Stokes 公式成立的一般条件.

13. 关于 Stokes 公式的简单史料 *

孙家永　完稿于 2005 年 9 月

摘　要　本文介绍关于 Stokes 公式的简学史料.

　　Stokes 公式是 1854 年最早出现的,它是 1850 年 William Tomson 与剑桥大学卢卡教授 Stokes 通信时,首先指出来的,Stokes 在剑桥大学的一次考试中,要学生证明这个公式成立, 但没有一个人能证明出来,从而这个公式就出了名(没有条件,怎么证明)?

　　所以 20 世纪中、英、美、德、法的著名数学分析教材(参考文献[1]~[4])里,都根本不提这 个公式,只有苏联的菲赫金哥尔茨在他所著的《微积分学教程》参考文献[5]中,才提到了 Stokes 公式,并且通过 Green 公式,给出了它的证明,我国通用教材,同济大学数学教研室所 编的《高等数学》(参考文献[6])采用了他的讲法,也给 Stokes 公式能成立作了证明,但他们的 证明中,有一个致命的失误就是认为 Green 公式成立时,只要区域的边界线都分段光滑就可以 了,而不是都常规分段光段就可以了,因为他们都不知道我于 2006 年才提出来的常规分段曲 线的概念,我在参考文献[13]中证明了多连通的有界平面闭区域可分为有限多个双型区域的 充要条件是区域的所有边界线都是常规分段光滑的曲线,它当然也是 Green 公式成立时区域 边界线所需要的条件,所以说,以上二本书的讲法都错了,此外,作者在 2006 年写了一篇文章 (参考文献[9])就把曲面在各坐标面上的正投影区域的边界线都是常规分段滑曲线的条件下, 完善地证明了 Stokes 公式成立. 此后,作者又考虑了曲面不是上面所提这种曲面,Stokes 公式 也可以成立. 参考文献[9]就是假设连边光滑的曲面 Σ,由参数方程给定时,也可证明 Stokes 公式成立,以及参考文献[10]Stokes 公式成立的一个充要条件,接着又写了参考文献[11]说 明当曲面的光滑性在一些特殊描述的点集 S 上破坏时,Stokes 公式仍可成立,但是会出现广 义积分,此后又写了参考文献[12],它纠正了在全世界长期广泛传播而得不到纠正的,关于无 旋力场必是保守力场的错误讲法,它们都是有关 Stokes 公式的简单史料.

参考文献:

[1]　Hardy. Pure Mathematics. 上海:龙门书局,1948.

[2]　Franklin. A Treaties on Advanced Calculus. 上海:龙门书局,1948.

[3]　Corant. Differential and Integral Calculus. 上海:龙门书局,1948.

[4]　Gousat. Mathematical Analysis. 上海:龙门书局,1948.

[5]　菲赫金哥尔茨. 微积分学教程. 北京:高等教育出版社,1956.

[6]　同济大学数学教研室. 高等数学. 北京:高等教育出版社,2005.

＊ 本文承蒙潘鼎坤教授提供了不少史样,作者对他表示深切谢意.

［7］　孙家永. Stokes 定理证明的毛病.

［8］　孙家永. Stokes 公式成立的简明条件.

［9］　孙家永. Stokes 公式成立的一般条件.

［10］　孙家永. Stokes 公式成立的一个充要条件.

［11］　孙家永. 当曲面的光滑性破坏时，Stokes 公式仍可成立.

［12］　孙家永. Stokes 公式∇算子表示法及实在力场中的应用.

［13］　孙家永. 多连通的有界平面闭区域可分为有限多个双型区域的充要条件.

14. 用强 $\mathscr{L}$ 变换通过 $\delta_0(t)$ 求基本解的方法

孙家永 完稿于 2005 年 6 月

摘 要 本文指出 Dirac 利用 Dirac 函数求常系数线性微分方程的基本解时,犯了两个而不是一个错误,通过去掉一个错误的初始条件并引进强 Laplace 变换概念,可对其进行改正.

我们先简要谈一下 Laplace 积分变换,线性常系数非齐次微分方程之基本解,Dirac 函数以及 Dirac 通过 Dirac 函数求基本解的方法,并给予评价,最后再介绍强 $\mathscr{L}$ 变换以及利用它通过 Dirac 函数求基本解的方法.

Laplace 积分变换是解线性常微分方程(或方程组)的一种很方便的工具.下面对拟连续、缓增的函数定义如何对它进行 Laplace 积分变换,简称进行 $\mathscr{L}$ 变换.

若 $f(t)$ 在任何 $[0,R]\subset[0,+\infty)$ 上都分段连续,则称 $f(t)$ 拟连续.

若 $|f(t)|\leqslant Me^{\alpha_0 t}$,其中 M 为常数,则称 $f(t)$ 缓增,称 α_0 为其缓增指数.

设 $f(t)$ 拟连续、缓增,我们对它进行 $\mathscr{L}$ 变换,指的是将它乘以 e^{-pt}(p 是与 t 无关之数),再从 0 到 $+\infty$ 积分起来,其结果是 $\int_0^{+\infty} f(t)e^{-pt}dt$. 当 $p>\alpha_0$ 时,它是 p 的函数 $F(p)$,称为 $f(t)$ 的 $\mathscr{L}$ 变象,记作 $\mathscr{L}\{f(t)\}$,而将 $f(t)$ 称为 $F(p)$ 之逆 $\mathscr{L}$ 变象,记作 $\mathscr{L}^{-1}\{F(p)\}$. 由于 $\mathscr{L}\{f(t)\}$ 与 $t<0$ 时 $f(t)$ 之值无关,我们恒设 $f(t)=0$(当 $t<0$ 时).

例 1 试证 e^{at},$\sin bt$,$\cos bt$,t^k,以及 $H_0(t)=\begin{cases}1, & t>0, \\ 0, & t<0.\end{cases}$ 都拟连续、缓增.并指出它们的缓增指数及 $\mathscr{L}$ 变象.

解 从定义立即可知它们都是拟连续的,并且除 t^k 外,都很容易看出,它们都是缓增的,缓增指数分别为 $a,0,0,0$. t^k 是缓增的.可由 $\dfrac{t^k}{e^{\varepsilon t}}$ 在 $[0,+\infty)$ 上有最大值 M 看出.因为有 $t^k\leqslant Me^{\varepsilon t}$,所以 t^k 之缓增指数为任意正数 ε. 最后

$$\mathscr{L}\{e^{at}\}=\int_0^{+\infty}e^{at}e^{-pt}dt=\frac{1}{p-a},\ (p>a)$$

$$\mathscr{L}\{\sin bt\}=\int_0^{+\infty}\sin bt\,e^{-pt}dt=\frac{b}{p^2+b^2},\ (p>0)$$

$$\mathscr{L}\{\cos bt\}=\int_0^{+\infty}\cos bt\,e^{-pt}dt=\frac{p}{p^2+b^2},\ (p>0)$$

$$\mathscr{L}\{t^k\}=\int_0^{+\infty}t^k e^{-pt}dt=\frac{k!}{p^{k+1}},\ (p>\varepsilon)$$

$$\mathcal{L}\{H_0(t)\} = \int_0^{+\infty} H_0(t)\mathrm{e}^{-pt}\,\mathrm{d}t = \int_0^{+\infty} \mathrm{e}^{-pt}\,\mathrm{d}t = \frac{1}{p}, \quad (p > 0)$$

$\mathcal{L}$ 变换有下述一些简单性质：

1. 线性性质

若 $f_1(t), f_2(t)$ 都拟连续、缓增，则 $c_1 f_1(t) + c_2 f_2(t)$ 也拟连续、缓增，且

$$\mathcal{L}\{c_1 f_1(t) + c_2 f_2(t)\} = c_1 \mathcal{L}\{f_1(t)\} + c_2 \mathcal{L}\{f_2(t)\}.$$

2. 微分性质

若 $f(t)$ 连续、缓增，$f'(t)$ 拟连续、缓增，则 $\mathcal{L}\{f'(t)\} = p\mathcal{L}\{f(t)\} - f(0)$.

从这个性质，还可知道若 $f(t), f'(t)$ 都连续、缓增，$f''(t)$ 拟连续、缓增，则

$$\mathcal{L}\{f''(t)\} = p\mathcal{L}\{f'(t)\} - f'(0) = p[p\mathcal{L}\{f(t)\} - f(0)] - f'(0) = p^2 \mathcal{L}\{f(t)\} - pf(0) - f'(0).$$

3. 积分性质

若 $f(t)$ 拟连续、缓增，则 $\int_0^t f(t)\,\mathrm{d}t$ 连续、缓增，且

$$\mathcal{L}\left\{\int_0^t f(t)\,\mathrm{d}t\right\} = \frac{1}{p}\mathcal{L}\{f(t)\}$$

利用 $\mathcal{L}$ 变换的这些简单的性质，我们就可以解一些简单的线性常系数微分方程.

例 2　试求 $y'' + y = 1$，满足 $y|_{t=0} = 0, y'|_{t=0} = 0$ 之解.

解　微分方程两端都取 $\mathcal{L}$ 变象（设线性性质及微分性质可用），由初始条件，得

$$p^2 \mathcal{L}\{y\} + \mathcal{L}\{y\} = 1/p$$

设 $\mathcal{L}\{y\} = Y$，则 $p^2 Y + Y = 1/p$. 所以，$Y = \dfrac{1}{p(p^2 + 1)}$. 从而

$$y = \mathcal{L}^{-1}\{Y\} = \mathcal{L}^{-1}\left\{\frac{1}{p(p^2 + 1)}\right\} = \mathcal{L}^{-1}\left\{-\frac{p}{(p^2 + 1)} + \frac{1}{p}\right\} = -\cos t + 1$$

例 3　试求 $a_0 y'' + a_1 y' + a_2 y = f(t)$，满足 $y|_{t=0} = y_0, y'|_{t=0} = y'_0$ 之解.

解　方程两端都取 $\mathcal{L}$ 变象，并设 $\mathcal{L}\{f(t)\} = F(p)$，由初始条件，得

$$a_0 p^2 Y - a_0 p y_0 - a_0 y'_0 + a_1 p Y - a_1 y_0 + a_2 Y = F(p)$$

所以，

$$Y = \frac{F(p)}{a_0 p^2 + a_1 p + a_2} + \frac{a_0 p y_0 + a_1 y_0 + a_0 y'_0}{a_0 p^2 + a_1 p + a_2}$$

$$y = \mathcal{L}^{-1}\{Y\} = \mathcal{L}^{-1}\left\{\frac{F(p)}{a_0 p^2 + a_1 p + a_2}\right\} + \mathcal{L}^{-1}\left\{\frac{(a_0 p + a_1)y_0 + a_0 y'_0}{a_0 p^2 + a_1 p + a_2}\right\}$$

其第一项求出来是非齐次微分方程，满足 0 初始条件（$y|_{t=0} = y'|_{t=0} = 0$）之解，其第二项求出来是齐次微分方程（$f(t) \equiv 0$）满足任意初始条件之解.

例 4　试求 $a_0 y'' + a_1 y' + a_2 y = 0$，满足 $y|_{t=0} = 0, y'|_{t=0} = 1/a_0$ 之解.

解　这解实际上就是例 3 之解中令 $F(p) = 0, y_0 = 0, y'_0 = 1/a_0$ 所得之解. 它就是

$$y = \mathcal{L}^{-1}\left\{\frac{a_0(1/a_0)}{a_0 p^2 + a_1 p + a_2}\right\} = \mathcal{L}^{-1}\left\{\frac{1}{a_0 p^2 + a_1 p + a_2}\right\}$$

这个解特别重要，称为 $a_0 y'' + a_1 y' + a_2 y = f(t)$ 之基本解. 因为，若这个解 y 已求得为 $g(t)$，那

么，$a_0 y'' + a_1 y' + a_2 y = f(t)$ 满足 $y\big|_{t=0} = 0, y'\big|_{t=0} = 0$ 之解 y 就是 $\int_0^t f(\tau)g(t-\tau)\mathrm{d}\tau$，记作 $f(t) * g(t)$，称为 $f(t)$ 与 $g(t)$ 之卷积，我们此时所求之解 $y = \mathcal{L}^{-1}\left\{\dfrac{F(p)}{a_0 p^2 + a_1 p + a_2}\right\}$ 为什么就是 $\int_0^t f(z)g(t-z)\mathrm{d}z$ 呢？这是根据 $\mathcal{L}$ 变换中的卷积定理来的.

卷积定理 若 $f(t), g(t)$ 都拟连续、缓增，且 $\mathcal{L}\{f(t)\} = F(p), \mathcal{L}\{g(t)\} = G(p)$，则 $f(t) * g(t)$ 也拟连续、缓增，且 $\mathcal{L}^{-1}\{F(p)G(p)\} = f(t) * g(t)$.

在这个定理中置 $G(p) = \dfrac{1}{a_0 p^2 + a_1 p + a_2}$，就可得出我们这里要求的解是 $f(t) * g(t)$.

这样得出基本解之过程，难于电学摹拟，实际应用不很方便. Dirac 记 $H'_0(t) = \delta_0(t)$，并称之为单位脉冲函数，且设 $\mathcal{L}\{\delta_0(t)\} = 1$. 他用 $\mathcal{L}$ 变换，通过 $\delta_0(t)$ 求出了基本解如下：

用 $\mathcal{L}$ 变换求 $a_0 y'' + a_1 y' + a_2 y = \delta_0(t)$，满足 $y\big|_{t=0} = 0, y'\big|_{t=0} = 0$ 之解. 两边取 $\mathcal{L}$ 变象，由初始条件 $y\big|_{t=0} = 0, y'\big|_{t=0} = 0$ 以及假设 $\mathcal{L}\{\delta_0(t)\} = 1$ 得 $a_0 p^2 Y + a_1 p Y + a_2 Y = 1$. 所以，基本解为

$$y = \mathcal{L}^{-1}\left\{\frac{1}{a_0 p^2 + a_1 p + a_2}\right\}$$

这样求基本解很简便，并且便于电学摹拟，很有实用价值. 因此为工程界人士所广泛接纳和采用. 但 Dirac 的作法中存在两个毛病.

其一，$\mathcal{L}$ 变换是只就被变换的函数本身而得出的，与它的"上代"无关. 既然除 $t = 0$ 外，$\delta_0(t) = H'_0(t) = 0$，故

$$\mathcal{L}\{\delta_0(t)\} = \int_0^{+\infty} \delta_0(t)\mathrm{e}^{-pt}\mathrm{d}t = \int_0^{+\infty} 0 \mathrm{e}^{-pt}\mathrm{d}t = 0$$

所以 $\mathcal{L}\{\delta_0(t)\} = 1$ 是不对的.

其二，对于基本解 y，$y'\big|_{t=0} = 1/a_0 \neq 0$，故 $a_0 y'' + a_1 y' + a_2 y = \delta_0(t)$，满足 $y\big|_{t=0} = 0, y'\big|_{t=0} = 0$ 之解一定不会是基本解.

所以，要想保持 Dirac 求基本解方法，便于电学摹拟，有实用价值的优点，应该保持 Dirac 求解的格局，而将不对的 $y'\big|_{t=0} = 0$ 去掉，并且创立一种与"上代"有关的 $\mathcal{L}$ 变换，我们称之为强 $\mathcal{L}$ 变换. 对似连续、缓增的函数 $f(t)$，我们将其强 $\mathcal{L}$ 变象记作 $\mathcal{L}^s\{f(t)\}$，它是 $f(t)$ 在 $(-\infty, +\infty)$ 上的一个特别取定的广义原函数 $g(t)$ 之 $\mathcal{L}$ 变象的 p 倍. 这里，在 $f(t)$ 之连续点，$g'(t) = f(t)$，且 $g(t) = 0$ 当 $t < 0$，即

$$\mathcal{L}^s\{f(t)\} = p\mathcal{L}\{g(t)\}$$

(1) 这个 $g(t)$，当 $f(t)$ 之广义原函数未指定时，取为处处连续的，即 $g(t) = \int_0^t f(t)\mathrm{d}t$.

(2) 这个 $g(t)$，当 $f(t)$ 之广义原函数已指定时，就取为这个指定的广义原函数.

必须注意，$f(t)$ 的广义原函数虽有无穷多个，但在定义它的强 $\mathcal{L}$ 变象时，却只有两个可取为广义原函数：

(1) $f(t)$ 之广义原函数未指定时, 为 $\int_0^t f(t)\mathrm{d}t$;

(2) $f(t)$ 之广义原函数已指定时, 为此指定之广义原函数.

根据这个定义, 有

(1) 当 $f(t)$ 之广义原函数未指定时, $\mathscr{L}\{f(t)\}=p\mathscr{L}\left\{\int_0^t f(t)\mathrm{d}t\right\}=p\cdot\dfrac{1}{p}\mathscr{L}\{f(t)\}=\mathscr{L}\{f(t)\}$.

(2) 当 $f(t)$ 之广义原函数已指定为 $g(t)$ 时, $\mathscr{L}^s\{f(t)\}=p\mathscr{L}\{g(t)\}$, 须计算一下:

设 $g(t)$ 在各间断点 $0,t_1,t_2,\cdots$ 之跳跃值分别为
$$J_0=g(0+0)-g(0-0),\quad J_{t_1}=g(t_1+0)-g(t_1-0),\cdots$$
则它和
$$\int_0^t f(t)\mathrm{d}t+J_0 H_0(t)+J_{t_1}H_{t_1}(t)+\cdots$$
都是 $f(t)$ 之广义原函数. 不仅在 $t<0$ 时, 有相同值, 且在 $t\geqslant0$ 的各间断点处有相同的跳跃值, 故这两者相同, 至少 $\mathscr{L}$ 变象要相同, 故
$$p\mathscr{L}\{g(t)\}=p\mathscr{L}\left\{\int_0^t f(t)\mathrm{d}t+J_0 H_0(t)+J_{t_1}H_{t_1}(t)+\cdots\right\}=\mathscr{L}\{f(t)+J_0+J_{t_1}\mathrm{e}^{-pt_1}+\cdots\}$$
由此可见, 当 $f(t)$ 在 $(-\infty,+\infty)$ 之广义原函数指定为某间断函数时, $\mathscr{L}^s\{f(t)\}$ 与 $\mathscr{L}\{f(t)\}$ 会有所不同; 当 $f(t)$ 之广义原函数未指定或虽指定而无跳跃值时, $\mathscr{L}^s\{f(t)\}$ 都仍是 $\mathscr{L}\{f(t)\}$.

例 5　求 $\mathscr{L}^s\{\sin t\}$, $\mathscr{L}^s\{\delta_0(t)\}$.

解　$\sin t$ 之广义原函数未指定, 即取为 $\int_0^t \sin t\mathrm{d}t=1-\cos t$, 从而
$$\mathscr{L}^s\{\sin t\}=p\mathscr{L}\{1-\cos t\}=p\left[\frac{1}{p}-\frac{p}{p^2+1}\right]=\frac{1}{p^2+1}$$
它就是 $\mathscr{L}\{f(t)\}$.

$\delta_0(t)$ 之广义原函数是什么? 按照 Dirac 的意思应该是 $H_0(t)$, 只是他没有很正规地指出来 $\delta_0(t)$ 之广义原函数是 $H_0(t)$ 而已, 我们现在指明这一点, 从而可得
$$\mathscr{L}^s\{\delta_0(t)\}=\mathscr{L}\{\delta_0(t)\}+[H_0(0+0)-H_0(0-0)]=0+[1-0]=1.$$
强 $\mathscr{L}$ 变换仍有线性性质:

线性性质　若 $f_1(t),f_2(t)$ 都拟连续、缓增, 则 $c_1 f_1(t)+c_2 f_2(t)$ 也拟连续、缓增, 且
$$\mathscr{L}^s\{c_1 f_1(t)+c_2 f_2(t)\}=c_1\mathscr{L}^s\{f_1(t)\}+c_2\mathscr{L}^s\{f_2(t)\}$$
这里认为: $c_1 f_1(t)+c_2 f_2(t)$ 之广义原函数 $=c_1[f_1(t)$ 之广义原函数$]+c_2[f_2(t)$ 之广义原函数$]$.

强 $\mathscr{L}$ 变换可用来通过 $\delta_0(t)$ 求基本解.

例 6　试求 $a_0 y''+a_1 y'+a_2 y=\delta_0(t)$ 满足 $y|_{t=0}=0$ 之解.

解　指定 y' 之广义原函数为 y, y'' 之广义原函数为 y', 将微分方程两端都取强 $\mathscr{L}$ 变象, 左端为
$$a_0\mathscr{L}^s\{y''\}+a_1\mathscr{L}^s\{y'\}+a_2\mathscr{L}^s\{y\}=a_0 p\mathscr{L}\{y'\}+a_1\mathscr{L}\{y'\}+a_2\mathscr{L}^s\{y\}$$

由于 y' 之广义原函数 y 无跳跃值，因 $y=0$ 当 $t<0$ 是我们恒有的规定，y 在 $t \geqslant 0$ 处连续是我们对解之要求，且 $y \mid_{t=0} = 0$. 故 $\mathcal{L}^s\{y'\} = \mathcal{L}\{y'\}$. 故左端为

$$a_0 p\mathcal{L}\{y'\} + a_1 \mathcal{L}\{y'\} + a_2 \mathcal{L}^s\{y\}$$

但 y 之广义原函数未指定，故左端为

$$a_0 p\mathcal{L}\{y'\} + a_1 p\mathcal{L}\{y\} + a_2 \mathcal{L}\{y\}$$

右端则为 1，故得

$$(a_0 p^2 + a_1 p + a_2)\mathcal{L}\{y\} = 1$$

所以 $$\mathcal{L}\{y\} = \frac{1}{(a_0 p^2 + a_1 p + a_2)}, \qquad y = \mathcal{L}^{-1}\left\{\frac{1}{(a_0 p^2 + a_1 p + a_2)}\right\}$$

故 y 为基本解.

这样我们保持了 Dirac 求解的格局，而合理地求得了基本解，它保持了便于电学模拟，且有实用价值的优点.

我们这里举的例子虽是二阶微分方程，对 n 阶微分方程也一样. 这种情况下，用强 $\mathcal{L}$ 变换通过 $\delta_0(t)$ 求基本解时要求的是

$$a_0 y^{(n)} + a_1 y^{(n-1)} + \cdots + a_n y = \delta_0(t)，且 y \mid_{t=0} = \cdots = y^{(n-2)} \mid_{t=0} = 0 \text{ 之解，而不是求}$$

$$a_0 y^{(n)} + a_1 y^{(n-1)} + \cdots + a_n y = \delta_0(t)，且 y \mid_{t=0} = \cdots = y^{(n-2)} \mid_{t=0} = y^{(n-1)} \mid_{t=0} = 0$$

之解，千万要小心，有些数学著作中也会粗心搞错.

参考文献：

[1] 孙家永. 高等数学. 高等数学研究，2005.

15. 关于多级一阶线性常系数微分方程组的一点注记

孙家永　　完稿于 2008 年 3 月

摘　要　有 0 初始条件的多级一阶线性常系数微分方程组,可以用拉氏变换求解,并且解还可以用 Green 矩阵来表达,早已为人所知,但关于 Green 矩阵的一个在实际中有用的表达形式,因为推导上有毛病,未被普遍接受.本文对此毛病作了点注记,予以克服.

关键词　多级一阶线性常规系数微分方程组,Green 矩阵,强拉氏变换.

设有有 0 初始条件的 n 级一阶线性常系数微分方程组

$$y'_j(t) = A_j y_j(t) + y_{j-1}(t), \quad y_j(0) = 0, \quad j = 1, 2, \cdots, n. \quad (n > 1) \tag{1}$$

其中, A_j 为 $-m \times m$ 矩阵, $y_j(t)$ 为 $m \times 1$ 未知函数列, $(j = 1, 2, \cdots, n)$, 而 $y_0(t)$ 则为一已给的拟连续、缓增函数列.

我们用拉氏变换来求解,对任何 j, 记 $\mathscr{L}\{y_j(t)\} = Y_j$, 可得

$$pY_j = A_j Y_j + Y_{j-1}, j = 1, 2, \cdots, n \tag{2}$$

因此

$$Y_j = (pI - A_j)^{-1} Y_{j-1}, j = 1, 2, \cdots, n \tag{3}$$

故得

$$Y_n = (pI - A_n)^{-1} (pI - A_{n-1})^{-1} \cdots (pI - A_1)^{-1} Y_0 \tag{4}$$

现在 $(pI - A_j)^{-1}$ 之元素都是分母次数比分子次数不低于 1 的分式. $(j = 1, 2, \cdots, n)$, 所以, $(pI - A_n)^{-1}(pI - A_{n-1})^{-1} \cdots (pI - A_1)^{-1}$ 也是如此.它的元素之拉氏逆变象都存在,且拟连续、缓增,记

$$\mathscr{L}^{-1}\{(pI - A_n)^{-1}(pI - A_{n-1})^{-1} \cdots (pI - A_1)^{-1}\} = G_n(t) \tag{5}$$

并称之为原多级线性常系数微分方程组之 Green 矩阵.由卷积定理,有

$$y_n(t) = G_n(t) * y_0(t)$$

这是通常熟知的结果.

为了 $y_0(t)$ 有分量是 $\delta_0(t)$ 时,也能讨论,我们用强拉氏变换来解 (1).得 $\mathscr{L}^s\{y'_j(t)\} = A_j \mathscr{L}^s\{y_j(t)\} + \mathscr{L}^s\{y_{j-1}(t)\}$, 即 $p\mathscr{L}\{y_j(t)\} - A_j \mathscr{L}\{y_j(t)\} + \mathscr{L}\{y_{j-1}(t)\}$, 但 $y_j(t)$ 之广义原函数的未指定, $j = 1, 2, \cdots n$. 故 $\mathscr{L}^s\{y_j(t)\} = \mathscr{L}\{y_j(t)\}$. 所以有 $Y_n = (pI - A_n)^{-1} \cdots (pI - A_n)^{-1}$

$\mathscr{L}^s\{y_0(t)\}$ 取 $y_0^i(t) = \begin{bmatrix} 0 \\ \vdots \\ \delta_0(t) \\ \vdots \\ 0 \end{bmatrix}$ … 第 i 行,则相应的 $\mathscr{L}^s\{y_0^i(t)\}$ 为 $\begin{bmatrix} 0 \\ \vdots \\ 1 \\ \vdots \\ 0 \end{bmatrix}$ … 第 i 行,相应的 Y_n^i 为

$(pI - A_n)^{-1}(pI - A_{n-1})^{-1} \cdots (pI - A_1)^{-1}$

的第 i 列,所以 $y_n^i = \mathscr{L}^{-1}\{(pI - A_n)^{-1}(pI - A_{n-1})^{-1} \cdots (pI - A_1)^{-1} Y_0^i\} = G_n(t)$ 之第 i 列,于是

可知
$$G_n(t) = (y_n^1, y_n^2, \cdots, y_n^n) \tag{6}$$

式(5)、式(6)很类似于电路理论中的电路特征定理及电路测定定理(单位脉冲的电路响应即是电路特征).但过去的书上都不通过强拉氏变换而用拉氏变换得出式(6).这在逻辑上说不过去(因为 $\mathcal{L}\{\delta_0(t)\} = 0$ 而 $\neq 1$).因此这个表达形式未能被认真的学者所接受.

参考文献:

[1] 孙家永. 用强 $\mathcal{L}$ 度换通过 $\delta_0(t)$ 求基本作的方法. 高等数学研究, 2005(3).

[2] 孙家永. 电路模型的改进及若干相应结果. 宁波大学学报(理工版), 2008(3).

[3] M·A·拉甫伦捷夫, Б·A·沙巴特. 复变函数论方法. 北京: 高等教育出版社, 1956.

16. 关于拉氏变换之微分性质的一点注记

孙家永　　完稿于 2006 年 4 月

摘　要　　本文举了反例说明拉氏变换的微分性质之条件存在错误,通过理论分析指出其问题所在,并给出改正.

对在 $[0, +\infty)$ 上拟连续(即在任何 $[0, R]$ 上分段连续) 缓增的函数 $f(t)$,定义其拉氏变象为

$$F(p) = \int_0^{+\infty} f(t)e^{-pt}dt \qquad (当 \ p > f(t) \ 之缓增指数 \ \alpha_0)$$

并记之为 $\mathscr{L}\{f(t)\}$.为方便,恒设 $f(t) = 0 (t < 0)$.虽然这与定义 $f(t)$ 之拉氏变象无关.[1,2]

拉氏变换有一个微分性质,绝大多数作者(包括一些著名学者)都有意无意地把它写成:[1,2] 若 $f(t), f'(t)$ 都拟连续、缓增,则 $\mathscr{L}\{f'(t)\} = p\mathscr{L}\{f(t)\} - f(0)$.(或将 $f(0)$ 换成 $f(0+0)$.)并作证明如下:

$$\mathscr{L}\{f'(t)\} = \lim_{R \to +\infty} \int_0^R f'(t)e^{-pt}dt = \lim_{R \to +\infty} \left[f(t)e^{-pt} \Big|_0^R + p\int_0^R f(t)e^{-pt}dt\right] =$$

$$\lim_{R \to +\infty} \left[f(R)e^{-pR} - f(0) + p\int_0^R f(t)e^{-pt}dt\right] = p\mathscr{L}\{f(t)\} - f(0).$$

其中,因 $| \ f(R)e^{-pR} \ | \leqslant Me^{\alpha_0 R}e^{-pR} \to 0$,当 $p > \alpha_0$.

这个证明的第二步是得不出来的,是不能用分部积分法的.因为分部积分法所需的条件是 $f(t)$ 和 $g(t) = e^{-pt}$ 及它们的导数在 $[0, R]$ 上都连续,在这里得不到满足,所以证明是错误的.

反例　设 $H_{t_0}(t) = \begin{cases} 0, t < t_0 \\ 1, t > t_0 \end{cases} (t_0 > 0)$,则 $H'_{t_0}(t) = \begin{cases} 0, t < t_0 \\ 0, t > t_0 \end{cases}$.它们都是拟连续、缓增的.

因为 $H'_{t_0}(t)e^{-pt} = 0, (t \neq t_0)$,故 $\int_0^R H'_{t_0}(t)e^{-pt}dt = \int_0^R 0dt$.从而

$$\mathscr{L}\{H'_{t_0}(t)\} = \int_0^{+\infty} H'_{t_0}(t)e^{-pt}dt = \lim_{R \to +\infty} \int_0^R H'_{t_0}(t)e^{-pt}dt = \lim_{R \to +\infty} \int_0^R 0dt = 0.$$

而 $\mathscr{L}\{H_{t_0}(t)\} = \dfrac{e^{-pt}}{p}$,故 $p\mathscr{L}\{H_{t_0}(t)\} - H_{t_0}(0) = e^{-pt} - 0 \neq \mathscr{L}\{H'_{t_0}(t)\} = 0$.

这个错误,在用微分性质解线性常系数微分方程时,往往不显现,因为我们对所求解及其导数有连续的要求.作者在讲述这个命题时,加上 $f(t)$ 在 $[0, +\infty)$ 上连续的条件就正确了[3].因为这时上述证明的第二步能成立.由于在这种假设下,可以用强化分部积分法,它所需的条件只是 $f(t), g(t) = e^{-pt}$ 在 $[0, R]$ 上连续且它们的导数 $f'(t), -pe^{-pt}$ 在 $[0, R]$ 上分段连续,是可以满足的.

参考文献:

[1] 拉甫伦捷夫·沙巴特. 复变函数论方法[M]. 北京:高等教育出版社,1959.

[2] 余家荣,刘作述. 实用运算微积、积分变换在工程中的应用. 合肥:安徽教育出版社,1992.

[3] 孙家永. 高等数学. 高等数学研究,2005.

17. 一个关于点集聚点的有用性质

孙家永　　完稿于 2007 年 10 月

摘　要　本文证明了点集 E 的边界点和内点都是 E 的聚点,反之,E 的聚点也必是 E 的边界点和内点.

E 的边界点和内点都是 E 的聚点是容易证明的,因为这种点的任何净邻域里都有 E 的点. "反之"可如下证明:

若 P 为 E 的聚点,则 P 的任何净领城里都有 E 的点,假如每个净邻域里都不全是 E 的点, 则 P 就是 E 的边界点,命题已成立.若 P 的某个净领域里全是 E 的点,则当 P 不是 E 的点时, P 就是 E 的边界点,当 P 是 E 的点时,P 就是 E 的内点.证毕.

一般文献里,都只提正命题而不提逆命题,然而经常会有学生问逆命题是否成立? 证明逆命题确实是要动点脑筋的.

18. 复合函数求偏导数法则的证明
一般书中都有毛病

孙家永　完稿于 2006 年 4 月

摘　要　本文指出了一般书中求复合函数偏导数法则的证明中的一个普遍毛病,并提出了改正的方法.

我们只以二元函数为例来说明.对二元复合函数,我们有以下求偏导数的法则.

定理　若函数 $g(x,y),h(x,y)$ 在点 (x,y) 处有偏导数 $g'_x(x、y),h'_x(x、y)$,且 $f(u,v)$ 在点 (x,y) 所相应之点 $(u,v)=(g(x,y),h(x,y))$ 处可微,则复合函数 $f(u,v)\Big|_{(u,v)=(g(x,y),h(x,y))}=f(g(x,y),$ $h(x,y))$ 在点 (x,y) 处有对 x 之偏导数

$$\left[f(g(x,y),h(x,y))\right]'_x=\left[f(u,v)\right]'_u\Big|_{(u,v)=(g(x,y),h(x,y))}g'_x(x,y)+$$

$$\left[f(u,v)\right]'_v\Big|_{(u,v)=(g(x,y),h(x,y))}h'_x(x,y) \tag{1}$$

作者翻阅了许多书籍,见到的证明都大致如下:

在 $f(g(x,y),h(x,y))$ 中把变量 y 固定为值 y,而将 $f(g(x,y),h(x,y))$ 成为变量 x 之函数,求它在值 x 处对 x 之偏导数,得

$$\left[f(g(x,y),h(x,y))\right]'_x=$$

$$\lim_{\Delta x\to 0}\frac{f(g(x+\Delta x,y),h(x+\Delta x,y))-f(g(x,y),h(x,y))}{\Delta x}=$$

$$\lim_{\Delta x\to 0}\frac{f(g(x,y)+\Delta u,h(x,y)+\Delta v)-f(g(x,y),h(x,y))}{\Delta x}$$

此处 $\Delta u=g(x+\Delta x,y)-g(x,y),\Delta v=h(x+\Delta x,y)-h(x,y)$.

由于 $f(u,v)$ 在 $(u,v)=(g(x,y),h(x,y))$ 处可微,故上式之分子为

$$\left[f(u,v)\right]'_u\Big|_{(u,v)=(g(x,y),h(x,y))}\Delta u+\left[f(u,v)\right]'_v\Big|_{(u,v)=(g(x,y),h(x,y))}\Delta v+o(\sqrt{\Delta u^2+\Delta v^2})$$

故上式即

$$\lim_{\Delta x\to 0}\frac{\left[f(u,v)\right]'\Big|_{(u,v)=(g(x,y),h(x,y))}\Delta u+\left[f(u,v)\right]'_v\Big|_{(u,v)=(g(x,y),h(x,y))}\Delta v+o(\sqrt{\Delta u^2+\Delta v^2})}{\Delta x}=$$

$$\left[f(u,v)\right]'_u\Big|_{(u,v)=(g(x,y),h(x,y))}g'_x(x,y)+\left[f(u,v)\right]'_v\Big|_{(u,v)=(g(x,y),h(x,y))}h'_x(x,y)+$$

$$\lim_{\Delta x\to 0}\frac{o(\sqrt{\Delta u^2+\Delta v^2})}{\Delta x}$$

但
$$\left|\frac{o(\sqrt{\Delta u^2+\Delta v^2})}{\Delta x}\right|=\left|\frac{o(\sqrt{\Delta u^2+\Delta v^2})}{\sqrt{\Delta u^2+\Delta v^2}}\frac{\sqrt{\Delta u^2+\Delta v^2}}{\Delta x}\right|=$$

$$\left|\frac{o(\sqrt{\Delta u^2+\Delta v^2})}{\sqrt{\Delta u^2+\Delta v^2}}\right|\sqrt{(\frac{\Delta u}{\Delta x})^2+(\frac{\Delta v}{\Delta x})^2}\to 0\quad\text{证毕.}$$

如 Δx 在 0 的邻近,总使 $(\Delta u,\Delta v)\neq(0,0)$,这个证明当然是对的. 可是,如不能保证 Δx 在 0 的 邻 近, 总 使 $(\Delta u,\Delta v)\neq(0,0)$, 则 $\left|\frac{o(\sqrt{\Delta u^2+\Delta v^2})}{\Delta x}\right|=$

$\left|\frac{o(\sqrt{\Delta u^2+\Delta v^2})}{\sqrt{\Delta u^2+\Delta v^2}}\cdot\frac{\sqrt{\Delta u^2+\Delta v^2}}{\Delta x}\right|$ 未必成立,其后的说法当然未必成立,这个证明就有了毛病,要进一步论证.

设使 $(\Delta u,\Delta v)\neq(0,0)$ 之 Δx 组成的集合为 E_1,所有使 $(\Delta u,\Delta v)=(0,0)$ 的 Δx 组成的集合为 E_2,$E_1\bigcup E_2\supset$ 某 $N^o(0)^*$,在其上,$(\Delta u,\Delta v)=(g(x+\Delta x,y)-g(x,y),h(x+\Delta x,y)-h(x,y))$ 确定.

(1) 如 E_2 不以 0 为聚点,则 0 有一净邻域,在其上都是 E_1 的点.

在这种情况下,上述证明成立,即公式(1)对此种情况成立.

(2) 如 E_2 以 0 为聚点,E_1 也以 0 为聚点,且因 $E_1\bigcup E_2\supset N^o(0)$. 故在这种情况下,有

$$\lim_{\Delta x\to 0}\frac{f(g(x+\Delta x,y),h(x+\Delta x,y))-f(g(x,y),h(x,y))}{\Delta x}=l\text{ 之充要条件为}$$

$$\lim_{\substack{\Delta x\to 0\\\Delta x\in E_2}}\frac{f(g(x+\Delta x,y),h(x+\Delta x,y))-f(g(x,y),h(x,y))}{\Delta x}=$$

$$\lim_{\substack{\Delta x\to 0\\\Delta x\in E_1}}\frac{f(g(x+\Delta x,y),h(x+\Delta x,y))-f(g(x,y),h(x,y))}{\Delta x}=l$$

现在,当 $\Delta x\in E_2$ 时,$g(x+\Delta x,y)-g(x,y)=\Delta u=0,h(x+\Delta x,y)-h(x,y)=\Delta v=0$ 所以

$$\lim_{\substack{\Delta x\to 0\\\Delta x\in E_2}}\frac{f(g(x+\Delta x,y),h(x+\Delta x,y))-f(g(x,y),h(x,y))}{\Delta x}=$$

$$\lim_{\substack{\Delta x\to 0\\\Delta x\in E_2}}\frac{f(g(x,y),h(x,y))-f(g(x,y),h(x,y))}{\Delta x}=0\qquad(2)$$

而当 $\Delta x\in E_1$ 时,$(\Delta u,\Delta v)\neq(0,0)$,所以

$$\lim_{\substack{\Delta x\to 0\\\Delta\in E_1}}\frac{f(g(x+\Delta x,y),h(x+\Delta x,y))-f(g(x,y),h(x,y))}{\Delta x}=$$

$$\lim_{\substack{\Delta x\to 0\\\Delta x\in E_1}}\frac{f'_u(u,v)\big|_{(u,v)=(g(x,y),h(x,y))}\Delta u+f'_v(u,v)\big|_{(u,v)=(g(x,y),h(x,y))}\Delta v+o(\sqrt{\Delta u^2+\Delta v^2})}{\Delta x}=$$

$$f'_u(u,v)\big|_{(u,v)=(g(x,y),h(x,y))}u'_x+f'_v(u,v)\big|_{(u,v)=(g(x,y),h(x,y))}v'_x+\lim_{\substack{\Delta x\to 0\\\Delta\in E_1}}\frac{o(\sqrt{\Delta u^2+\Delta v^2})}{\Delta x}$$

* $N^o(0)$ 是 0 的一个净邻域,也称为 0 的一个空心邻域,记作 $\overset{\circ}{U}(0)$.

但
$$\left|\frac{o(\sqrt{\Delta u^2 + \Delta v^2})}{\Delta u}\right| = \left|\frac{o(\sqrt{\Delta u^2 + \Delta v^2})}{\sqrt{\Delta u^2 + \Delta v^2}} \cdot \frac{\sqrt{\Delta u^2 + \Delta v^2}}{\Delta x}\right| =$$

$$\left|\frac{o(\sqrt{\Delta u^2 + \Delta v^2})}{\sqrt{\Delta u^2 + \Delta v^2}}\right| \sqrt{\left(\frac{\Delta u}{\Delta x}\right)^2 + \left(\frac{\Delta v}{\Delta x}\right)^2} \rightarrow$$

$$0 \cdot \sqrt{u'^2_x + v'^2_x} = 0 \ (因 \Delta x \in E_1 \ 时,(\Delta u, \Delta v) \neq (0,0))$$

所以
$$\lim_{\substack{\Delta x \to 0 \\ \Delta x \in E_1}} \frac{f(g(x + \Delta x, y), h(x + \Delta x, y)) - f(g(x,y), h(x,y))}{\Delta x} =$$

$$f'_u(u,v)\Big|_{(u,v)=(g(x,y),h(x,y))} u'_x + f'_v(u,v)\Big|_{(u,v)=(g(x,y),h(x,y))} v'_x \tag{3}$$

然而由于 $\lim\limits_{\Delta x \to 0} \dfrac{\Delta u}{\Delta x}$ 存在 $= u'_x$,所以 $\lim\limits_{\substack{\Delta x \to 0 \\ \Delta x \in E_2}} \dfrac{\Delta u}{\Delta x}$ 及 $\lim\limits_{\substack{\Delta x \to 0 \\ \Delta x \in E_1}} \dfrac{\Delta u}{\Delta x}$ 均存在,且均为 u'_x

但
$$\lim_{\substack{\Delta x \to 0 \\ \Delta x \in E_2}} \frac{\Delta u}{\Delta x} = \lim_{\substack{\Delta x \to 0 \\ \Delta x \in E_2}} \frac{0}{\Delta x} = 0$$

故
$$u'_x = 0 \tag{4}$$

同理又有
$$v'_x = 0 \tag{5}$$

从而由式(3)、式(4)、式(5)知,仍有

$$\lim_{\substack{\Delta x \to 0 \\ \Delta x \in E_1}} \frac{f(g(x + \Delta x, y), h(x + \Delta x, y) - f(g(x,y), h(x,y))}{\Delta x} =$$

$$\big[f(u,v)\big]'_u\Big|_{(u,v)=(g(x,y),h(x,y))} u'_x + \big[f(u,v)\big]'_v\Big|_{(u,v)=(g(x,y),h(x,y))} v'_x = 0 \tag{6}$$

由式(2)、式(6)知, $\lim\limits_{\Delta x \to 0} \dfrac{f(g(x + \Delta x, y), h(x + \Delta x, y)) - f(g(x,y), h(x,y))}{\Delta x}$ 也存在,且为 0.

故公式(1)在此情况下亦成立.

(3)如 E_2 以 0 为聚点, E_1 不以 0 为聚点,则 0 有一净邻域,在其上都是 E_2 之点.在这种情况下,有

$$\lim_{\Delta x \to 0} \frac{f(g(x + \Delta x, y), h(x + \Delta x, y)) - f(g(x,y), h(x,y))}{\Delta x} =$$

$$\lim_{\substack{\Delta x \to 0 \\ \Delta x \in E_2}} \frac{f(g(x + \Delta x, y), h(x + \Delta x, y)) - f(g(x,y), y(x,y))}{\Delta x} = 0$$

且 $u'_x = \lim\limits_{\Delta x \to 0} \dfrac{\Delta u}{\Delta x} = \lim\limits_{\substack{\Delta x \to 0 \\ \Delta x \in E_2}} \dfrac{\Delta u}{\Delta x} = \lim\limits_{\substack{\Delta x \to 0 \\ \Delta x \in E_2}} \dfrac{0}{\Delta x} = 0$; $v'_x = \lim\limits_{\Delta x \to 0} \dfrac{\Delta v}{\Delta x} = \lim\limits_{\substack{\Delta x \to 0 \\ \Delta x \in E_2}} \dfrac{\Delta v}{\Delta x} = \lim\limits_{\substack{\Delta x \to 0 \\ \Delta x \in E_2}} \dfrac{0}{\Delta x} = 0$. 此

时公式(1)仍成立.

因此,可以说,复合函数求偏导数的法则

$$\big[f(g(x,y), h(x,y))\big]'_x = \big[f(u,v)\big]'_u\Big|_{(u,v)=(g(x,y),h(x,y))} u'_x + \big[f(u,v)\big]'_v\Big|_{(u,v)=(g(x,y),h(x,y))} v'_x$$

在所述条件下普遍成立,但在(2)、(3)情况下, $u'_x = v'_x = 0$.

这样,就把一般证明中的毛病改正了.

式(1)、式(2)、式(3)、式(4)、式(5)、式(6)是潘鼎坤教授为便于解释得更详细些而加上的.

19. 多元复合函数求偏导数法则的简单证明

孙家永　　完稿于 2007 年 3 月

摘　要　[1]中已指出传统多元复合函数求偏导数法则的证明有毛病,并且以较长的篇幅克服了这一毛病,本文提供了一个十分简单的证明.

我们只以二元复合函数为例,进行证明. 更一般的情形,同理可证.

定理　设有复合函数 $f(u,v)\,|_{(u,v)=(g(x,g),h(x,y))}=f(g(x,y),h(x,y))$,若 $u=g(x,y)$,$v=h(x,y)$ 在点 (x,y) 处有偏导数,$f(u,v)$ 在 (x,y) 之相应是点 $(g(x,y),h(x,y))$ 处可微,则

$$[f(g(x)y),h(x,y))]'_x=[f(u,v)]'_u\,|_{(u,v)=(g(x,y),h(x,y))}\,u'_x+$$
$$[f(u,v)]'_v\,|_{(u,v)=(g(x,y),h(x,y))}\,v'_x$$

证　$(f(u,v)\,|_{(u,v)=(g(x,y),h(x,y))})'_x=[f(g(x,y),h(x,y))]'_x=$

$$\lim_{\Delta x\to 0}\frac{f(g(x+\Delta x,y),h(x+\Delta x,y)-f(g(x,y),h(x,y))}{\Delta x}=$$

$$\lim_{\substack{(\Delta x,\Delta y)\to(0,0)\\ \Delta y=0}}\frac{f(g(x+\Delta x,y+\Delta y),h(x+\Delta x,\Delta y+\Delta y))-f(g(x,y),h(x,y))}{\Delta x}=$$

$$\lim_{\substack{(\Delta x,y)\to(0,0)\\ \Delta y=0}}\left\{(f(u,v)]'_n\,|_{(u,v)=(g(x,y),h(x,y))}\frac{\Delta u}{\Delta x}+\right.$$

$$\left.[f(u,v)]'_v\,|_{(u,v)=(g(x,y),h(x,y))}\frac{\Delta v}{\Delta x}+\alpha\frac{\sqrt{\Delta u^2+\Delta v^2}}{\Delta x}\right\}$$

其中 $\Delta u=g(x+\Delta x,y)-g(x,y)$,$\Delta v=h(x+\Delta x,y)-h(x,y)$,$\alpha(\Delta u,\Delta v)$ 是 $(\Delta u,\Delta v)\to$ $(0,0)$ 时的无穷小量,它在 $(\Delta u,\Delta v)=(0,0)$ 处本无定义. 我们规定它的值为 0,于是 $\alpha(\Delta u,$ $\Delta v)$ 在 $(0,0)$ 处 连 续 从 而 上 式 $=[f(u,v)]'_n\,|_{(u,v)=(g(x,y),h(x,y))}u'_x+$

$[f(u,v)]'_v\,|_{(u,v)=(g(x,y),h(x,y)}v'_x+\displaystyle\lim_{\substack{(\Delta x,\Delta y)\to(0,0)\\ \Delta y=0}}\alpha\frac{\sqrt{\Delta u^2+\Delta v^2}}{\Delta x}$ 由于 $\alpha(\Delta u,\Delta v)$ 在$(0,0)$处连续.

根据复合函数求极限之法则,不管 $\Delta x\to 0$ 时,$(\Delta u,\Delta v)$ 是否会无休止地 $=(0,0)$,都有 $\displaystyle\lim_{\substack{(\Delta x,\Delta y)\to(0,0)\\ \Delta y=0}}\alpha=0$,因此

$$\lim_{(\Delta z,\Delta y)\to(0,0)}|\,\alpha\frac{\sqrt{\Delta u^2+\Delta v^2}}{\Delta x}\,|=0\cdot\sqrt{u'^2_x+v'^2_x}=0$$

从而

$$\lim_{(\Delta x,\Delta y)\to(0,0)}\alpha\frac{\sqrt{\Delta u^2+\Delta v^2}}{\Delta x}=0$$

法则得到证明.

参考文献:

[1] 孙家永. 高等数学. 高等数学研究,2005.

20. 方向导数以及有 Peano 余项的 Taylor 公式

孙家永　　完稿于 2008 年 3 月

摘　要　本文介绍了一种方向导数的定义,概述了它比通用教材里的定义更好;并利用它把一元函数的有 Peano 余项的 Taylor 公式在较弱条件下,推广到多元函数的情形.

设 $f(P)$ 为一空间点函数,P_0 为空间一定点,$\vec{l}$ 为过 P_0 的一条有向直线,参考文献[1],[2]对 $f(P)$ 在 P_0 点,沿着 $\vec{l}$ 方向之导数,作了如下定义:

若 $\lim\limits_{\substack{P\in\vec{l}\\P\to P_0}}\dfrac{f(P)-f(P_0)}{P_0P}$ 存在,(其中 P_0P 表示有向线段 $\overrightarrow{P_0P}$ 在 $\vec{l}$ 上之投影)则称此极限为 $f(P)$ 在 P_0 点,沿着 $\vec{l}$ 方向之导数,它不像通用教材参考文献[3]那样定义,会造成方向导数与偏导数不同及沿 $\vec{l}$ 反方向之导数,不能通过变号来获得等诸多不便.这里介绍的方向导数还可以用来证明,在较弱条件下,有 Peano 余项的 Taylor 公式,对多元函数也成立:

定理　若 $f(P)$ 在定点 P_0 邻近确定,$f(P)$ 连同它的一切 1 阶至 n 阶偏导数都在 P_0 邻近连续,且它的一切 $n+1$ 阶偏导数都在 P_0 处连续.则成立有 Peano 余项之 Taylor 公式:

$$f(x_1,x_2,\cdots)-\Big[f(x_{10},x_{20},\cdots,)+\sum_{k=1}^{n}\frac{l^k}{k!}\Big\{\frac{\partial}{\partial x_1}\cos(\vec{l},\vec{x_1})+\frac{\partial}{\partial x_2}\cos(\vec{l},\vec{x_2})+\cdots\Big\}^k$$
$$f(x_{10},x_{20},\cdots)\Big]=o(1)l^n$$

其中 $(x_1,x_2,\cdots)=(x_{10}+l\cos(\vec{l},\vec{x_1}),x_{20}+l\cos(\vec{l},\vec{x_2}),\cdots)$ 为 P 之坐标,$(x_{10},x_{20},\cdots)$ 为 P_0 之坐标,$o(1)$ 为 $(x_1,x_2,\cdots)\to(x_{10},x_{20},\cdots)$ 时的一个无穷小量.

证　(1) 先在 $l=0$ 邻近作一辅助函数 $f_i(l)$:

在 $\vec{l}$ 上取 P_0 为原点,则 $\vec{l}$ 成为一数轴(设单位长度已确定).$\vec{l}$ 上任一点 P 有其坐标 $P_0P=l$,每对一 l,也可确定相应之 P.当 l 在 0 邻近时,P 在 P_0 邻近,故可唯一确定一个值 $f(P)-f(P_0)$.所以它是 l 的函数,在 $l=0$ 邻近确定,不妨记之为 $f_i(l)$.由于

$f_i(l)=f(x_1,x_2,\cdots)-f(x_{10},x_{20},\cdots)$ 而 $x_1=x_{10}+l\cos(\vec{l},\vec{x_1}),x_2=x_{20}+l\cos(\vec{l},\vec{x_2}),\cdots$ 所以 $f_i(l)$ 实际上是 l 的一个复合函数.

(2) 再对任何固定的 $\vec{l}$ 来求 $f_i(l)$ 的 1 阶至 $n+1$ 阶导数.

当 $f(x_1,x_2,\cdots)$ 之一切 1 阶偏导数在 $(x_{10},x_{20},\cdots)$ 邻近连续时,$f(x_1,x_2,\cdots)$ 在 $(x_{10},x_{20},\cdots)$ 邻近都可微.所以由复合函数求偏导数法则,可得

$$f'_i(l)=f'_{x_1}(x_1,x_2,\cdots)\cos(\vec{l},\vec{x_1})+f'_{x_2}(x_1,x_2,\cdots)\cos(\vec{l},\vec{x_2})+\cdots=$$
$$\Big\{\frac{\partial}{\partial x_1}\cos(\vec{l},\vec{x_1})+\frac{\partial}{\partial x_2}\cos(\vec{l},\vec{x_2})+\cdots\Big\}f(x_1,x_2,\cdots)$$

在 $l=0$ 邻近能确定且连续(因 $\cos(\vec{l},\vec{x_1}),\cos(\vec{l},\vec{x_2}),\cdots$ 都是一些固定数)并且

$$f'_i(0) = \left\{ \frac{\partial}{\partial x_1} \cos(\vec{l}, \overrightarrow{x_1}) + \frac{\partial}{\partial x_2} \cos(\vec{l}, \overrightarrow{x_2}) + \cdots \right\} f(x_{10}, x_{20}, \cdots)$$

当 $f(x_1, x_2, \cdots)$ 之一切 2 阶偏导数在 $(x_{10}, x_{20}, \cdots)$ 邻近连续时,$f'_{x_1}(x_1, x_2, \cdots)$,$f'_{x_2}(x_1, x_2, \cdots)$,$\cdots$ 都在 $(x_{10}, x_{20}, \cdots)$ 之邻近可微. 所以,由复合函数求偏导数法则,可得

$$f''_i(l) = \left\{ \frac{\partial}{\partial x_1} \cos(\vec{l}, \overrightarrow{x_1}) + \frac{\partial}{\partial x_2} \cos(\vec{l}, \overrightarrow{x_2}) + \cdots \right\} \left[\left\{ \frac{\partial}{\partial x_1} \cos(\vec{l}, \overrightarrow{x_1}) + \frac{\partial}{\partial x_2} \cos(\vec{l}, \overrightarrow{x_2}) + \cdots \right\} f(x_1, x_2, \cdots) \right]$$

在 $l = 0$ 邻近能确定且连续,并且由于偏导数在其连续点与求导次序无关,可以进一步知道

$$f''_i(l) = \left\{ \frac{\partial}{\partial x_1} \cos(\vec{l}, \overrightarrow{x_1}) + \frac{\partial}{\partial x_2} \cos(\vec{l}, \overrightarrow{x_2}) + \cdots \right\}^2 f(x_1, x_2, \cdots)$$

$$f''_i(0) = \left\{ \frac{\partial}{\partial x_1} \cos(\vec{l}, \overrightarrow{x_1}) + \frac{\partial}{\partial x_2} \cos(\vec{l}, \overrightarrow{x_2}) + \cdots \right\}^2 f(x_{10}, x_{20}, \cdots)$$

依此类推,可得 $k \leqslant n$ 时,有

$$f_i^{(k)}(l) = \left\{ \frac{\partial}{\partial x_1} \cos(\vec{l}, \overrightarrow{x_1}) + \frac{\partial}{\partial x_2} \cos(\vec{l}, \overrightarrow{x_2}) + \cdots \right\}^k f(x_1, x_2, \cdots) \text{ 在 } l = 0 \text{ 邻边确定且连续.}$$

$$f_i^{(k)}(0) = \left\{ \frac{\partial}{\partial x_1} \cos(\vec{l}, \overrightarrow{x_1}) + \frac{\partial}{\partial x_2} \cos(\vec{l}, \overrightarrow{x_2}) + \cdots \right\}^k f(x_{10}, x_{20}, \cdots).$$

最后,由于 $f(x_1, x_2, \cdots)$ 之一切 $n+1$ 阶偏导数都在 $(x_{10}, x_{20}, \cdots)$ 连续,可知 $\left\{ \frac{\partial}{\partial x_1} \cos(\vec{l}, \overrightarrow{x_1}) + \frac{\partial}{\partial x_1} \cos(\vec{l}, \vec{x}) + \cdots \right\}^n f(x_1, x_2, \cdots)$ 在 $(x_{10}, x_{20}, \cdots)$ 处可微,所以

$$\left\{ \frac{\partial}{\partial x_1} \cos(\vec{l}, \overrightarrow{x_1}) + \frac{\partial}{\partial x_2} \cos(\vec{l}, \overrightarrow{x_2}) + \cdots \right\} =$$

$$\left[\left\{ \frac{\partial}{\partial x_1} \cos(\vec{l}, \overrightarrow{x_1}) + \frac{\partial}{\partial x_2} \cos(\vec{l}, \overrightarrow{x_2}) + \cdots \right\}^n f(x_1, x_2, \cdots) \right] \Big|_{(x_{10}, x_{20}, \cdots)} =$$

$$\left\{ \frac{\partial}{\partial x_1} \cos(\vec{l}, \overrightarrow{x_1}) + \frac{\partial}{\partial x_2} \cos(\vec{l}, \overrightarrow{x_2}) + \cdots \right\}^{n+1} f(x_{10}, x_{20}, \cdots)$$

这也就是 $f_i^{(n+1)}(0)$.

(3) 验证定理的正确性.

由一元函数之有 Peano 余项之 Taylor 公式,有

$$f_i(l) = f_i(0) + \sum_{k=1}^{n+1} \frac{l^k}{k_1^1} f_i^{(k)}(0) + o(l^{n+1})$$

即

$$f(x_1, x_2, \cdots) = f(x_{10}, x_{20}, \cdots) + \sum_{k=1}^{n+1} \left\{ \frac{\partial}{\partial x_1} \cos(\vec{l}, \overrightarrow{x_1}) + \frac{\partial}{\partial x_2} \cos(\vec{l}, \overrightarrow{x_2}) + \cdots \right\}^k$$

$$f(x_{10}, x_{20}, \cdots) + o(l^{n+1})$$

于是,$l \neq 0$ 时,有

$$\frac{1}{l^n} \Big[f(x_1, x_2, \cdots) - \Big[f(x_{10}, x_{20}, \cdots) +$$

$$\sum_{k=1}^{n} \frac{l^k}{k!} \left\{ \frac{\partial}{\partial x_1} \cos(\vec{l}, \overrightarrow{x_1}) + \frac{\partial}{\partial x_2} \cos(\vec{l}, \overrightarrow{x_2}) + \cdots \right\}^k f(x_{10}, x_{20}, \cdots) \Big] \Big] =$$

$$\frac{1}{l^n} \Big[\left\{ \frac{l^{n+1}}{(n+1)!} \frac{\partial}{\partial x_1} \cos(\vec{l}, \overrightarrow{x_1}) + \frac{\partial}{\partial x_2} \cos(\vec{l}, \overrightarrow{x_2}) + \cdots \right\}^{n+1} f(x_{10}, x_{20}, \cdots) + o(l^{n+1}) \Big] =$$

$$\frac{l}{(n+1)!} \left\{ \frac{\partial}{\partial x_1} \cos(\vec{l}, \overrightarrow{x_1}) + \frac{\partial}{\partial x_2} \cos(\vec{l}, \overrightarrow{x_2}) + \cdots \right\}^{n+1} f(x_{10}, x_{20}, \cdots) + o(1)l$$

对任何 $\varepsilon > 0$，不管 $\vec{l}$ 是什么有向直线，总有与 $\vec{l}$ 无关之正数 δ_1，使 $0 < |l| < \delta_1$ 时，有

$$\left| \frac{l}{(n+1)!} \left\{ \frac{\partial}{\partial x_1} \cos(\vec{l}, \vec{x_1}) + \frac{\partial}{\partial x_2} \cos(\vec{l}, \vec{x_2}) + \cdots \right\}^{n+1} f(x_{10}, x_{20}, \cdots) \right| < \frac{\varepsilon}{2}$$

（因 $\left| \frac{1}{(n+1)!} \left\{ \frac{\partial}{\partial x_1} \cos(\vec{l}, \vec{x_1}) + \frac{\partial}{\partial x_2} \cos(\vec{l}, \vec{x_2}) + \cdots \right\}^{n+1} f(x_{10}, x_{20}, \cdots) \right| \leqslant$

$$\frac{1}{(n+1)!} \left\{ |\cos(\vec{l}, \vec{x_1}| M + |\cos(\vec{l}, \vec{x_2})| M + \cdots \right\}^{n+1} \leqslant$$

$$\frac{1}{(n+1)!} \{nM\}^{n+1}$$

此处 M 为 $f(x_1, x_2, \cdots)$ 在 $(x_{10}, x_{20, \cdots})$ 之一切 $(n+1)$ 阶偏导数的绝对值之最大值.）

也有与 $\vec{l}$ 无关之正数 δ_2，使 $0 < |l| < \delta_2$ 时，有

$$|O(1)l| < \frac{\varepsilon}{2} (\text{因 } |O(1)| \text{ 上有界})$$

所以，当 $0 < |l| < \min\{\delta_1, \delta_2\}$，即 $0 < \sqrt{(x_1 - x_{10})^2 + (x_2 - x_{20})^2 + \cdots} < \min\{\delta_1, \delta_2\}$ 时，右端绝对值 $< \varepsilon$. 即右端是 $(x_1, x_2, \cdots) \to (x_{10}, x_{20}, \cdots)$ 时的一个无穷小量. 定理证毕.

迄今为止，多元函数的有 Peano 余项的 Taylor 公式都是通过有 Lagrange 余项的 Taylor 公式来证明的，用的条件比这里用的条件强.

这里的证法，要求 $f(x_1, x_2, \cdots)$ 在 $(x_{10}, x_{20}, \cdots)$ 邻近有连续的 1 阶到 n 阶偏导数和传统证法的要求一样. 但这里的证法只要求 $f(x_1, x_2, \cdots)$ 之一切 $n+1$ 阶偏导数在 $(x_{10}, x_{20}, \cdots)$ 处连续，比传统证法要求 $f(x_1, x_2, \cdots)$ 之一切 $n+1$ 阶偏导数在 $(x_{10}, x_{20}, \cdots)$ 邻近连续为弱.

参考文献：

[1] 菲赫金哥尔茨. 微积分学教程. 北京：高等教育出版社，1956.

[2] 孙家永. 高等数学. 高等数学研究，2005.

[3] 同济大学数学教研室. 高等数学. 北京：高等教育出版社，2004.

21. 方向导数与可微的关系及可微之充要条件

孙家永　　完稿于 2008 年 3 月

摘　要　本文讨论了函数 $f(x,y)$ 在定点 (x_0,y_0) 沿一切有向直线 $\vec{l}$ 之方向导数都存在的情形与 $f(x,y)$ 在 (x_0,y_0) 可微的关系,并证明了一个可微的充要条件,本文结果可推广到更多元函数的情形.

设 (x,y) 为 P 的坐标,(x_0,y_0) 为 P_0 的坐标;l 为 $\overrightarrow{P_0P}$ 在 $\vec{l}$ 上的投影;θ 为 $(\vec{l},\vec{x})$,我们得出了三个定理及一个推论.

定理 1　若 $\lim\limits_{l\to 0}\dfrac{f(x_0+l\cos\theta,y_0+l\sin\theta)-f(x_0,y_0)}{l}=$ 某数(可能与 θ 有关),即方向导数都存在,则 $f(x,y)$ 在 (x_0,y_0) 未必可微.

定理 2　若 $\lim\limits_{l\to 0}\dfrac{f(x_0+l\cos\theta,y_0+l\sin\theta)-f(x_0,y_0)}{l}=f'_x(x_0,y_0)\cos\theta+f'_y(x_0,y_0)\sin\theta$,则 $f(x,y)$ 在 (x_0,y_0) 未必可微.

定理 3　若 $\lim\limits_{x\to 0}\dfrac{f(x_0+l\cos\theta,y_0+l\sin\theta)-f(x_0,y_0)}{l}=f'_x(x_0,y_0)\cos\theta+f'_y(x_0,y_0)\sin\theta$

且对任 $\varepsilon>0$,总存在 $\delta>0$,使 $0<|l|<\delta$ 时,有

$$\left|\dfrac{f(x_0+l\cos\theta,y_0+l\sin\theta)-f(x_0,y_0)}{l}-[f'_x(x_0,y_0)\cos\theta+f''_y(x_0,y_0)\sin\theta]\right|<\varepsilon$$

则 $f(x,y)$ 在 (x_0,y_0) 必可微.

推论　$f(x,y)$ 在 (x_0,y_0) 可微之充要条件为

$$\lim\limits_{l\to 0}\dfrac{f(x_0+l\cos\theta,y_0+l\sin\theta)-f(x_0,y_0)}{l}=f'_x(x_0,y_0)\cos\theta+f'_y(x_0,y_0)\sin\theta$$

且对任 $\varepsilon>0$,总存在 $\delta>0$,使 $0<|l|<\delta$ 时,有

$$\left|\dfrac{f(x_0+l\cos\theta,y_0+l\sin\theta)-f(x_0,y_0)}{l}-[f'_x(x_0,y_0)\cos\theta+f'_y(x_0,y_0)\sin\theta]\right|<\varepsilon.$$

定理 1 的证明,只要举例就可以了.

设 $f(x,y)=\begin{cases}\dfrac{x^2+y^2}{y},&y\neq 0\\[2mm]0,&y=0\end{cases}$

则 $f(x,y)$ 在 $(0,0)$ 沿着 $\vec{l}=\cos\theta\vec{i}+\sin\theta\vec{j}$ 之有向直线 $\vec{l}$ 之方向导数为

$$\lim_{l \to 0} \frac{f(0 + l\cos\theta, 0 + l\sin\theta) - f(0,0)}{l} = \begin{cases} \lim\limits_{l \to 0} \dfrac{(l\cos\theta)^2 + (l\sin\theta)^2}{l^2\sin\theta} = \dfrac{1}{\sin\theta}, & \theta \neq 0, \pi. \\[2mm] \lim\limits_{l \to 0} \dfrac{0 - 0}{l} = 0, & \theta = 0, \pi. \end{cases}$$

但此 $f(x,y)$ 在 $(0,0)$ 不可微,因为

$$\mid f(x,y) - f(0,0) \mid = \begin{cases} \dfrac{x^2 + y^2}{y}, & y \neq 0 \\[2mm] 0, & y = 0 \end{cases}$$

当 (x,y) 沿着 $y = x^2$ 而 $\to (0,0)$ 时,它 $\to 1$,所以它不是 $(x,y) \to (0,0)$ 时的无穷小量,故 $f(x,y)$ 在 $(0,0)$ 处不可微.

定理 2 的证明也只要举个例子,就可以了.

$$设 f(x,y) = \begin{cases} l\sin\theta, & 当 (x,y) 在心形线 \rho = 1 - \cos\theta 及其内部, \\ 1, & 当 (x,y) 在心形线外部而不在 x 轴上, \\ 0, & 当 (x,y) 在 x 轴上. \end{cases}$$

此 $f(x,y)$ 在 $(0,0)$ 沿 $\vec{l}^0 = \cos\theta\vec{i} + \sin\theta\vec{j}$ 之任一有向直线 $\vec{l}$ 之方向导数为

$$\begin{cases} \lim\limits_{x \to 0} \dfrac{l\sin\theta - 0}{l} = \sin\theta, & 当 \theta \neq 0, \pi \\[2mm] \lim\limits_{l \to 0} \dfrac{0 - 0}{l} = 0, & 当 \theta = 0, \pi. \end{cases}$$

此时,$f'_x(0,0) = 0$,$f'_y(0,0) = 1$,$f'_x(0,0)\cos\theta + f'_y(0,0)\sin\theta = 0\cos\theta + 1\sin\theta = \sin\theta$ 所以 $f(x,y)$ 在 $(0,0)$ 处,沿任何 $\vec{l}$ 之方向导数存在且可表示为

$$f'_x(0,0)\cos\theta + f'_y(0,0)\sin\theta$$

但 $f(x,y)$ 在 $(0,0)$ 不可微,因为对任 $\varepsilon > 0 (\varepsilon < 1)$,在 $(0,0)$ 的不管什么邻域上总有使 $\mid f(x,y) - f(0,0) - [f'_x(0,0)x + f'_y(0,0)y] \mid = 1$ 之点(在心形线外部而不在 x 轴上之点),故 $\mid f(x,y) - f(0,0) - [f'_x(0,0)x + f'_y(0,0)y] \mid$ 不可能是 $(x,y) \to (0,0)$ 时的无穷小量.

定理 3 的证明如下:

由于对任给 $\varepsilon > 0$,总存在 $\delta > 0$ 使 $0 < \mid l \mid < \delta$ 时,有

$$\left| \frac{f(x_0 + l\cos\theta, y_0 + l\sin\theta) - f(x_0, y_0)}{l} - [f'_x(x_0, y_0)\cos\theta + f'_y(x_0, y_0)\sin\theta] \right| < \varepsilon$$

即

$$\frac{\mid f(x_0 + \Delta x, y_0 + \Delta y) - f(x_0, y_0) - [f'_x(x_0, y_0)\Delta x + f'_y(x_0, y_0)\Delta y] \mid}{\sqrt{\Delta x^2 + \Delta y^2}} < \varepsilon$$

此处 $\Delta x = l\cos\theta$,$\Delta y = l\sin\theta$,$\sqrt{\Delta x^2 + \Delta y^2} = \mid l \mid$

这就是说,$f(x_0 + \Delta x, y_0 + \Delta y) - f(x_0, y_0) - (f'_x(x_0, y_0)\Delta x + f'_y(x_0, y_0)\Delta y]$ 是 $(\Delta x, \Delta y) \to (0,0)$ 时,$\sqrt{\Delta x^2 + \Delta y^2}$ 的高阶无穷小量,所以 $f(x,y)$ 在 (x_0, y_0) 处可微.

推论之证明,由定理 3 及熟知的 $f(x,y)$ 在 (x_0, y_0) 可微,则 $f(x,y)$ 在 (x_0, y_0),沿 $\vec{l}^0 = \cos\theta\vec{i} + \sin\theta\vec{j}$ 之任有向直线 $\vec{l}$ 之方向导数为 $f'_x(x_0, y_0)\cos\theta + f'_y(x_0, y_0)\sin\theta$ 且对任 $\varepsilon > 0$,总有 $\delta > 0$,使 $0 < \mid l \mid < \delta$ 时,有

$$\frac{\mid f(x_0 + l\cos\theta, y_0 + l\sin\theta) - f(x_0, y_0) - [f'_x(x_0, y_0)l\cos\theta + f'_y(x_0, y_0)l\sin\theta] \mid}{\mid l \mid} < \varepsilon$$

即

$$\left| \frac{f(x_0 + l\cos\theta, y_0 + l\sin\theta) - f(x_0, y_0)}{l} - [f'_x(x_0, y_0)\cos\theta + f'_y(x_0, y_0)]\sin\theta \right| < \varepsilon.$$

马上就可以得到.

以上这 3 个定理及推论,对多元函数可作明显的推广.

可微是多元函数微分学中一个很重要的概念,我的老师陈传璋教授在讲数学分析课时,还特别说了一句:"可微的充要条件,现在还没得到."30 年后,我得到了这个充要条件,但没有来得及请他指教,他就去世了.光阴过得真快!

参考文献:

[1] 同济大学数学教研室.高等数学.北京:高等教育出版社,2005.

[2] 孙家永.方向导数及有 Peano 余项的 Taylor 公式.

[3] 菲赫金哥尔茨·微积分学教程.北京:高等教育出版社,1957.

[4] 孙家永.高等数学,高等数学研究,2005.

22. 最大延拓了的隐函数组定理

—— 关于隐函数定理的一点注记

孙家永　完稿于 2008 年 2 月

摘　要　本文指明了最大延拓了的隐函数唯一存在,并简单说了一些它的图形边界点的性质,这在求条件最值的问题[4]及微分学以外的问题是有用的.

隐函数定理在一般书里都有表达[2]或证明[3]:

若函数 $F(x,y,z)$ 在点 (x_0,y_0,z_0) 的某一邻域内有连续的偏导数,且 $F(x_0,y_0,z_0)=0$,$F'_z(x_0,y_0,z_0)\neq0$,则 $F(x,y,z)=0$ 能在 (x_0,y_0,z_0) 邻近确定一个唯一的有连续偏导数的隐函数 $z=z(x,y)$,使

$$\frac{\partial z(x,y)}{\partial x}=-\left.\frac{F'_x(x,y,z)}{F'_z(x,y,z)}\right|_{z=z(x,y)},\frac{\partial z}{\partial y}=-\left.\frac{F'_y(x,y,z)}{F'_z(x,y,z)}\right|_{z=z(x,y)}$$

根据此定理,可以保持此隐函数有连续偏导数之性质,而将其定义域延拓至最大. 我们称此隐函数为相应于 (x_0,y_0,z_0) 之最大延拓了的隐函数,简称延拓了的隐函数. 它显然是唯一的,并且这个延拓了的隐函数图形(见图 1)有以下一些性质:

(1) 这个图形的边界点,必然是不满足隐函数定理条件之点(含 $F(x,y,z)$ 无意义之点);非图形之边界点,必然是满足隐函数定理条件之点.

(2) 若这个图形是有界集,则这个图形连同它的所有边界点是一个有界闭集.

图 1

因为这个图形是一个连续函数 $z=z(x,y)$ 的图形,而它是有界的,故它的边界点,不管原来是否在图形上都可以添加在曲面上而保持曲面的连续性. 空间任何不在此添加了点的新曲面上之点到此新曲面上任一点的距离都 >0,不可能是新曲面的聚点. 因此,新曲面,即延拓了的隐函数之图形加上所有边界点的曲面,是有界闭集.

(3) $F(x,y,z)=0$ 之图形是所有这些延拓了的隐函数图形之并集.

我们把满足隐函数定理条件之点 (x_0,y_0,z_0) 称为 $F(x,y,z)=0$ 图形之非 z 奇点;把不满足隐函数定理条件之点,称为 $F(x,y,z)=0$ 图形之 z 奇点. 所以,(1)也可说成:

(1)′ 延拓了的隐函数图形之边界都是 $F(x,y,z)=0$ 图形之 z 奇点(含 $F(x,y,z)$ 无定义之点);非边界点必然是 $F(x,y,z)=0$ 图形之非 z 奇点.

以上所讲的这一些,在讨论到微分学以外的问题时,就会有用,并且延拓了的隐函数的图形,比局部的隐函数图形更容易捉摸.

例 1　设 $F(x,y,z)\equiv x^2+y^2+z^2-1,(x>0)$.

$F(x,y,z)=0$ 之图形为右半球面

$F(x,y,z)=0$ 之图形的 z 奇点,除了右半球面之竖边界圆(其上 $F(x,y,z)$ 无定义)还有由

$F(x,y,z)=0$ 及 $F'_z(x,y,z)\equiv 2z=0$ 所确定的 $x^2+y^2+z^2-1=0,2z=0,(x>0)$，它是 xOy 平面上的一个半圆.

$F(x,y,z)=0$ 图形上位于 xOy 平面上方的点都是 $F(x,y,z)=0$ 图形之非 z 奇点；$F(x,y,z)=0$ 图形上位于 xOy 平面下方的点也是 $F(x,y,z)=0$ 图形之非 z 奇点. 相应于 xOy 平面上方的非 z 奇点的延拓了的隐函数图形是上半右半球面；相应于 xOy 平面下方的非 z 奇点的延拓了的隐函数图形是下半右半球面.

例 2　设 $\sum$ 为一光滑曲面，其参数方程为 $x=x(u,v),y=y(u,v),z=z(u,v),(u,v)\in$ 某有界闭区域 Ω，且 $\begin{vmatrix} z'_u & x'_u \\ z'_v & x'_v \end{vmatrix}$ 在 Ω^0 上恒不为 0，试证：

(1) 方程组 $x=x(u,v),z=z(u,v),(u,v)\in\Omega^0$，在任一 $(u,v)\in\Omega^0$ 所相应之 (z,x) 邻近必能唯一确定一组有连续偏导数的隐函数组 $u=u(z,x),v=v(z,x)$，使 $z=z(u(z,x),v(z,x),x=(u(z,x),v(z,x))$，使 $\Omega_0=\{(z,x)\mid z=z(u,v),x=x(u,v),(u,v)\in\Omega^0\}$ 之点与 Ω^0 之点一一对应.

(2) 无论从 Ω 中哪一点邻近所确定的隐函数组开始延拓，都可以将它延拓到 Ω 上确定的隐函数组 $u=u(z,x),v=v(z,x),(z,x)\in\Omega_0$，即相应于 Ω 中任一点之最大延拓了的隐函数组都是 $u=u(z,x),v=v(z,x),(z,x)\in\Omega_0$.

(3) Ω_0 与 Ω^0 是同胚的.

(4) $\sum$ 之参数方程必可写成 $x=x,y=y(z,x),z=z,(z,x)\in\Omega_0$

其中 $y(z,x)$ 在 Ω_0 上有连续偏导数. 而 Ω_0 也就是 $\sum$ 在 zx 平面上之投影域.

证　(1) 由于 z'_u、z'_v、x'_u、x'_v 连续，且 $\begin{vmatrix} z'_u & x'_u \\ z'_v & x'_v \end{vmatrix}$ 在 Ω^0 上恒不为 0，故 Ω^0 上之任一点都不是方程组的 u、v 奇点.（定义与一个方程的类似）. 因此，由方程组的隐函数定理（与一个方程的类似），可知.

(2) 因为如果 Ω 中有点延拓不到，则相应的 Ω_0 之点必是 u,v 奇点，矛盾.

(3) 因为映射 $x=x(u,v),y=z(u,v),(u,v)\in\Omega^0$ 将 Ω^0 映射成 Ω_0. 而逆映射 $u=u(z,x),v=v(z,x),(z,x)\in\Omega_0$ 将 Ω_0 映射成 Ω^0，且这两个映射都是连续的. 所以，Ω_0 与 Ω^0 同胚.

(4) 将 S 的参数方程 $x=x(u,v),y=y(u,v),z=z(u,v),(u,v)\in\Omega^0$，以

$$u=u(z,x),v=v(z,x),(z,x)\in\Omega_0$$

代入，即得

$$x=x,y=y(u(z,x),v(z,x)),z=z,(z,x)\in\Omega_0$$

这里 $y(u(z,x),v(z,v))$ 当然是 Ω_0 上的一个有连续偏导数的函数 $y(z,x)$.

这是证明 Stokes 定理时，用到的一个最基本、最关键的命题[1].

参考文献：

[1] 孙家永. Stokes 公式成立的一般条件.

[2] 同济大学数学教研室. 高等数学. 北京：高等教育出版社，1996.

[3] Jiayong Sun. Calculus with Related Topics. 西安：西北工业大学出版社，1987.

[4] 孙家永. 正确地求条件最值. 高等数学研究，2005(2).

[5] 孙家永. 高等数学，高等数学研究，2005.

23. 多连通的有界平面闭区域可分为有限多个双型区域*的充要条件**

孙家永   完稿于 2008 年 3 月

摘　　要　本文指出了 xOy 平面上一个多连通的有界闭区域 Ω，可分为有限多个既是 x 型，又是 y 型区域（双型区域）的充要条件.

关键词　双型区域，常规分段光滑曲线.

首先，介绍常规分段光滑曲线的定义：

若一条简单的分段光滑平面曲线，组成它的光滑曲线段都只有有限次凹、凸性变化，则称此分段光滑曲线为常规分段光滑曲线，这里光滑曲线段的凹、凸性变化，指的是点沿此曲线段的任一方向移动时，曲线在该点切线方向角的增、减性的变化.

有了这些，就可以证明以下列定理.

定理 1　若 Ω 为一有界闭区域，$\partial\Omega$ 是有限多条常规分段光滑曲线，则 Ω 必可分为有限多个既是 x 型又是 y 型的小区域.

证　设 l 为 Ω 的一条常规分段光滑的边界线，L 为 l 的一个光滑弧段，则 L 不能无限多次盘旋，否则，L 的方向角就会有无限次增减性变化，且：

(1) L 只能有有限多个水平线段.

因为连接两个水平线段时，L 至少有一次凹、凸性改变，这是由于当点从一个水平线段的端点变到下一个水平线段的端点时，L 在该点之切线方向角或者连续地从 0 先增而后再减为 0，（或增、减几次后再为 0），或者连续地从 0 先减而后再增为 0，（或减、增几次后再为 0）方向角都至少有一次改变，所以，这样的水平线段不能有无限多个（见图 1）.

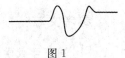

图 1

(2) L 上只能有有限多个极高、极低点.

因为极高、极低点总是相间地出现的，并且每对比邻的极高、极低点之间，L 总会有一次凹、凸性改变，所以极高、极低点不能有无限多个，否则 L 就会出现无限多次凹、凸性改变.

同理，还有：

(1)′ L 只能有有限多个铅垂线段.

(2)′ L 只能有有限多个极左、极右点.

现在就可将 Ω 分成有限多个既是 x 型又是 y 型的小区域了，具体分法如下：

---

*　这里双型区域的含义与[2]之题注的含义相同，它们是为了证明 Green 公式能成立时有用.

**　用简明条件证明 Stokes 公式或主要用到曲面在 3 个坐标平面之投影区域上 Stokes 公式成立，这时，3 个边界线必须区域边界线都常规分段光滑面不能只是分段光滑，就是因为有这个定理.

过 Ω 的每一条边界线 l 的角点作水平直线和铅垂直线,再过 l 的每个光滑弧段所含水平线段的端点作铅垂直线,并将水平线段无限延长.又再过 l 的每个光滑弧段所含铅垂线段的端点作水平直线,并将铅垂线段无限延长.最后,通过光滑弧段之极高、极低点及极左、极右点作水平直线和铅垂直线,所有这些有限多条直线,可构成包含 Ω 的有限多个小矩形, $\partial\Omega$ 的边界线落在任何一个这样的小矩形之内的部份,除了可能是小矩形的边界线之外,就只能是单调向左(或向右)且单调向上(或向下)的斜坡形光滑弧段,因为我们已经过所有 Ω 边界线的极高、极低点和极左、极右点都作了水平线和铅垂线了. Ω 就是由其内部的小矩形以及那些只含有 $\partial\Omega$ 的边界线上一段斜坡形的光滑弧段的有缺损的小矩形所拼成. Ω 就被分成了这些有限多个既是 x 型又是 y 型的小区域了.

定理 2 若 Ω 为一有界闭区域,而 $\partial\Omega$ 不全是常规分段光滑曲线,则 Ω 必不可分为有限多个双型区域.

证 设 l 为 Ω 的一条非常规分段光滑边界线,则 l 必有一光滑弧段 L,它或有无限多个水平线段,或有无限多个极高极低点;或者它会有无限多个铅垂线段或无限多个极左、极右点.在第一种情形 Ω 不能分为有限多个 y 型小区域;在第二种情形, Ω 不能分为有限多个 x 型小区域.总之, Ω 就不能分为有限多个双型区域.

因为就第一种情形来说:如果 L 有无限多个水平线段,则将 Ω 分成 y 型区域时,每个水平线段都是一个或几个 y 型区域的边界线,即每个水平线段都至少相应一个 y 型区域.由于 L 在 Ω 的边界线上,这些相应的 y 型区域各不相同,水平线段有无限多个, y 型区域就不能只有有限多个;如果 L 有无限多个极高、极低点,每对比邻着的升弧和降弧都至少相应一个 y 型区域.由于 L 在 Ω 的边界线上,这些相应的 y 型区域各不相同.升、降弧段有无限多对, y 型区域就不能只有有限多个.

就第二种情形,也可同样说明.

参考文献:

[1] 同济学数学教研室.高等数学.4 版.北京:高等教育出版社,2005.

[2] 孙家永.多连通的有界闭区域可分为有限多个双型区域的充要条件及 Caucy 定理的问题.

24. 关于 Green 公式能成立的一个有影响的论断是可怀疑的

孙家永   完稿于 2008 年 4 月

摘　要　我国通用同济大学的《高等数学》(第四版)里,引用了一个论断:若 Ω 为 xOy 平面上的一个有界闭区域, $\partial\Omega$ 为 Ω 之边界,它们是有限多条分段光滑曲线,方向为 Ω 上侧之正向,且 $P(x,y)$, $Q(x,y)$ 及它们的偏导数都在 Ω 上存在,连续,则 $\int_{\partial\Omega} P(x,y)\mathrm{d}x + Q(x,y)\mathrm{d}y = \int_{\Omega}(\frac{\partial Q}{\partial x} - \frac{\partial P}{\partial y})\mathrm{d}\Omega$ 成立. 本文指出了这个论断是可怀疑的.

关键词　Green 公式,常规分段光滑曲线.

不少人认为摘要中的论断已由 Ilyin 和 Poynyak 严格证明了,其实这是不正确的.

莫斯科大学的 V. A. Ilyin 和 E. G. Poynyak 教授合写的《Fundamentals of Mathematical Analysis》里以较长的篇幅论证了摘要中所写的论断,(同济大学的《高等数学》所引用的可能就是此书的论断). 他们通过繁杂的论证得出了 Ω 必可分为有限个双型区域,从而 Green 公式成立. 这个论断与参考文献[2]中 Ω 可这样分的充要条件是 Ω 之所有边界线都要是常规分段光滑曲线不同,因为常规分段光滑曲线是有异于分段光滑曲线的. 所以他们必是搞错了.

作者之所以对检讨他们的错误很重视,是因为这一错误,不仅影响学生接受正确知识,也还影响到平面区域上曲线积分与路径无关等问题都要作相应的修改.

参考文献:

[1] V. A. Ilyin, E. G. Poynyak. Fundamentals of Mathematical Analysis. Mir Publishers, Moscoo.

[2] 孙家永. 多连通的有界平面闭区域可分为有限多个区域的充要条件.

25. 曲线积分与路径无关的"路径" 应限为常规分段光滑曲线为宜

孙家永　　完稿于 2008 年 12 月

摘　要　本文指出平面区域内曲线积分与路径无关里的"路径"应限为常规分段光滑曲线,这样现今曲线积分与路径无关的重要性质都说得通,否则有些就说不通.

关键词　Green 公式

设 Ω 为 xOy 平面上一个开区域, $P(x,y)$, $Q(x,y)$ 在 Ω 上连续,如果对 Ω 中任意二点 A, B,任意连接一条自 A 到 B 的曲线 c, $\int_c P(x,y)\mathrm{d}x + Q(x,y)\mathrm{d}y$ 之值都不改变,则称在 Ω 上,曲线积分 $\int_c P(x,y)\mathrm{d}x + Q(x,y)\mathrm{d}y$ 与路径 c 无关,简称在 Ω 上, $P(x,y)\mathrm{d}y + Q(x,y)\mathrm{d}y$ 之积分与路径无关,它们所有的主要性质都与 Green 公式有关,在 $P(x,y)$, $Q(x,y)$ 有连续偏导数时,过去和现今的文献里都认为只要所考虑区域的边界线是分段光滑的就行,而文[1]中指出了,这个论断是错误的,应将边界线是分段光滑改为是常规分段光滑才行.因此,在论证积分与路径无关的性质时,当路径为分段光滑时,有些会说不通,下面逐一论证对路径都是常规分段光滑时的性质;对路径只是分段光滑时,说不通的地方,用" * "号标出.

(1) $\int_c P(x,y)\mathrm{d}x + Q(x,y)\mathrm{d}y$ 与路径无关的充要条件为 $P(x,y)\mathrm{d}x + Q(x,y)\mathrm{d}y$ 沿任何闭路径之积分为 0.

证　必要性:用反证法.

假如有一条封闭路径 c,使 $\int_c P(x,y)\mathrm{d}x + Q(x,y)\mathrm{d}y \neq 0$. 在 c 上任取一点 M,于 $\Omega\backslash(c$ 内部),自 A 连接到 M,得一路径 c_1,自 M 连接到 B,得一路径 c_2. 于是 $c_1 + c_2$, $c_1 + c + c_2$ 是二条自 A 连接到 B 的路径(见图

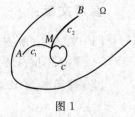

图 1

1),但 $\int_{c_1+c_2} P(x,y)\mathrm{d}x + Q(x,y)\mathrm{d}y \neq \int_{c_1+c+c_2} P(x,y)\mathrm{d}x + Q(x,y)\mathrm{d}y$.

充分性:

设 c_1, c_2 为连接自 A 到 B 的任意二条路径.

在 $\Omega\backslash(c_1$ 与 c_2 所围的集合) 上,作一条自 B 连接到 A 的常规分段光滑曲线 c,则 $c_1 + c$ 及 $c_2 + c$ 是两条封闭路径(见图 2),从而

$$\oint_{c_1+c} P(x,y)\mathrm{d}x + Q(x,y)\mathrm{d}y = 0$$

$$\int_{c_2+c} P(x,y)\mathrm{d}x + Q(x,y)\mathrm{d}y = 0$$

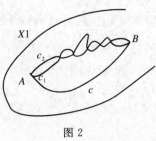

图 2

故

$$\int_{c_1} P(x,y)\mathrm{d}x + Q(x,y)\mathrm{d}y = -\int_{c} P(x,y)\mathrm{d}x + Q(x,y)\mathrm{d}y = \int_{c_2} P(x,y)\mathrm{d}x + Q(x,y)\mathrm{d}y$$

(2) 若 Ω 无洞,且 $\dfrac{\partial Q}{\partial x},\dfrac{\partial P}{\partial y}$ 在 Ω 上连续,则 $\oint P(x,y)\mathrm{d}x + Q(x,y)\mathrm{d}y = 0$ 之充要条件为在 Ω 上处处有 $\dfrac{\partial Q}{\partial x} = \dfrac{\partial P}{\partial y}$.

证　必要性:用反证法.

假如 Ω 中有一点 a 处,使 $\dfrac{\partial Q}{\partial x} - \dfrac{\partial P}{\partial y}$ 在 a 之值 $=k>0$,则以 a 为中心有一圆域 Ω_ε 使在 Ω_ε 上, $\dfrac{\partial Q}{\partial x} - \dfrac{\partial P}{\partial y} > \dfrac{k}{2}$,于是 $\int_{\partial\Omega_\varepsilon} P(x,y)\mathrm{d}x + Q(x,y)\mathrm{d}y = \int_{\Omega_\varepsilon}(\dfrac{\partial Q}{\partial x} - \dfrac{\partial P}{\partial y})\mathrm{d}\Omega > \dfrac{k}{2}\mid\Omega_\varepsilon\mid = \dfrac{k}{2}\pi\varepsilon^2 > 0$, 矛盾.

$k<0$ 时,可以同样地证明.

充分性:

设 c 为任一封闭路径,Ω_c 为 c 内部的区域由于 Ω 无洞,$\Omega_c \subset \Omega$,故 $\int_{c} P(x,y)\mathrm{d}x + Q(x,y)\mathrm{d}y = \int_{\Omega_c}(\dfrac{\partial Q}{\partial x} - \dfrac{\partial P}{\partial y})\mathrm{d}\Omega = 0$,从而 $P(x,y)\mathrm{d}x + Q(x,y)\mathrm{d}y$ 之积分与路径无关,

(3) 若 Ω 无洞,$\dfrac{\partial Q}{\partial x},\dfrac{\partial P}{\partial y}$ 在 Ω 上连续,则 $\int_{c} P(x,y)\mathrm{d}x + Q(x,y)\mathrm{d}y$ 与路径无关之充要条件为 $P(x,y)\mathrm{d}x + Q(x,y)\mathrm{d}y$ 为某函数 $u(x,y)$ 之全微分.

证　充分性:

设 $\mathrm{d}u(x,y) = \dfrac{\partial u}{\partial x}\mathrm{d}x + \dfrac{\partial u}{\partial y}\mathrm{d}y = P(x,y)\mathrm{d}x + Q(x,y)\mathrm{d}y$,则

$\dfrac{\partial Q}{\partial x} = \dfrac{\partial^2 u}{\partial x\partial y},\dfrac{\partial P}{\partial y} = \dfrac{\partial^2 u}{\partial y\partial x}$,因此,$u$ 之二阶偏导数连续,故 $\dfrac{\partial Q}{\partial x} = \dfrac{\partial P}{\partial y}$. 由 (2) 之充分性可知 $P(x,y)\mathrm{d}x + Q(x,y)\mathrm{d}y$ 之积分与路径无关.

必要性:

对任何一条从 (x_0,y_0) 连接到 (x,y) 之路径 c,$\int_{c} P(x,y)\mathrm{d}x + Q(x,y)\mathrm{d}y$ 之值与 c 无关,它的值只由 (x,y) 唯一确定(因 (x_0,y_0) 已取定),所以,$\int_{c} P(x,y)\mathrm{d}x + Q(x,y)\mathrm{d}y$ 是 (x,y) 的函数 $u(x,y)$,再用通常的证法,即可证明 $\mathrm{d}u = P(x,y)\mathrm{d}x + Q(x,y)\mathrm{d}y$.

参考文献:

[1] 孙家永. 关于 Green 公式能成立的一个有影响的论断是错误的.

26. Green 公式成立的一个简洁条件

孙家永　　完稿于 2008 年 9 月

摘　要　本文给出了下述的定理.：

若 Ω 为 xOy 平面上一个多连通的有界闭区域,其边界 c 都是常规分段光滑曲线,$P(x,y)$,$\dfrac{\partial P}{\partial y}$,$Q(x,y)$,$\dfrac{\partial Q}{\partial x}$ 都在 Ω 上连续,则

$$\int_c P\,\mathrm{d}x + Q\,\mathrm{d}y = \int_\Omega \left(\frac{\partial Q}{\partial x} - \frac{\partial P}{\partial y}\right)\mathrm{d}\Omega$$

此定理不需检验 Ω 是否能分为有限多个双型区域.

关键词　Green 公式,常规分段光滑曲线.

先介绍常规分段光滑曲线之定义:若 xOy 平面上的一条分段光滑的简单曲线 l,其每个光段弧段 l 都只有有限多次凹、凸性变化(即 l 的方向角之增、减性变化),则称此段光滑曲线为常规分段光滑曲线.

再由[1] 中已证明了,xOy 平面上的多连通有界闭区域 Ω 可分为有限多个双型区域之充要条件为 Ω 之边界 c 都是常规分段光滑曲线,立即可知

$$\int_c P\,\mathrm{d}x + Q\,\mathrm{d}y = \int_\Omega \left(\frac{\partial Q}{\partial x} - \frac{\partial P}{\partial y}\right)\mathrm{d}\Omega$$

参考文献：

[1] 孙家永. 多连通有界平面闭区域可分为有限多个双型区域的充要条件.

27. 关于 Cauchy 定理的一点注记

孙家永　　完稿于 2009 年 10 月

摘　要　本文指出了 Cauchy 定理中关于区域边界线之条件有误,并提出了修正方法.
关键词　Cauchy 定理,常规分段光滑曲线.

现今条件比较多的 Cauchy 定理说的是:

若 $f(z)$ 在一个包含 Ω 于其内部的区域 Δ 上解析,则 $\int_c f(z)\mathrm{d}z = 0$,此处 c 为 Ω 之边界线.
这是有问题的,因为

通常的证法都是先令 $z = x + iy$,将 $f(z)$ 表达成 $f(z) = u(x,y) + iv(x,y)$,有

$$\int_c f(z)\mathrm{d}z = \int_c u\,\mathrm{d}x - v\,\mathrm{d}y + i\int_c u\,\mathrm{d}y + v\,\mathrm{d}x$$

再将右端用 Green 公式,化成

$$\int_\Omega \left(-\frac{\partial v}{\partial x} - \frac{\partial u}{\partial y}\right)\mathrm{d}\Omega + i\int_\Omega \left(\frac{\partial u}{\partial x} - \frac{\partial v}{\partial y}\right)\mathrm{d}\Omega$$

最后用 Cauchy-Riemann 条件,即知

$$\int_c f(z) = 0$$

但在用 Green 公式这一步出了问题,过去数学界(包括 Cauchy)都是画个图,说明可将 Ω 分成有限多个双型区域,从而可用 Green 公式,但 c 只是有限多条分段光滑曲线时,Green 公式能不能成立还不确定,要将 c 含有的分段光滑曲线都改成常规的分段光滑曲线,Green 公式才能成立,所以 Cauchy 定理中,要将 Ω 的边界 c 所含的有限多条边界线都是分段光滑的,加强为 c 的有限多条边界线都是常规分段光滑的,才能严格证明 Cauchy 公式是成立的,此时 Cauchy 定理成以下形式:

若 $f(z)$ 在一个包含 Ω 于其内部的区域 Δ 上解析,且 Ω 的边界 c 所含的有限多条边界线都是常规分段光滑曲线,则 $\int_c f(z)\mathrm{d}z = 0$

此定理可加强为以下形式:

若 $f(z)$ 在有界区域 Ω 上连续,$f'(z)$ 在 Ω 上连续,且 Ω 的边界 c 只含有有限多条曲线,都是常规分段光滑的,则 $\int_c f(z)\mathrm{d}z = 0$

参阅参考文献[4]之引理 3 及引理 4,这将于另文论述.

由于 Cauchy 定理是一个最基础的定理,其他一些要用到这个定理的定理,如 Cauchy 公式等,也都要作相应的修改.

参考文献：

[1] 孙家永. 平面有界闭区域可分为有限多个双型区域的充要条件及 Cauchy 定理之问题.

[2] 孙家永. 曲线积分与路径无关的"路径"应限为常规分段光滑曲线为宜.

[3] 孙家永. 关于 Green 公式能成立的一个有影响的论断是错误的.

[4] 孙家永. Stokes 公式成立的条件及充要条件.

[5] М. А. 拉甫伦捷夫，Б. А. 沙巴特. 复变函数论方法. 北京：高等教育出版社，1956.

[6] А. И. 马库什维奇. 解析函数论. 北京：高等教育出版社，1956.

28. 平面有界闭区域可分为有限多个双型区域*的充要条件及 Cauchy 定理之问题

孙家永　　完稿于 2009 年 11 月

摘　　要　这是作者 2009 年 11 月 3 日晚在数学系学术交流会上的发言稿.

各位老师：

　　今天系里让我给大家讲讲我做的一些研究工作，这是很好的，学术要有交流切磋，才能活跃思想，相互启发. 每个人都有他自己的所长和特点，把各个人的所长和特点，交流融合在一起，大家的受益就会很大，今天我来开个头讲一讲，我要讲的是关于 Green 公式的两个题目：一个是平面上有界闭区域可分为有限多个双型区域的充要条件；另一个是关于 Cauchy 定理的问题，由于时间紧，我只能简单讲.

　　1. 平面有界闭区域可分为有限多个双型区域的充要条件

　　定理　设 Ω 为 xOy 平面上一个多连通的有界闭区域，则它可分为有限个双型区域的充要条件为：Ω 的所有边界线，都是常规分段光滑曲线（它定义为一个简单的分段光滑曲线，它的每个光滑弧段都只有有限多次凹、凸性变化 —— 即曲线方向角之增、减性变化）.

　　在证这个定理前先讲个简单的引理.

　　引理　若 Ω 的一条边界线 l 是常规分段光滑的，则 l 不能无限盘旋，且只能有有限多个水平线段及有限多个极高、极低点.

　　证　l 的任一光滑弧段 L 不能无限盘旋，否则，L 的方向角会有无限次增减性变化且 L 只能有限多个水平线段，因为两个水平线段间，曲线的方向角至少有一次增、减性变化. 如图 1 所示.

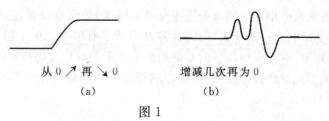

从 0 ↗ 再 ↘ 0　　　　　　增减几次再为 0

（a）　　　　　　　　　　（b）

图 1

　　L 只能有有限多个极高、极低点，因为极高、极低点间曲线方向角至少有一次增、减性变

---

　　*　这里的双型区域 Ω，指的是：

　　Ω 既可表示为 $\{(x,y) \mid \varphi_1(X) \leqslant y \leqslant \varphi_2(x)$，且 $\varphi_1(x)$，$\varphi_2(x)$ 无凹、凸性变化$\}$

　　Ω 又可表示为 $\{(x,y) \mid \Psi_1(y) \leqslant x \leqslant \Psi_2(y)$，且 $\Psi_1(y)$，$\Psi_2(y)$ 无凹、凸性变化$\}$

　　它们在证明 Green 公式能成立时有用.

化,且极高、极低点都是相间出现的,如图 2 所示.

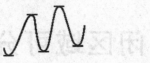

图 2

但 l 是由有限多个光滑弧段所组成的,故 l 也只有有限多个水平线段及有限多个极高、极低点.

同理,还可证明:l 只有有限多个铅垂线段及有限多个极左、极右点.

下面再来讲定理.

条件充分性之证:

只要将 Ω 具体分了就行.设 Ω 只有一条外边界线.

过它的角点,作水平直线及铅垂直线;

过它的水平线段及铅垂线段之端点作水平直线及铅垂直线;

过它的极高、极低点及极左、极右点,作水平直线及铅垂直线.

如图 3 所示.

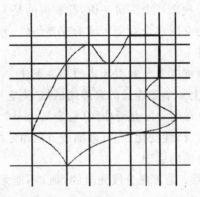

图 3

这有限多条直线将 Ω 分成了有限个小矩形及有缺损的小矩形,这些有缺损的小矩形的缺损边都是没有极高,极低点及极左、极右点的斜坡形光滑曲线.

若 Ω 还有一条内边界线,再同样地作一些直线把 Ω 继续分成更小的有限多个小矩形及有缺损的小矩形.有缺损的小矩形的缺损边还是没有极高、极低点及极左、极右点的斜坡形光滑曲线.如果还有,就继续这样做下去,最终就将 Ω 分成了有限多个更小得多的小矩形及更小得多的有缺损的小矩形,这些更小得多的有缺损的小矩形的缺损边仍然是没有极高、极低点和极左、极右点的斜坡形光滑曲线,这些更小得多的矩形及有缺损的小矩形都是双型区域,Ω 就被分成了有限多个双型区域了.

再看条件必要性之证:

设 l 为 Ω 的一条非常规分段光滑的边界线,则:

l 有无限多个水平线段或无限多个极高、极低点;或者 l 有无限多个铅垂线段或无限多个极左、极右点.

在第一种情形下,Ω 不能分为有限多个 y 型区域;

在第二种情形下,Ω 不能分为有限多个 x 型区域.

因为就第一种情形来说,如 l 含有无限多个水平线段,则不管怎样将 Ω 分成 y 型区域后,l

的每个水平线段必是一个或几个 y 型区域的边界线,即每个水平线段都至少相应一个 y 型区域,并且各个水平线段所相应的 y 型区域都不相同,因此,有无限多个水平线段,就必有无限多个相应的 y 型区域,Ω 分成的就不是有限多个 y 型区域.

如 l 有无限多个极高、极低点,则由于 l 只有有限多个水平线段,l 就有无限多个相继的升弧及降弧,它们成为 Ω 无限多个凹齿和凸齿的边界域,将 Ω 不管怎样分成 y 型区域后,每个凸齿的边界线总是一个或几个 y 型区域的边界线,并且不同的凸齿所相应的 y 型区域各不相同,所以,有无限多个凸齿,就会有无限多个 y 型区域,Ω 分成的就不是有限多个 y 型区域.

对第二种情形,可同样证明.

2. 关于 Cauchy 定理的毛病

这里讲的是 Cauchy 定理中,关于区域边界 c 的描述欠妥,不将 c 加强为都是常规分段光滑曲线是不对的.

现今条件用得比较多的 Cauchy 定理说的是:

若 $f(z)$ 在包含 Ω 于其内部的区域 Δ 上解析,且 Ω 边界 c 都是分段光滑的曲线,则 $\int_c f(z)\mathrm{d}z=0$. 这样说是不对的,要将 c 加强为都是常规分段光滑线才正确,因为 Cauchy 定理的证明大多都是这样的:

先令 $z=x+iy$,并将 $f(z)$ 表达为 $f(z)=u(x,y)+iv(x,y)$,于是

$$\int_c f(z)\mathrm{d}z=\int_c u\mathrm{d}x-v\mathrm{d}y+i\int_c u\mathrm{d}y+v\mathrm{d}x$$

再用 Green 公式将右端化成

$$\int_\Omega\left(-\frac{\partial v}{\partial x}-\frac{\partial u}{\partial y}\right)\mathrm{d}\Omega+i\int_\Omega\left(\frac{\partial u}{\partial x}-\frac{\partial v}{\partial y}\right)\mathrm{d}\Omega$$

最后,由 Cauchy-Riemann 条件,得

$$\int_c u\mathrm{d}x-v\mathrm{d}y+i\int_c u\mathrm{d}y+v\mathrm{d}x=\int_\Omega(-\frac{\partial v}{\partial x}-\frac{\partial u}{\partial y})\mathrm{d}\Omega+i\int_\Omega(\frac{\partial u}{\partial x}-\frac{\partial v}{\partial y})\mathrm{d}\Omega=0$$

但这里用 Green 公式这一步有问题. 过去数学界(包括 Cauchy)都不知道 Ω 可分为有限多个双型区域的充要条件,都随自己的意思画一个可分为有限多个双型区域的区域 Ω 而认为一般的区域 Ω 也都是这样,因此可用 Green 公式,这当然是不对的. 要将 c 加强为都是常规分段光滑曲线时,Green 公式才成立,从而使 Cauchy 定理成立,这也就是说,Ω 的边界 c 含的都是常规分段光滑曲线时,Cauchy 定理才成立.

也有些人使用实变函数里的积分与与路径无关的条件或 $u\mathrm{d}x+v\mathrm{d}y$ 存在原函数的办法来证 Caudy 定理,但细察这些证明的实质还都不能不要 c 之所有边界线都常规分段光滑.

我的汇报就完了,下面再说几句话:以前大环境难于搞科研. 现在大环境好了,适宜搞科研了,但我们却都退休了,而你们都正年富力强,你们的条件比我们好. 预祝你们取得更大成绩.

29. 加强的 Cauchy 定理

孙家永　　完稿于 2010 年 3 月

摘　　要　本文指出了,若复平面上多连通的有界闭区域 Ω 的边界 c 都是常规分段光滑曲线时,只要 $f(z)$ 在 Ω 上连续,在 $\overset{\circ}{\Omega}$ 上解析,则 $\displaystyle\int_c f(z)\mathrm{d}z = 0$,无需再对 Ω 加上可三角剖分的条件. 我们称此定理为加强的 Cauchy 定理.

关键词　复变函数,Cauchy 定理,常规分段光滑曲线.

(1) 先介绍一下 xOy 平面上一条常规分段光滑曲线的定义及性质.

定义　若 xOy 平面上一条简单分段光滑曲线 L,它的每一光滑子弧段都只有有限次凹、凸性的改变,则称此分段光滑曲线 L 为一常规分段光滑曲线. 这里光滑子弧段的凹、凸性改变,指的是此光滑子弧段上点之切线方向角之增、减性的改变.

性质　设 L 的任一光滑子弧段为 l,则:

1) l 只能含有有限多个水平线段.

证:因点从任一水平线段端点沿 l 变到下一个水平线段的端点,l 之切线方向角或者连续地从 0 先增而后再减为 0,(或有几次增、减再为 0),或者连续地从 0 先减而后再增加为 0,(或有几次增、减再为 0),方向角都至少有一次增、减改变. 所以,这样的水平线段,不能有无限多个.

2) l 上只能有有限多个极高、极低点.

因为极高、极低点总是相间地出现的,并且每对比邻的极高、极低点之间,l 都至少会有一次凹、凸性改变,所以,l 上的极高、极低总不能有无限多个,否则 l 就会出现无限多次凹、凸性改变.

同理,还可以证明

1)$'$ l 只能含有有限多个铅垂线段.

2)$'$ l 上只能有有限多个极左、极右点.

3) 若 xy 平面上的多连通的有界闭区域的 Ω^* 边界 $\partial\Omega^*$ 都是常规分段光滑的曲线,则 Ω^* 必可分为有限多个既是 x 型,又是 y 型的区域.(双型区域)

具体分法如下:

过 $\partial\Omega^*$ 每一条边界线 L 的角点作水平直线和铅垂直线,再过 L 的每个光滑弧段所含的水平线段的端点作铅垂直线,并将水平线段无限延长;又再过 L 的每个光滑弧段的铅垂直线的端点作水平直线,并将铅垂线段无限延长;最后,通过光滑弧段上之极高、极低点及极左、极右点作水平直线和铅垂直线. 所有这有限多条直线,可构成包含 Ω^* 的有限多个小矩形,$\partial\Omega^*$ 的边界线,落在任何一个这样的小矩形之内的部份,除了可能是小矩形的部份边界外,就只能是单调向左(或向右)且单调向上(或向下)的斜坡形光滑弧段,因为我们已过所有 $\partial\Omega^*$ 的边界线的极高、极低点和极左、极右点都作了水平线和铅垂线了;Ω^* 就是由其内部的小矩形以及那些只

含有 $\partial\Omega^*$ 边界线上一小段斜坡形的光滑弧线段的有缺损的小矩形所拼成,Ω^* 就被分成了这些有限多个既是 x 型又是 y 型的小区域了.

(2) 设 $\partial\Omega = \{L_0, L_1, \cdots, L_n\}$,其中 L_0 为外边界线,且诸 L_i 都是常规分段光滑曲线. 在 Ω° 内作 Ω^*,使 $\partial\Omega^* = \{L_{0\rho}^*, L_{1\rho}^*, \cdots, L_{n\rho}^*\}$,其中诸边界线都是常规分段光滑曲线,且 $L_{i\rho}^*$ 能逼近 $L_i (i = 0, 1, \cdots, n)$

1) 若各边界线 L_i 都无角点,则当 $\rho <$ 某数 γ 时,其中 2γ 为各 L_i 间之距离,区域 Ω 之最狭宽度以及 Ω 诸边界线上各点处之最大内接圆中最小的那个之直径之最小者,(这 3 个数都 $>$ 0),取 $L_{i\rho}^* = L_{i\rho}, (i = 0, 1, \cdots, n)$,此处 $L_{i\rho}$ 为 L_i 在 Ω 中之 $\rho-$ 平行线,它们都不自交,也不互交,并且 $L_{i\rho}$ 都在 $L_{0\rho}$ 之内部,$(i = 1, \cdots, n)$,这些都可用三角形不等式以反证法加以证明(见图 1).

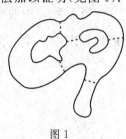

图 1

假如 $L_{i\rho}$ 与 $L_{j\rho}$ 有公共点 K,则自 K 向 L_i, L_j 作垂线,可得垂足 F_i,F_j,于是从 ΔKF_iF_j;可见 $|KF_i| + |KF_i| \geqslant |F_iF_j| > 2\gamma$,即 $\rho + \rho > 2\gamma$,矛盾. 并且这样作出的 $\rho-$ 平行线都是常规分段光滑曲线,这是由于:

$L_{i\rho}$ 之水平线段及铅垂线段和 L_i 之水平线段及铅垂线段是一一对应的,但 L_i 只有有限个水平线段及铅垂线段,$L_{i\rho}$ 也应如此,此外,$L_{i\rho}$ 的点和 L 上的相应点的距离都是 ρ,L_i 只有有限次上、下、左、右振荡,$L_{i\rho}$ 也只能如此,故 $L_{i\rho}$ 是常规分段光滑的曲线.

2) 若 L_i 有角点时:$L_{i\rho}$ 在角点附近可以断开,也可以自交,则我们需要将 $L_{i\rho}$ 在角点附近微调来获得 $L_{i\rho}^*$,它既不断开,也不自交,它上的点到 L_i 的距离不超过 ρ,并且 $L_{i\rho}^*$ 还是一条常规分段光滑曲线.

将点沿着 L_i 之正方向移动通过角点时,点的移动方向会顺时针方向转过一个 $<\pi$ 弧度之角的角点,称为 Ⅰ 型角点;将点沿着 L_i 之正方向移动通过角点时,点的移动方向会逆时针方向转过一个 $<\pi$ 弧度之角的角点,称为 Ⅱ 型角点. 边界线上的 Ⅰ,Ⅱ 型角点如图 2(a) 所示,第 Ⅰ 型角点 $L_{i\rho}$ 会发生断开的现象;第 Ⅱ 型角点附近 $L_{i\rho}$ 会发生自交的现象,对第 Ⅱ 型角点附近只要将 $L_{i\rho}$ 自交后多余的部分删

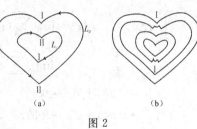

图 2

去,就得 $L_{i\rho}^*$;对 Ⅰ 型角点,则将角点附近 $L_{i\rho}$ 断开的部分,用 M 形曲线连接起来,此 M 形,由角点处长为 ρ 的上半段垂线及以角点为中心,$\dfrac{\rho}{2}$ 为半径之圆弧与两个上半段垂线连成,如图 2(b) 所示、图中两个 Ⅰ 型角点,有两个 M 形曲线将 $L_{i\rho}$ 的断开部分连接了起来成为 $L_{i\rho}^*$.

L_i 有有限多个 Ⅰ 型、Ⅱ 型角点时,用同样的办法,仍可得出常规分段光滑的 $L_{i\rho}^*$ 来,且 $L_{i\rho}^*$ 的点到 L_i 的距离都 $\leqslant \rho$;对 Ω 有有限个洞的情形,也完全类似,只不过有多个洞时,对 ρ 的限制会要它更小些而已.

(3) 作出 Ω° 中的诸 $L_{i\rho}^*$ 所围的区域 Ω^*,由于它的边界线都是常规分段光滑的,故由普通的 Green 定理知,$\displaystyle\int_{\partial\Omega^*} Pdx + Qdy = \int_{\Omega^*} \left(\frac{\partial Q}{\partial x} - \frac{\partial P}{\partial y}\right) d\Omega$.

(4) 证明加强的 Cauchy 定理.

在 $\displaystyle\int_c f(z)dz$ 中,令 $z = x + iy, f(z) = u + iv$,可知

$$\int_c f(z)\mathrm{d}z = \int_c u\,\mathrm{d}x - v\,\mathrm{d}y + i\int_c v\,\mathrm{d}x + u\,\mathrm{d}y$$

再分别考虑它的实虚部分值是什么.

1) 若诸 L_i 均无角点.

此时,$L_{i\rho}^* = L_{i\rho}$,且 L_i 可分成有限多条水平线段,铅垂线段及有限多条斜坡形光滑线段、分别考虑 u 在这些线段 l_i 上的积分

当 l_i 为 L_i 中的铅垂直线段时,$l_{i\rho}$ 也是铅垂直线段,故

$$\int_{l_i} u\,\mathrm{d}x - \int_{l_{i\rho}} u\,\mathrm{d}x = 0 - 0 = 0$$

当 l_i 为 Li 中的水平直线段时,$L_{i\rho}$ 也是水平直线段,我们将 $\int_{l_i} u\,\mathrm{d}x - \int_{L_{i\rho}} u\,\mathrm{d}x$ 写成积分和式的极限来考察,将 l_i 分成 m 个小弧段,要求 $m \to +\infty$ 时,小弧段的最大长度 $\to 0$,且取计值点都是各小段弧之右端点,于是

$$\int_{l_i} u\,\mathrm{d}x - \int_{l_{i\rho}} u\,\mathrm{d}x = \lim_{m \to +\infty}\sum_{j=1}^m (u_l)_j \Delta x_j - \lim_{m \to +\infty}\sum_{j=1}^m (u_{l\rho})_j \Delta x_j$$

(此处 $(u_l)_j$,$(u_{l\rho})_j$ 分别表示 u 在 l_i 上及 u 在 $l_{i\rho}$ 上之第 j 个小弧段之右端点处之值)

它 $\lim\limits_{m \to +\infty}\sum\limits_{j=1}^m [(u_l)_j - (u_{l\rho})_j]\Delta x_j = \lim\limits_{m \to +\infty}\sum\limits_{j=1}^m \rho \Delta x_i = \rho \cdot l_i$ 在 x 轴上之投影大小.

当 $\rho \to 0$ 时,上式 $\to 0$.

当 l_i 为 L_i 中斜坡形光滑小弧段时,也通过积分和式的极限来估计,其中积分和式之作法同上.

$$\int_{l_i} u\,\mathrm{d}x - \int_{l_{i\rho}} u\,\mathrm{d}x = \lim_{m \to +\infty}\sum_{j=1}^m (u_l)_j \Delta x_j - \lim_{m \to +\infty}\sum_{j=1}^m (u_\rho)\Delta x_j = \lim_{m \to +\infty}[(u_l)_j - (u_{l\rho})_j]\Delta x_j =$$

$$\lim_{m \to +\infty}\rho\sum_{j=1}^m \Delta x_j = \rho \lim_{m \to +\infty}\sum_{j=1}^m \Delta x_j = \rho \cdot l_l$$ 在 x 轴上的投影大小.

当 $\rho \to 0$ 时,上式 $\to 0$.

当 $\rho \to 0$ 时,上式 $\to 0$ 的.

因此,当 L_i 无角点时,$\int_{Li} u\,\mathrm{d}x - \int_{Li\rho^*} u\,\mathrm{d}x$ 当 $\rho \to 0$ 时 $\to 0$.

同理,当 L_i 无角点时,$\int_{Li} v\,\mathrm{d}y - \int_{Li\rho^*} v\,\mathrm{d}y$ 当 $\rho \to 0$ 时 $\to 0$.

所以 $\qquad\int_{Li} u\,\mathrm{d}x - v\,\mathrm{d}y - \int_{Li\rho^*} u\,\mathrm{d}x - v\,\mathrm{d}y \to 0$(当 $\rho \to 0$)

所以 $\qquad\sum\limits_{i=0}^n \int_{Li} u\,\mathrm{d}x - v\,\mathrm{d}y - \sum\limits_{i=0}^n \int_{Li\rho^*} u\,\mathrm{d}x - v\,\mathrm{d}y \to 0$(当 $\rho \to 0$)

但 $\qquad\sum\limits_{i=0}^n \int_{Li\rho^*} u\,\mathrm{d}x - v\,\mathrm{d}y = 0$

故 $\quad\int_{\partial\Omega} u\,\mathrm{d}x - v\,\mathrm{d}y = \sum\limits_{i=0}^n \int_{Li} u\,\mathrm{d}x - v\,\mathrm{d}y \to 0$ 当 $\rho \to 0$,而 $\int_{\partial\Omega} u\,\mathrm{d}x - v\,\mathrm{d}y$ 为定数,故必 $\int_{\partial\Omega} u\,\mathrm{d}x - v\,\mathrm{d}y = 0$

同理 $\qquad\qquad\int_{\partial\Omega} v\,\mathrm{d}x + u\,\mathrm{d}y = 0$

此即 Cauchy 定理成立.

2）若某 L_i 有一 Ⅰ 型角点而无 Ⅱ 型角点，此时 $L_{i\rho}{}^* = L_{i\rho} +$ "M" 形线

$$\int_{li} u\,\mathrm{d}x - \int_{Li\rho}{}^* u\,\mathrm{d}x = \int_{Li} u\,\mathrm{d}x - \int_{Li\rho} u\,\mathrm{d}x - \int_{\text{"}M\text{"形线}} u\,\mathrm{d}x$$

但一个"M"形线的长度为

$$2 \cdot \frac{\rho}{2} + \theta \cdot \frac{\rho}{2} \quad (\theta \text{ 为"} M \text{"形线中小圆弧所张角的弧度数})$$

而 u 在 Ω 上连续，$|u|$ 不会超过某数 B，所以

$|\int_M u\,\mathrm{d}x| \leqslant (2 \cdot \frac{\rho}{2} + \theta \cdot \frac{\rho}{2}) \cdot B$，它 $\to 0$，当 $\rho \to 0$ 此 L_i 的其余光滑弧段可以按照 1）中

那样分成各种小光滑弧线 l_i 来证明 $\int_{Li} u\,\mathrm{d}x - \int_{Li\rho} u\,\mathrm{d}x \to 0$（当 $\rho \to 0$）

此式当 L 还有一些 Ⅰ 型角点时，仍然成立，对所有有些 Ⅰ 型角点的 L_i 都是这样处理，即知

$$\sum_{i=0}^{n} \int_{Li} u\,\mathrm{d}x - \sum_{i=0}^{n} \int_{Li\rho}{}^* u\,\mathrm{d}x \to 0 \quad (\text{当 } \rho \to 0)$$

即

$$\int_{\partial\Omega} u\,\mathrm{d}x - \int_{\partial\Omega*} u\,\mathrm{d}x \to 0 \quad (\text{当 } \rho \to 0)$$

同理

$$\int_{\partial\Omega} v\,\mathrm{d}y - \int_{\partial\Omega*} v\,\mathrm{d}y \to 0 \quad (\text{当 } \rho \to 0)$$

所以

$$\int_{\partial\Omega} u\,\mathrm{d}x - v\,\mathrm{d}y - \int_{\partial\Omega*} u\,\mathrm{d}x - v\,\mathrm{d}y \to 0 \quad (\text{当 } \rho \to 0)$$

但 $\int_{\partial\Omega*} u\,\mathrm{d}x - v\,\mathrm{d}y = \int_{\Omega*} (-\frac{\partial v}{\partial x} - \frac{\partial u}{\partial x})\mathrm{d}\Omega = 0$，（由 Cauchy－Riemann 条件）

所以 $\int_{\partial\Omega} u\,\mathrm{d}x - v\,\mathrm{d}y \to 0$，当 $\rho \to 0$，但 $\int_{\partial\Omega} u\,\mathrm{d}x - v\,\mathrm{d}y$ 为定数，故必 $\int_{\partial\Omega} u\,\mathrm{d}x - v\,\mathrm{d}y = 0$

同理，$\int_{\partial\Omega} v\,\mathrm{d}x - u\,\mathrm{d}y = 0$，即此时 Cauchy 定理成立，即所有边界线都有一些 Ⅰ 型角点，但无 Ⅱ 型角点时，Cauchy 定理成立

3）若某 L_i 有一 Ⅱ 型角点，此时 $L_i = L'_i +$ "v" 形曲线（参阅图 2(a)），此处 L_i' 是 $L_{i\rho}$ 的自交点向 L_i 所作垂线之的垂足间的一段弧，它是 2）中所讨论过的曲线

$$\int_{Li} u\,\mathrm{d}x - \int_{L'i\rho}{}^* u\,\mathrm{d}x = \int_{\text{"}v\text{"形线}} u\,\mathrm{d}x + \int_{L'i} u\,\mathrm{d}x - \int_{L'i\rho}{}^* u\,\mathrm{d}x$$

我们用极限的定义表证明上式右端的极限是 0.

对任 $\varepsilon > 0$，由于 $|u| \leqslant B$，故

$$\left| \int_{\text{"}v\text{"形线}} u\,\mathrm{d}x \right| \leqslant B \cdot \text{"}v\text{" 形线的长度}$$

只要"v"形线的长度 $< \frac{1}{B} \cdot \frac{\varepsilon}{2}$，就可得

$$\left| \int_{\text{"}v\text{形线"}} u\,\mathrm{d}x \right| < \frac{\varepsilon}{2}$$

因 $\rho \to 0$ 时，$L_{i\rho}$ 的自交点向 L_i 所作垂线的垂足是 $\to$ 角点，故可有 L'_i，使 v 形线的长度 $<$

$\frac{1}{B} \cdot \frac{\varepsilon}{2}$ 就对此 L'_i 根据 2）知，$\rho \to 0$ 时，有

$$\int_{L'_i} u\mathrm{d}x - \int_{L'_{ip}*} u\mathrm{d}x \to 0$$

故知有正数 δ，当 $0 < \rho < \delta$ 时，有

$$\left| \int_{L'_i} u\mathrm{d}x - \int_{L'_{ip}*} u\mathrm{d}x \right| < \frac{\varepsilon}{2}$$

因此，当 $0 < \rho < \delta$ 时，有

$$\left| \int_{\text{"v形线"}} u\mathrm{d}x + \int_{L'_i} u\mathrm{d}x - \int_{L'_{ip}*} u\mathrm{d}x \right| \leqslant \left| \int_{L形线} u\mathrm{d}x \right| + \left| \int_{L'_i} u\mathrm{d}x - \int_{L'_{ip}*} u\mathrm{d}x \right| \leqslant \frac{\varepsilon}{2} + \frac{\varepsilon}{2} = \varepsilon$$

即 $\rho \to 0$ 时 $\int_{Li} u\mathrm{d}x - \int_{L'_{ip}*} u\mathrm{d}x \to 0$

同理可证 $\int_{Li} v\mathrm{d}y - \int_{L'_{ip}*} v\mathrm{d}y$ 当 $\rho \to 0$ 时，上式 $\to 0$

所以 $\sum \int_{Li} u\mathrm{d}x - v\mathrm{d}y - \sum \int_{L'_{ip}*} u\mathrm{d}x - v\mathrm{d}y$ 当 $\rho \to 0$ 时，上式 $\to 0$

即 $\int_{\partial\Omega} u\mathrm{d}x - v\mathrm{d}y - \int_{\partial\Omega'*} u\mathrm{d}x - v\mathrm{d}y \to 0$ 此处 $\partial\Omega'*$ 为 Ω° 中以 L'^*_{ip} 为边界线的区域

但 $\int_{\partial\Omega'*} u\mathrm{d}x - v\mathrm{d}y = \int_{\Omega*} (-\frac{\partial v}{\partial x} - \frac{\partial u}{\partial y})\mathrm{d}\Omega = 0$（由 Cauchy-Riemann 条件）

所以 $\int_{\partial\Omega} u\mathrm{d}x - v\mathrm{d}y \to 0$，但 $\int_{\partial\Omega} u\mathrm{d}x - v\mathrm{d}y$ 是定数，故必 $\int_{\partial\Omega} u\mathrm{d}x - v\mathrm{d}y = 0$

对某 L_i 上有几个 Ⅱ 型角点，或者有些 L_i 上都有几个 Ⅱ 型角点，显然可同样证明 $\int_{\partial\Omega} u\mathrm{d}x - v\mathrm{d}y = 0$。

同理，还可证明 $\int_{\partial\Omega} v\mathrm{d}x - u\mathrm{d}y = 0$。

所以，对有些 L_i 都有些 Ⅱ 型角点时，$\int_{\partial\Omega} u\mathrm{d}x - v\mathrm{d}y$ 及 $\int_{\partial\Omega} v\mathrm{d}x - u\mathrm{d}y$ 都为 0. 即 Cauchy 定理在边界线最为一般的情形下也成立（当然要求边界线都常规分段光滑）

参考文献：

[1] 孙家永. Stokes 公式成立的一般条件.

30. 解析元及反解析元

孙家永   完稿于 2009 年 10 月

摘   要   本文证明了任何不是常数的解析元,必有一反解析元,从而就有相应的完全解析函数及反完全解析函数.

关键词   解析元,完全解析函数,反解析元,反完全解析函数.

我们把一个能在 $|z-z_0|<\varepsilon$ 上收敛的幂级数 $\sum\limits_{n=0}^{+\infty} a_u(z-z_0)^n$ 之和 $f(z)$ 称为一个解析元,由于 $\sum\limits_{n=0}^{+\infty} a_u(z-z_0)^n$ 及其逐项求导而得的幂级数,在 $|z-z_0|\leqslant\varepsilon'<\varepsilon$ 上都绝对一致收敛,故知 $f(z)=\sum\limits_{n=0}^{+\infty} a_u(z-z_0)^n$,$f'(z)=\sum\limits_{n=0}^{+\infty} na_n(z-z_0)^{n-1}$,且 $f(z)$,$f'(z)$ 都在 $|z-z_0|\leqslant\varepsilon'$ 上连续,所以解析元 $f(z)$ 必在 $|z-z_0|\leqslant\varepsilon'$ 上有连续的 $f'(z)$,但 Cauchy 已经证明:若在 z_0 的邻域上 $f(z)$ 有连续的导数,则 $f(z)$ 必可在 z_0 之邻域上展成 $z-z_0$ 的幂级数,所以 $f(z)$ 在 z_0 之邻域上展成 $z-z_0$ 的幂级数之和与 $f(z)$ 在 z_0 的邻域上有连续的导数是等价的.因此,也可把解析元说成是一个在 x_0 的邻域上有连续导数的复变函数 $f(z)$.

一个解析元经解析延拓后,可将其定义域延拓至最大,我们把这个定义域最大的解析函数称为完全解析函数,每个解析元都有唯一相应的完全解析函数.

定理   若 $f(z)$ 为一非常数的解析元,则必有某 z^*,它相应一点 $w^*=f(z^*)$,而在 w^* 的某个邻域上有一解析元 $\varphi(w)$ 能使得此邻域上,$\varphi(w)=z$

证   由于 $f(z)$ 非常数,故 $f'(z)$ 不能恒为 0,所以,有某 z^*,使 $f'(z^*)\neq 0$,下面再通过实变函数来证明定理中之 $\varphi(w)$ 存在.

设 $z=x+iy$,$f(z)=u(x,y)+iv(x,y)$,$w=s+it$,于是 $s=u(x,y)$,$t=v(x,y)$,且 $z^*=x^*+iy^*$,所相应之点 $w^*=s^*+it^*$,即有方程组 $u(x,y)-s=0$,$v(x,y)-t=0$,(x^*,y^*,s^*,t^*) 为其图形上一点,在此点处,$\begin{vmatrix} u'_x(x,y) & v'_x(x,y) \\ u'_y(x,y) & v'_y(x,y) \end{vmatrix}\neq 0$,否则,由 Cauchy-Riemann 条件,在此点处,$u'_x(x,y)v'_y(x,y)-u'_y(x,y)v'_x(x,y)=[u'_x(x,y)]^2+[u'_y(x,y)]^2=[v'_y(x,y)]^2+[v'_x(x,y)]^2=0$,这就是在此点处,$u'_x$,$u'_y$,$v'_x$,$v'$ 都为 0 与 $f'(z^*)\neq 0$ 矛盾,从而由隐函数定理,知由此方程组可在 (s^*,t^*) 的某个邻域上确定唯一的一组有连续偏导数的隐函数组 $x=x(s,t)$,$y=y(s,t)$,它满足 $s=x(s,t)$,$t=y(s,t)$ 且 $s^*=u(x(s^*,t^*)$,$v(x^*,y^*))$,$t^*=v(x(s^*,t^*),y(s^*,t^*))$.

将两个方程都对 s 求偏导数,得

$$1=u'_x x'_s+u'_y y'_s,\quad 0=v'_x x'_s+v'_y y'_s$$

解之得

$$x'_s = \frac{v'_y}{J}, \quad y'_s = \frac{-v'_x}{J}$$

此处 $J = \begin{vmatrix} u'_x & u'_y \\ v'_x & v'_y \end{vmatrix} \neq 0$,在可能较小些的 (s^*, t^*) 的邻域上.

将两个方程都对 t 求偏导数,得

$$0 = u'_x x'_t + u'_y y'_t, \quad 1 = v'_x x'_t + v'_y y'_t$$

解之得

$$x'_t = \frac{-u'_y}{J}, \quad y'_t = \frac{u'_x}{J}$$

故 $x(s,t), y(s,t)$ 在可能较小些的 (s^*, t^*) 的邻域上,不仅有连续偏导数且满足 Cauchy-Riemann 条件,因此,$x(s,t) + iy(s,t) = \varphi(w)$ 在 w^* 之一个邻域上有连续导数,并且 $s + it = x(s,t) + iy(s,t)$,所以,$\varphi(w) = z$.

定理已证明完毕,定理中之 $\varphi(w)$ 称为原解析元之反解析元.

参考文献:

[1] М. А. 拉甫伦捷夫,Б. А. 沙巴特. 复变函数论方法. 北京:高等教育出版社,1956.

[2] А. И. 马库什维奇. 解析函数论. 北京:高等教育出版社,1956.

[3] 孙家永. 高等数学. 高等数学研究,2005.

31. Riemann 面的定义及其主要性质和作用

孙家永　　完稿于 2009 年 10 月

摘　要　本文将 Riemann 面定义为完全解析函数之定义域,并在此基础上讨论了它的一些主要性质和作用.首先指出了:恒等关系持续性,双向保角映射性,可推广至 Riemann 面,且 Riemann 面可很复杂.

关键词　Riemann 面,复圆盘构成的流形,支点.

文献中从不给出 Riemann 面的定义,而只就一些例子来谈论它的性质和作用,这不能不说是一种疏漏和缺憾,作者将 Riemann 面正式定义为完全解析函数的定义域,从此出发来讨论它的性质和作用,显得更为合理和明确,下面只举出 Riemann 面一般都有的性质和作用来谈谈:

(1)Riemann 面是一个由复圆盘构成的流形,是一个开连接集,流形上的每一点都有它的复坐标.

(2)复圆盘构成的流形未必仅限于复平面上的区域,例如,$w=e^z$ 的反函数就是这样:

设 $w=\mu e^{i\varphi}$,$z=x+iy$,于是得

$$\mu e^{i\varphi}=e^{x+iy}$$

所以

$$\mu=e^x,\quad \varphi=y$$

故

$$x=\ln\mu=\ln|w|,\quad y=\varphi=\arg w$$

$z=\ln|w|+i\arg w$ 为 $w=e^z$ 之反完全解析函数.

e^z 之 Riemann 面为整个有限复平面,它有一边界点 ∞.

$\ln|w|+i\arg w$ 之 Riemann 面为一以 0 及 ∞ 为边界点之"多层"平面.

所以,Riemann 面的引进,已将解析函数之定义域扩展到"多层"的复平面了.

(3)Riemann 面之边界点除了非孤立奇点外,还有些孤立奇点,它们是极点、本性奇点及支点.

极点和本性奇点都有一个净邻域,使解析函数在其上能确定,而后再根据函数在此点之极限为 ∞ 或不存在来检定,而支点则不能有净邻域,使解析函数在其上能确定,如 $\ln z=\ln|z|+i\arg z$ 之 Riemann 面之边界点 0 及 ∞ 就是这样的点,对一般的完全解析函数 $f(z)$ 之 Riemann 面的边界点 z_0,我们定义它是该 Riemann 面的支点如下:

若 $f(z)$ 不能在 z_0 的净邻域上确定,但能在 z_0 之邻近确定,则称 z_0 为此 Riemann 面之支

点,解析函数在支点的极限可以为一有限数或∞也可以不存在.

（4）Riemann 面上可定义路径、区域,从而可以把通常在复平面上对解析函数之讨论推广到一般完全解析函数之 Riemann 面上去.

（5）若解析函数 $f(z)$ 在局部有密集点之集合上为 0,则 $f(z)\equiv0$,例如实变数的初等函数之解析式$\equiv0$,则相应复变数之解析式也$\equiv0$.

（6）若 $w=f(z)$,$f(z)$ 为非常数之完全解析函数,则此函数之反完全解析函数 $\varphi(w)$ 必存在[4],而它的 Riemann 面和 $f(z)$ 的 Riemann 面是保角映射的,这样就可把保角映射的概念推广到 Riemann 面上去.

（7）Riemann 面的整体几何构造可以很复杂,有些情况下,点绕其支点转动一圈或若干圈后都未必有相同的复坐标,即 Riemann 面未必是每一层都有重叠复坐标的"多层"复平面构成或隔若干层后会有重叠复坐标的复平面出现的有限几层复平面所构成的,如 $z^{\sqrt{2}}$ 就是如此,但上面（1）—（6）所举的一些性质和作用却是一般 Riemann 面都会有的.

参考文献：

[1]М. А. 拉甫伦捷夫,Б. А. 沙巴特. 复变函数论方法. 北京：高等教育出版社,1956.

[2]А. И. 马库什维奇. 解析函数论. 北京：高等教育出版社,1956.

[3]孙家永. 解析元及反解析元.

32. 关于 $(\sqrt{z})^2$ 之 Riemann 面的一点注释

孙家永 完稿于 2009 年 10 月

摘　要　本文指出 $(\sqrt{z})^2$ 之 Riemann 面应是原点处有洞的有限复平面,纠正了一些错误的说法.

关键词　Riemann 面.

$(\sqrt{z})^2$ 之 Riemann 面是什么? 这虽是一个简单的问题,但由于以前对 Riemann 面没有给出明确定义,所以它的答案往往是众说纷纭,莫衷一是.作者曾在参考文献[1]中,将任一解析元之 Riemann 面定义为其完全解析函数的定义域,可以对此问题,作如下回答:

$(\sqrt{z})^2$ 是由 $\zeta = \sqrt{z}$,$w = \zeta^2$ 复合而成的函数.

由于在正实数轴上 $(\sqrt{z})^2 = z$,所以 $(\sqrt{z})^2$ 之完全解析函数,似乎就是 z,它的定义域应该就是除去 ∞ 的复平面,但 $(\sqrt{z})^2$ 作为复合函数,只能在 $\sqrt{z}$ 之 Riemann 面上确定,它是不含支点 0 及 ∞ 的,所以 $(\sqrt{z})^2$ 只能在除了 0 和 ∞ 外之复平面上和 z 一样,它的定义域是除了 0 和 ∞ 的复平面,这就是 $(\sqrt{z})^2$ 之 Riemann 面.它比函数 z 的 Riemann 面少了一个原点.

参考文献:

[1]孙家永.Riemann 面的定义及其主要性质和作用.

33. 极坐标概念的推广

孙家永　完稿于 2010 年 5 月

摘 要 本文定义了 n 维空间的极坐标,并且举了两个例子,说明在解决一些只与向径有关的问题时,用极坐标往往比较方便.并且每个例子后面都作了一些有益的说明.

关键词 极坐标.

人们通常将球面坐标看成极坐标在 3 维空间里的推广,这种看法有它的好处:一是球面坐标系和极坐标系一样,也是正交坐标系;二是球面坐标系融合了人类在航海、天文方面获得的经、纬度概念,但是球面坐标通常依赖于 3 维空间里的直观来获得,并且这种坐标不匀称,因此,难于将它推广到更高维的空间去,以致高维空间里点的坐标通常只用直角坐标一种,这总令人感到有些遗憾.

本文将 n 维空间里点的极坐标 $r,\theta_1,\cdots,\theta_n$ 通过点的直角坐标 $x_1,x_2,\cdots,x_n$,$1-1$ 对应地确定如下:(除了原点之外)

$$x_1 = r\cos\theta_1 \qquad\qquad r = \sqrt{x_1^2 + x_2^2 + \cdots + x_n^2}$$

$$x_2 = r\cos\theta_2 \qquad\qquad \theta_1 = \cos^{-1}\frac{x_1}{r}$$

$$\cdots\cdots \qquad\qquad\qquad \cdots\cdots$$

$$x_n = r\cos\theta_n \qquad\qquad \theta_n = \cos^{-1}\frac{x_n}{r}$$

由于 $\cos^2\theta_1 + \cdots + \cos^2\theta_n = 1$,$\theta_1,\cdots,\theta_n$ 并不独立,但这无碍于我们使用极坐标.对空间里只与向径 $\vec{r} = x_1\vec{i_1} + \cdots + x_n\vec{i_n}$ 有关的问题,使用极坐标,往往能较方便地予以解决.请看二个例子.

例 1 求 n 维空间里,一个中心在原点,半径为 r 的球体 $V_n(r)$ 之体积 $|V_n(r)|$.

解 [1]中载有 n 维空间里,中心在原点,半径为 r 的球面 $S_n(r)$ 之面积 $|S_n(r)|$ 的公式:

$$|S_n(r)| = \frac{2\pi^{\frac{n}{2}}}{\Gamma\left(\frac{n}{2}\right)}r^{n-1}$$

故用微元法,即可得到:

$$|V_n(r)| = \int_0^r |S_n(r)|\,\mathrm{d}r = \int_0^r \frac{2\pi^{\frac{n}{2}}}{\Gamma\left(\frac{n}{2}\right)}r^{n-1}\,\mathrm{d}r = \frac{2\pi^{\frac{n}{2}}}{n\Gamma\left(\frac{n}{2}\right)}r^n$$

但参考文献[1]中把球面"面积"说成了球面"体积",并且在 $|S_n(r)|$ 的公式中有重大印刷错误,这里将它作了改正;作者认为球体应有体积(参考文献[1]中未载),并在这里作了补充.(这里的记号与参考文献[1]略有不同)

例 2 求 $\Delta u = 0$ 之只依赖于 r 的解 $u = u(r)$(此处 Δ 为 n 维空间的 Laplace 算子($n \geqslant 3$))

由于

$$\frac{\partial u}{\partial x_i} = \frac{\mathrm{d}u}{\mathrm{d}r} \frac{\partial r}{\partial x_i} = \frac{\mathrm{d}u}{\mathrm{d}r} \frac{x_i}{r}, \frac{\partial^2 u}{\partial x_i^2} = \frac{\mathrm{d}^2 u}{\mathrm{d}r^2}(\frac{x_i}{r})^2 + \frac{\mathrm{d}u}{\mathrm{d}r} \frac{\mathrm{d}}{\mathrm{d}r}\left(\frac{x_i}{r}\right) = \frac{\mathrm{d}^2 u}{\mathrm{d}r^2} \frac{x_i^2}{r^2} + \frac{\mathrm{d}u}{\mathrm{d}r} \frac{r^2 - x_i^2}{r^3}$$

所以

$$\Delta u = \frac{\mathrm{d}^2 u}{\mathrm{d}r^2} + \frac{n-1}{r} \frac{\mathrm{d}u}{\mathrm{d}r}$$

从而原方程成为

$$r^2 \frac{\mathrm{d}^2 u}{\mathrm{d}r^2} + (n-1)r \frac{\mathrm{d}u}{\mathrm{d}r} = 0$$

这是一个 Euler 方程,其相应齐次方程有基本解组 1 及 r^{2-n},我们称 r^{2-n} 为 $\Delta u = 0$ 之基本解.

这里有一点要注意的,就是 Euler 方程之求解是用试探法求 r^{α} 之 α 所应适合之特征方程之根来获得的.

当 $n=2$ 时,α 之特征方程有重根,相应的基本解组为 $1, \ln r$,我们称 $\ln r$ 为 $\Delta u = 0$ 之基本解.

参考文献:

[1] 编译委员会.数字百科全书.北京:科学出版社,1994.

34. 高维空间的球面坐标及其应用

孙家永　　完稿于 2010 年 6 月

摘　　要　　本文引进了高维空间的球面坐标系,并利用它求出高维空间球体的体积及球面的面积.

关键词　　球面坐标,广义 Lame' 系数,B 函数,Γ 函数.

先用递推法引进 n 维空间的球面坐标系.

设 n 维空间中($n \geqslant 3$)点的直角坐标为$(x_1, x_2, \cdots, x_n)$,球面坐标为$(r, \theta_n, \cdots, \theta_2^*)$,两者的对应规律如下:

$n = 3$ 时,

$$x_1 = r\sin\theta_3\cos\theta_2^*, \quad x_2 = r\sin\theta_3\sin\theta_2^*, \quad x_3 = r\cos\theta_3$$

这里,r 的变化范围为$[0, +\infty)$,不加"*"号的 θ_3 之变化范围为$[0, \pi]$,加"*"号的 θ_2^* 之变化范围为$[0, 2\pi]$,在 $x_1^2 + x_2^2 + x_3^2 = r^2 (r > 0)$ 的球面上,不仅由 r, θ_3, θ_2^* 可唯一确定 x_1, x_2, x_3 且这种对应规律是 1 对 1 的(除了 $\theta_3 = 0, \pi$ 及 $\theta_2^* = 0, 2\pi, x_1, x_2, x_3$ 有重复值外),因为这时 r, θ_3, θ_2^* 其实就是球面坐标,只是记号与通常的有些不同而已.

$n = 4$ 时,将上面的 x_1, x_2, x_3 中的 r 都换成 $r\sin\theta_4$,再添上一个 $x_4 = r\cos\theta_4$,就得

$x_1 = r\sin\theta_4\sin\theta_3\cos\theta_2^*, x_2 = r\sin\theta_4\sin\theta_3\sin\theta_2^*, x_3 = r\sin\theta_4\cos\theta_3, x_4 = r\cos\theta_4$ 这里的 r 之变化范围仍是$[0, +\infty)$,无"*"号的 θ_4、θ_3 的变化变化范围仍是$[0, \pi]$,θ_2^* 的变化范围也仍是$[0, 2\pi]$,当 $x_1^2 + x_2^2 + x_3^2 + x_4^2 = r^2 (r > 0)$ 时,x_1, x_2, x_3, x_4 与 $r, \theta_4, \theta_3, \theta_2^*$ 的对应仍是 1 对 1 的,因为不仅由 $r, \theta_4, \theta_3, \theta_2^*$ 之值可唯一确定 x_1, x_2, x_3, x_4,且由 x_1, x_2, x_3, x_4 也可唯一确定 r, θ_4,θ_3, θ_2^*,因为这时 $\theta_4 = \cos^{-1}\dfrac{x_4}{r}$,且从 $x_1 = r\sin\theta_4\sin\theta_3\cos\theta_2^*, x_2 = r\sin\theta_4\sin\theta_3\sin\theta_2^*, x_3 = r\sin\theta_4\sin\theta_3$,即知 x_1, x_2, x_3 是 $x_1^2 + x_2^2 + x_3^2 = (r\sin\theta_4)^2$ 上之点,且与 x_1, x_2, x_3 也能一一对应的(除了 $\theta_4, \theta_3 = 0, \pi$ 及 $\theta_2^* = 0, 2\pi$ 有重复值之外). 这就是直角坐标与球面坐标的相应规律.

$n = 5$ 时,要得出直角坐标与球面坐标的相应规律,可摹仿从 $n = 3$ 的情形递推出 $n = 4$ 的情形那样的规律来完成:

在 $n = 5$ 时,将上面已得的 $n = 4$ 时直角坐标与球面坐标的关系式中,所有的 r 都换成 $r\sin\theta_5$,再添上一个 $x_5 = r\cos\theta_5$,就得

$$x_1 = r\sin\theta_5\sin\theta_4\sin\theta_3\cos\theta_2^*, x_2 = r\sin\theta_5\sin\theta_4\sin\theta_3\sin\theta_2^*, x_3 = r\sin\theta_5\sin\theta_4\cos\theta_3, x_4 = r\sin\theta_5\cos\theta_4, x_5 = r\cos\theta_5.$$

由于这样得出的 $x_1, \cdots, x_5$ 与 $r, \theta_5, \theta_4, \theta_3, \theta_2^*$ 基本上是一一对应的(除了 $\theta_5, \theta_4, \theta_3 = 0, \pi$ 及 $\theta_2^* = 0, 2\pi$ 外),这也就是直角坐标与球面坐标的相应规律. 依此类推,不难得到直角坐标 $x_1, x_2, \cdots, x_n$ 与球面坐标 $r, \theta_n, \cdots, \theta_3, \theta_2^*$ 的相应规律.

不仅如此,把 $r, \theta_n, \cdots, \theta_2^*$ 中只有 r 变动,θ_n 变动,$\cdots$,θ_2^* 变动的点的轨迹叫作 r 坐标线,θ_n

坐标线, $\cdots$, θ_2^* 坐标线, 简称 r 线, θ_n 线, $\cdots$, θ_2^* 线, 这些线还都是正交的.

例如, 对 $n=4$ 的情形, 有

r 线是由原点发出的半射线, θ_4 , θ_3 , θ_2^* 线都是 r 为半径, 中心为原点的球面上的一些曲线, 所以 r 线与 θ_4 , θ_3 , θ_2^* 线正交是不成问题的, 至于 θ_4 线, θ_3 线正交; θ_4 线, θ_2^* 线正交; θ_3 线, θ_2^* 线正交, 可通过验证如下:

在任一点处, 有

r 线的切向量的分量表示为 $(\sin\theta_4\sin\theta_3\cos\theta_2^*, \sin\theta_4\sin\theta_3\sin\theta_2^*, \sin\theta_4\cos\theta_3, \cos\theta_4)$

θ_4 线的为 $(r\cos\theta_4\sin\theta_3\cos\theta_2^*, r\cos\theta_4\sin\theta_3\sin\theta_2^*, r\cos\theta_4\cos\theta_3, -r\sin\theta_4)$

θ_3 线的为 $(r\sin\theta_4\cos\theta_3\cos\theta_2^*, r\sin\theta_4\cos\theta_3\sin\theta_2^*, -r\sin\theta_4\sin\theta_3, 0)$

θ_2^* 线的为 $(-r\sin\theta_4\sin\theta_3\sin\theta_2^*, r\sin\theta_4\sin\theta_3\cos\theta_2^*, 0, 0)$

于是, 在任一点处,

θ_4 线与 θ_3 线之切向量的点积为

$$r^2\cos\theta_4\sin\theta_4\sin\theta_3\cos\theta_3\cos^2\theta_2^* + r^2\cos\theta_4\sin\theta_4\sin\theta_3\cos\theta_3\sin^2\theta_2^* - r^2\cos\theta_4\sin\theta_4\cos\theta_3\sin\theta_3 = 0$$

θ_4 线与 θ_2^* 线之切向量的点积为

$$-r^2\cos\theta_4\sin\theta_4\sin^2\theta_3\cos\theta_2^*\sin\theta_2^* + r^2\cos\theta_4\sin\theta_4\sin^2\theta_3\sin\theta_2^*\cos\theta_2^* = 0$$

θ_5 线与 θ_2^* 线之切向量的点积为

$$-r^2\sin^2\theta_4\cos\theta_3\sin\theta_3\cos\theta_2^* + r^2\sin^2\theta_4\cos\theta_3\sin\theta_2^*\cos\theta_2^* = 0$$

对于 $n>4$ 的情形, 可同样验证.

这样就不用直观描述而得出的高维空间的球面坐标并知道它是正交坐标系.

下面我们通过 n 维空间的球面坐标来计算 n 维空间里, 一个中心在原点, 半径为 r 的球体 $V_n(r) = \{(x_1, \cdots, x_n) \mid x_1^2 + \cdots x_n^2 \leqslant r^2\}$ 的体积 $\mid V_n(r) \mid$ 及中心在原点, 半径为 r 的球面 $S_n(r) = \{(x_1, \cdots, x_n) \mid x_1^2 + \cdots + x_n^2 = r^2\}$ 的面积 $\mid S_n(r) \mid$.

先根据递推规律, 写出 n 维空间点之直角坐标与球面坐标之对应关系:

$$x_n = r\cos\theta_n, x_{n-1} = r\sin\theta_n\cos\theta_{n-1}, x_{n-2} = r\sin\theta_n\sin\theta_{n-1}\cos\theta_{n-2}, x_{n-3} =$$
$$r\sin\theta_n\sin\theta_{n-1}\sin\theta_{n-2}\cos\theta_{n-3}, \cdots, x_3 = r\sin\theta_n\sin\theta_{n-1}\cdots\sin\theta_4\cos\theta_3, x_2 =$$
$$r\sin\theta_n\sin\theta_{n-1}\cdots\sin\theta_3\sin\theta_2^*, x_1 = r\sin\theta_n\sin_{n-1}\cdots\sin\theta_3\cos\theta_2^*$$

再求出广义 Lame' 系数及以各坐标线为棱分成之体积微元 dV, 即

$$L_r = \left\{ \sum\left(\frac{\partial x_i}{\partial r}\right)^2 \right\}^{\frac{1}{2}} = 1, L_{\theta_n} = \left\{ \sum\left(\frac{\partial x_i}{\partial \theta_n}\right)^2 \right\}^{\frac{1}{2}} = r$$

$$L_{\theta_{n-1}} = \left\{ \sum\left(\frac{\partial x_i}{\partial \theta_{n-1}}\right)^2 \right\}^{\frac{1}{2}} = r\sin\theta_n,$$

$$L_{\theta_{n-2}} = \left\{ \sum\left(\frac{\partial x_i}{\partial \theta_{n-2}}\right)^2 \right\}^{\frac{1}{2}} = r\sin\theta_n\sin\theta_{n-1}$$

$\cdots$

$$L_{\theta_2^*} = \left\{ \sum\left(\frac{\partial x_i}{\partial \theta_2^*}\right)^2 \right\}^{\frac{1}{2}} = r\sin\theta_n\sin\theta_{n-1}\cdots\sin\theta_3,$$

$$dV = L_r dr L_{\theta_n} d\theta_n \cdots L_{\theta_2^*} d\theta_2^* = r^{n-1}\sin^{n-1}\theta_n\sin^{n-3}\theta_{n-1}\cdots\sin\theta_3 dr d\theta_n d\theta_{n-1}\cdots d\theta_2^*$$

(Lame' 原来只是对 3 维空间的正交坐标系提出了 Lame' 系数及 dV 公式, 但是这种系数和公式, 对高维空间的正交坐标系也适用).

所以（因为 $\theta_n, \theta_{n-1}, \cdots, \theta_3 = 0, \pi$ 及 $\theta_2^* = 0, 2\pi$ 时，$x_1, \cdots, x_n$ 有重复值并无影响）

$$|V_n(r)| = \int_0^r \int_0^\pi \cdots \int_0^\pi \int_0^{2\pi} r^{n-1} \sin^{n-2}\theta_n \sin^{n-3}\theta_{n-1} \cdots \sin^2\theta_4 \sin\theta_3 \, dr d\theta_n \cdots d\theta_2^* =$$

$$\frac{r^n}{n} \int_0^{\frac{\pi}{2}} 2\sin^{n-2}\theta_n d\theta_n \cdots \int_0^{\frac{\pi}{2}} 2\sin^2\theta_4 d\theta_4 \int_0^{\frac{\pi}{2}} 2\sin\theta_3 d\theta_3 \int_0^{2\pi} d\theta_2^*$$

在前面的对 θ_n 直到对 θ_4 的 $n-3$ 个积分中分别都用 $\cos^2\theta_w = t, \cdots, \cos^2\theta_4 = t$ 作代换，得

$$|V_n(r)| = \frac{r^n}{n} \int_0^1 t^{-\frac{1}{2}} (1-t)^{\frac{n-1}{2}-1} dt \int_0^1 t^{-\frac{1}{2}} (1-t)^{\frac{n-2}{2}-1} dt \cdots \int_0^1 t^{-\frac{1}{2}} (1-t)^{\frac{3}{2}-1} dt \int_0^{\frac{\pi}{2}} 2\sin\theta_3 d\theta_3 \int_0^{2\pi} d\theta_2^* =$$

$$\frac{r^n}{n} B\left(\frac{1}{2}, \frac{n-1}{2}\right) B\left(\frac{1}{2}, \frac{n-2}{2}\right) \cdots B\left(\frac{1}{2}, \frac{3}{2}\right) \times 2 \times 2\pi =$$

$$\frac{r^n}{n} \frac{\Gamma(\frac{1}{2})\Gamma(\frac{(n-1)}{2})}{\Gamma(\frac{n}{2})} \frac{\Gamma(\frac{1}{2})\Gamma(\frac{(n-2)}{2})}{\Gamma(\frac{(n-1)}{2})} \cdots \frac{\Gamma(\frac{1}{2})\Gamma(\frac{3}{2})}{\Gamma(2)} \times 2 \times 2\pi =$$

$$\frac{r^n}{n} \frac{\left[\Gamma(\frac{1}{2})\right]^{n-3}}{\Gamma(\frac{n}{2})} \Gamma\left(\frac{3}{2}\right) \times 2 \times 2\pi = \frac{r^n}{n} \frac{\left[\Gamma(\frac{1}{2})\right]^{n-3}}{\Gamma(\frac{n}{2})} \times \frac{\Gamma(\frac{1}{2})}{2} \times 2 \times 2\pi =$$

$$\frac{2\pi^{\frac{n}{2}}}{n\Gamma(\frac{n}{2})} r^n \quad \left(\text{因 } \Gamma\left(\frac{1}{2}\right) = \sqrt{\pi}, \Gamma\left(\frac{3}{2}\right) = \Gamma\left(\frac{1}{2}\right)/2\right)$$

由于

$$|V_n(r)| = \int_0^r |S_n(r)| \, dr$$

所以

$$|S_n(r)| = |V_n(r)|' = \frac{2\pi^{n/2}}{\Gamma(n/2)} r^{n-1}$$

作者为了想亲手计算一下，前人是怎么获得 $|S_n(r)|$ 的，并核实一下，是否确有 $|V_n(r)|$ 如参考文献[2]所示. 没想到搞了一个高维空间的球面坐标系，很快就把结果都明白无误地算出来了.

参考文献：

[1] 孙家永. 极坐标概念的推广.

35. 调和函数的平均值性质
可推广到高维球体

孙家永　　完稿于 2010 年 7 月

摘　要　本文将调和函数的平均值性质推广到高维球体,并给出了解的基本积分表示式.

关键词　调和函数,Green 公式,平均值性质,解的基本积分表示式.

本文以 $V_n(R)$ 表示 n 维空间中的球体,以 $S_n(R)$ 表示它的外表面.

求解 Laplace 方程时,Green 公式起着重要的作用,而将 Green 公式推广到高维空间去,存在着高维空间里描述区域表面使 Gauss 公式能用的困难,但是将高维空间的区域限定为高维球体,就遇不到这样的困难,下面就在这样的区域上考虑 Green 公式.

我们有

$$\int_{V_n(R)} u\Delta v \, dV = \int_{S_n(R)} u\frac{\partial v}{\partial n} dS - \int_{V_n(R)} \nabla u \cdot \nabla v \, dV \quad (\text{Green 公式 I})$$

交换 u,v 之后,得

$$\int_{V_n(R)} v\Delta u \, dV = \int_{S_n(R)} v\frac{\partial u}{\partial n} dS - \int_{V_n(R)} \nabla v \cdot \nabla u \, dV$$

两式相减,得

$$\int_{V_n(R)} (u\Delta v - v\Delta u) \, dV = \int_{S_n(R)} \left(u\frac{\partial v}{\partial n} - v\frac{\partial u}{\partial n} \right) dS \quad (\text{Green 公式 II})$$

这两个公式对于 n 维空间里的任何球体及球面都能成立,不一定非 $V_n(R)$ 及 $S_n(R)$ 不可,并且在 $V_n(R)$ 内挖去一小球的区域上也能用.

为了得到 $V_n(R)$ 内任一点 P_0 处调和函数 u 之基本积分表示式,我们要用到 n 维空间里 $\Delta u = 0$ 之基本解,它就是 $\frac{1}{r^{n-2}}$,它在 $r=0$ 有奇性(此处 r 为 P 之向径之长度 $|\overrightarrow{OP}|$),将 $\frac{1}{r^{n-2}}$ 换成 $\frac{1}{r_0^{n-2}}$,则它在 $r_0=0$ 处有奇性.(此处 r_0 为 P_0 之向径之长度 $|\overrightarrow{OP_0}|$).在 Green 公式 II 中以 $v=\frac{1}{r_0^{n-2}}$ 代入,得

$$\int_{V_n(R)\setminus V(\varepsilon)} \left[u\Delta\left(\frac{1}{r_o^{n-2}}\right) - \frac{1}{r_o^{n-2}}\Delta u \right] dV = \int_{S_n(R)} \left[u\frac{\partial}{\partial n}\left(\frac{1}{r_0^{n-2}}\right) - \frac{1}{r_0^{n-2}}\frac{\partial u}{\partial n} \right] dS$$

或即

$$\lim_{\varepsilon \to 0}\int_{V_n(R)\setminus V}(\varepsilon)\left[u\Delta\left(\frac{1}{r_0^{n-2}}\right) - \frac{1}{r_0^{n-2}}\Delta u \right] dV$$

取 $\varepsilon \to 0$ 之极限,则得

$$0 = \lim_{\varepsilon \to 0} \left\{ \int_{S_n(R)} \left[u \frac{\partial}{\partial n} \left(\frac{1}{r_0^{n-2}} \right) - \frac{1}{r_0^{n-2}} \frac{\partial u}{\partial n} \right] dS + \int_{S(\varepsilon)} \left[u \frac{\partial}{\partial n} \left(\frac{1}{r_0^{n-2}} \right) - \frac{1}{r_0^{n-2}} \frac{\partial u}{\partial n} \right] dS \right\} =$$

$$\int_{V_n(R)} \left[u \frac{\partial}{\partial n} \frac{1}{r_0^{n-2}} - \frac{1}{r_0^{n-2}} \frac{\partial u}{\partial n} \right] + dS + \lim_{\varepsilon \to 0} \int_{S(\varepsilon)} \left[u \frac{n-2}{\varepsilon^{n-1}} - \frac{1}{\varepsilon^{n-2}} \frac{\partial u}{\partial n} \right] dS$$

此处 $V(\varepsilon)$ 为在 $V_n(R)$ 内而以 P_0 为中心，ε 为半径之小球体，$S(\varepsilon)$ 为其内表面，现在 u 及 $\frac{1}{r_0^{n-2}}$ 在任何 $V_n(R) \backslash V_{(\varepsilon)}$ 上都是调和的，故上式左边为 0，而右边则为

$$\int_{S_n(R)} \left[u \frac{\partial}{\partial n} \left(\frac{1}{r_0^{n-2}} \right) - \frac{1}{r_0^{n-2}} \frac{\partial u}{\partial n} \right] dS + \lim_{\varepsilon \to 0} \int_{S(\varepsilon)} \left[u \frac{\partial}{\partial n} \left(\frac{1}{r_0^{n-2}} \right) - \frac{1}{r_0^{n-2}} \frac{\partial u}{\partial n} \right] dS =$$

$$\int_{S_n(R)} \left[u \frac{\partial}{\partial n} \left(\frac{1}{r_0^{n-2}} \right) - \frac{1}{r_0^{n-2}} \frac{\partial u}{\partial n} \right] dS + \lim_{\varepsilon \to 0} \int_{S(\varepsilon)} \left[u \frac{(n-2)}{\varepsilon^{n-1}} - \frac{1}{\varepsilon^{n-2}} \frac{\partial u}{\partial n} \right] dS$$

（因为现在法向导数是沿 $S(\varepsilon)$ 的半径内向来求的）

于是就有

$$0 = \int_{S_n(R)} \left[u \frac{\partial}{\partial n} \left(\frac{1}{r_0^{n-2}} \right) - \frac{1}{r_0^{n-2}} \frac{\partial u}{\partial n} \right] dS - u(P_0)(n-2) \frac{\pi^{n/2}}{\Gamma(n/2)}$$

（因为 $|S(\varepsilon)| = \frac{\pi^{n/2}}{\Gamma(n/2)} \varepsilon^{n-1}$，且 $\int_{S(\varepsilon)} \frac{\partial u}{\partial n} dS = 0$）

故有基本积分表示式

$$u(P_0) = \frac{\Gamma(n/2)}{(n-2)\pi^{n/2}} \int_{S_n(R)} \left[u \frac{\partial}{\partial n} \left(\frac{1}{r_0^{n-2}} \right) - \frac{1}{r_0^{n-2}} \frac{\partial u}{\partial n} \right] dS$$

参考文献：

[1] 孙家永. 极坐标概念的推广.

[2] A. H. 吉洪诺夫, A. A. 萨马尔斯基. 数学物理方程. 北京：高等教育出版社, 1957.

36. Laplace 方程在高维球内有 0 边界值的 Dirichlet 问题[*]之解

孙家永　　完稿于 2010 年 7 月

摘　要　本文得出了标题所示之解的积分形式.

关键词　Laplace 方程，Dirichlet 问题，Green 函数，匹配点.

本文中以 $V_n(R)$ 表示 n 维空间中，中心在原点，半径为 R 之球体，以 $S_n(R)$ 表示 $V_n(R)$ 之表面.

[1] 中已指出 $V_n(R)$ 内任一点 P_o 处调和函数 u 之值

$$u(P_o) = \frac{\Gamma(n/2)}{(n-2)\pi^{n/2}} \int_{S_n(R)} \left[u \frac{\partial}{\partial n}\left(\frac{1}{r_o{}^{n-2}} \right) - \frac{1}{r_o{}^{n-2}} \frac{\partial u}{\partial n} \right] dS$$

当 u 在 $S_n(R)$ 上之值为 0 时，$u(P_0) = \frac{\Gamma(n/2)}{(n-2)\pi^{n/2}} \int_{S_n(R)} - \frac{1}{r_o{}^{n-2}} \frac{\partial u}{\partial n} dS$

这样固然可使 u 处处确定，但 u 不满足 0 边界条件，且与边界上的 $\frac{\partial u}{\partial n}$ 有关. 为了求得满足 0 边界条件且与边界上 $\frac{\partial u}{\partial n}$ 无关之 u，我们得先分几步来介绍 P_o 的匹配点 P_o^* 的概念.

1. 定比分点

设 P_o, P_o^* 为任意二点，$\overrightarrow{P_oP_o^*}$ 的内 λ 分点 M_1 是使 $\overrightarrow{P_oM_1} = \lambda \overrightarrow{M_1P_o^*}$ 之点，$\overrightarrow{P_oP_o^*}$ 的外 λ 分点 M_2 是使 $\overrightarrow{P_oM_2} = -\lambda \overrightarrow{M_2P_o^*}$ 的点. 如 P_o 之坐标为 $(x_{1o}, \cdots, x_{no})$ P_o^* 的坐标为 $(x_{1o}^*, \cdots, x_{no}^*)$，$M_1$ 的坐标为 $(x_1, \cdots, x_n)$，则由 $\overrightarrow{P_oM_1} = \overrightarrow{OM_1} - \overrightarrow{OP_o}$，$\overrightarrow{M_1P_o^*} = \overrightarrow{OP_o^*} - \overrightarrow{OM_1}$ 故 $\overrightarrow{P_oM_1} = \lambda \overrightarrow{M_1P_o^*}$ 即 $\overrightarrow{OM_1} - \overrightarrow{OP_o} = \lambda(\overrightarrow{OP_o^*} - \overrightarrow{OM_1})$，于是

$$x_1 = \frac{x_{1o} + \lambda x_{1o}^*}{1 + \lambda}, \cdots, x_n = \frac{x_{no} + \lambda x_{no}^*}{1 + \lambda}$$，将 λ 换成 $-\lambda$，即得 M_2 之坐标为

$$x_1 = \frac{x_{1o} - \lambda x_{1o}^*}{1 - \lambda}, \cdots, x_n = \frac{x_{no} - \lambda x_{no}^*}{1 - \lambda}$$，当 $\lambda \neq 1$ 时，它们也都是存在的.

2. 定比球面定理

设 P_o, P_o^* 为任意二点，动点 P 到 P_o, P_o^* 的距离之比 $\frac{|\overline{PP_o}|}{|\overline{PP_o^*}|} = $ 正常数 $\lambda \neq 1$，则 P 之轨迹为一球面，它以 $\overline{P_oP_o^*}$ 的内，外 λ 分点 M_1, M_2 为直径.

证：我们已有 M_1 之坐标为 $\qquad \left(\dfrac{x_{1o} + \lambda x_{1o}^*}{1 + \lambda}, \cdots, \dfrac{x_{no} + \lambda x_{no}^*}{1 + \lambda} \right)$

---

[*]　求未知函数 u，在高维球内调和，且在高维球上有连续一阶连续偏导数的问题

M_2 之坐标为 $\qquad \left(\dfrac{x_{1o}-\lambda x_{1o}^{*}}{1-\lambda},\cdots,\dfrac{x_{no}-\lambda x_{no}^{*}}{1-\lambda}\right)$

并且由于两点间的距离,经刚体运动是不变的,故可选两个尽量简单的点,来证明定理.

我们取 P_o 为 $(X_1,0,\cdots,0)$

$\qquad\qquad P_o^{*}$ 为 $(X_1^{*},0,\cdots,0)$

所考虑轨迹之方程为

$$(x_1-X_1)^2+x_2{}^2+\cdots+x_n{}^2=\lambda^2[(x_1-X_1^{*})^2+x_2{}^2+\cdots+x_n{}^2]$$

即

$$(1-\lambda^2)x_1{}^2+(1-\lambda^2)x_2{}^2+\cdots+(1-\lambda^2)x_n^2-2x_1X_1+X_1{}^2+2\lambda^2x_1X_1^{*}-\lambda^2X_1^{*}{}^2=0$$

亦即

$$x_1{}^2+x_2{}^2+\cdots+x_n{}^2-2\,\frac{X_1-\lambda^2X_1^{*}}{1-\lambda^2}x_1+\frac{X_1{}^2-\lambda^2X_1^{*}{}^2}{1-\lambda^2}=0$$

亦即

$$\left(x_1-\frac{X_1-\lambda^2X_1^{*}}{1-\lambda^2}\right)^2+x_2{}^2+\cdots+x_n{}^2+\frac{X_1{}^2-\lambda^2X_1^{*}{}^2}{1-\lambda^2}-\frac{(X_1-\lambda^2X_1^{*})^2}{(1-\lambda^2)^2}=0$$

但 $\dfrac{X_1-\lambda^2x_1^{*}}{1-\lambda^2}=\left(\dfrac{X_1+\lambda X_1^{*}}{1+\lambda}+\dfrac{X_1-\lambda X_1^{*}}{1-\lambda}\right)\cdot\dfrac{1}{2}$ 为 $\overline{P_oP_o^{*}}$ 的内,外 λ 分点 M_1,M_2 之中点;

$$\frac{(X_1-\lambda^2X_1^{*})^2}{(1-\lambda^2)^2}-\frac{X_1{}^2-\lambda^2X_1^{*}{}^2}{1-\lambda^2}=$$

$$\frac{1}{(1-\lambda^2)^2}\big[(X_1-\lambda^2X_1^{*})^2-(1-\lambda^2)(X_1{}^2-\lambda^2X_1^{*}{}^2)\big]=$$

$$\frac{\lambda^2}{(1-\lambda^2)^2}[X_1{}^2-2X_1X_1^{*}+X_1^{*}{}^2]=\frac{\lambda^2}{1-\lambda^2}(X_1-X_1^{*})^2\left[\frac{\lambda}{1-\lambda^2}(X_1-X_1^{*})\right]^2=$$

$$\left[\frac{1}{2}\left(\frac{X_1-\lambda X_1^{*}}{1-\lambda}-\frac{X_1+\lambda X_1^{*}}{1+\lambda}\right)\right]^2$$

$\overline{P_oP_o^{*}}$ 的内外 λ 分点 M_1,M_2 连线长度之半的平方

所以定比球面定理成立,此球面称关于 P_o,P_o^{*} 之定比球面.

3. P_o 关于 $S_n(R)$ 之匹配点

在 OP_o 直线上求一点 P_o^{*} 使 $S_n(R)$ 为关于 P_o,P_o^{*} 之定比球面,则称 P_o^{*} 为 P_o 关于 $S_n(R)$ 之匹配点,匹配点 P_o^{*} 是存在的,这可证明如下:

不妨取 O,P_o 都在 x_1 轴上,x_1 轴上还有 $S_n(R)$ 与它的两个交点,这四个点在 x_1 轴上的坐标为 $0,X_1,-R,R$ 如图 1 所示,设我们要求的 P_o^{*} 在 x_1 轴上的坐标为 X_1^{*},并且还要求 λ.

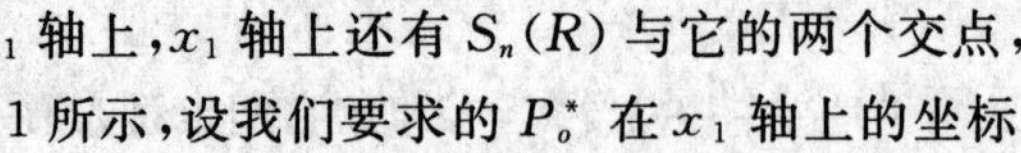

图 1

由于

$$\frac{R-X_1}{X^{*}-R}=\frac{R+X_1}{X_1^{*}+R}=\lambda$$

所以

$$\frac{R-X_1}{X^{*}-R}=\frac{R+X_1}{X_1^{*}+R}$$

即

$$(R - X_1)(X_1{}^* + R) = (R + X_1)(X_1^* - R)$$

于是

$$X_1{}^* = \frac{R(X_1 + 2R)}{2X_1}$$

从而

$$\lambda = \frac{R - X_1}{\dfrac{R(X_1 + 2R)}{2X_1}} = \frac{2X_1(R - X_1)}{R(X_1 + 2R)}$$

现在就可求在 $V_n(R)$ 内满足 $\Delta u = 0$ 且在 $S_n(R)$ 上取 0 值的 u 了,对 $V_n(R)$ 内任一点 P_o,求出其匹配点 P_o^* 及 λ,命

$$u(P_o) = \frac{\Gamma(n/2)}{(n-2)\pi^{n/2}} \int_{S_n(R)} \frac{1}{r_o{}^{n-2}} \frac{\partial u}{\partial n} dS - \frac{\Gamma(n/2)}{(n-2)\pi^{n/2}} \int_{S_n(R)} \frac{1}{(\lambda r_0^*)^{n-2}} \frac{\partial u}{\partial n} dS =$$

$$\frac{\Gamma(n/2)}{(n-2)\pi^{n/2}} \int_{S_n(R)} \left(\frac{1}{r_0^{n-2}} - \frac{1}{(\lambda r_0^*)^{n-2}} \right) \frac{\partial u}{\partial n} dS$$

这个调和函数 $u(P_o)$ 就在 $S_n(R)$ 上取 0 值,且与边界上之 $\dfrac{\partial u}{\partial n}$ 无关.(此处 r_o^* 为 P_o^* 之向径长度 $|\overrightarrow{OP_o^*}|$),上式就是所求之解的积分表达式.

通常将 $\dfrac{1}{r_0^{n-2}} - \dfrac{1}{(\lambda r_0^*)^{n-2}}$ 称为相应于求解问题之 Green 函数.

参考文献:

[1] 孙家永. 调和函数的平均值性质可推广到高维球体.

37. Laplace 方程在闭半高维空间[*]内有 0 边界值的 Dirichlet 问题之解

孙家永 完稿于 2010 年 8 月

摘 要 本文得出了标题所示解之积分形式.
关键词 Laplace 方程,Dirichlet 问题,Green 函数.

记闭半 n 维空间为 V_n,先得出在 V_n 内任一点 P_0 处之 $u(P_0)$ 的积分表示式,再选择 P_0 的适当匹配点以得出问题相应的 Green 函数,从而得出问题之解.

现在,由于 V_n 不是封闭曲面,且 ∂V_n 上的积分是广义积分,宜先作一半球体来考虑取极限.

设 $u=u(P)$ 在 V_n° 上调和,且 $u \to 0$,当 $P \to \infty$;$\dfrac{\partial u}{\partial x_i}$ 乘以 P 之向径长度也 $\to 0$,当 $P \to \infty$,$(i=1,\cdots,n)$.以 ∂V_n 上任一点 O' 为中心,以相当大的 R 为半径作一球面,它落在 V_n 上的半球面为 $S_n(R)$,能使 $S_n(R)$ 及 ∂V_n 上的一部份 $\partial V_n'$ 所围成的半球体 $V_n(R)$ 能包含 P_0 于其内部,再在 $V_n(R)$ 内挖去一以 P_0 为中心,以 ε 为半径的小球体 $V_n(\varepsilon)$,其表面为 $S(\varepsilon)$.对 $V_n^{(R)}\backslash V(\varepsilon)$ 之外表面,用 Green 公式,得

$$\int_{V_n^{(R)}\backslash V(\varepsilon)} \left(\frac{1}{r_0^{n-2}}\Delta u - \Delta\left(\frac{1}{r_0^{n-2}}\right)u \right)\mathrm{d}V = \int_{S_n(R)+V_n'+S(\varepsilon)} \left(\frac{1}{r_0^{n-2}}\frac{\partial u}{\partial n} - \frac{\partial}{\partial n}\left(\frac{1}{r_0^{n-2}}\right)u \right)\mathrm{d}S$$

此处 r_0 为 $\overrightarrow{P_0P}=\overrightarrow{O'P}-\overrightarrow{O'P_o}$ 之长度 $|\overrightarrow{P_0P}|$,$\dfrac{1}{r_0^{n-2}}$ 为 Laplace 方程之基本解,它在 P_0 处有奇性.

上式左端恒为 0;

右端第一个积分可估计如下:

$$\left| \iint_{S_n(R)} \left[\frac{1}{r_0^{n-2}}\frac{\partial u}{\partial n} - \frac{\partial}{\partial n}\left(\frac{1}{r_0^{n-2}}\right)u \right]\mathrm{d}S \right| \leqslant$$

$$\left[\max_{S_n(R)}\frac{1}{r_0^{n-2}}\max_{S_n(R)}\left|\frac{\partial u}{\partial n}\right| + \max_{S_n(R)}\left|\frac{\partial}{\partial n}\left(\frac{1}{r_0^{n-2}}\right)\right|\max_{S_n(R)}|u| \right]|S_n(R)| \leqslant$$

$$\left[\frac{1}{(R-|\overrightarrow{O'P_o}|)^{n-2}}\sum_{i=1}^n\left|\frac{\partial u}{\partial x_i}\right| + \sum_{i=1}^n\left|\frac{\partial}{\partial x_i}[(x_1-x_{10})^2\cdots+(x_n-x_{n0})^2]^{\frac{-n+2}{2}}\right|\max_{S_n(R)}|u| \right]$$

$$\frac{\pi^{n/2}}{\Gamma(n/2)}R^{n-1}$$

但由关于 $\dfrac{\partial u}{\partial x_i}$ 之假设,可知当 $R \to +\infty$ 时,$\left[\dfrac{1}{(R-|\overrightarrow{O'P_0}|)^{n-2}}\right]\dfrac{\pi^{n/2}}{\Gamma(n/2)}R^{n-1} \to 0$,再看

---

[*] 高维空间的平面之任一侧之点所成的区域

$$\sum_{i=1}^{n}\left|\frac{\partial}{\partial x_i}\left[(x_1-x_{10})^2+\cdots+(x_n-x_{n0})^2\right]^{\frac{-n+2}{2}}\right|\max_{S_n(R)}|u|\frac{\pi^{n/2}}{\Gamma(n/2)}R^{n-1}=$$

$$\frac{n-2}{2}\sqrt{(x_1-x_{10})^2+\cdots+(x_n-x_{n0})^2}^{-n}2|x_i-x_{i0}|\max_{S_n(R)}|u|\frac{\pi^{n/2}}{\Gamma(n/2)}R^{n-1}\leqslant$$

$$(n-2)\left[(x_1-x_{10})^2+\cdots+(x_n-x_{n0})^2\right]^{-n+1}\max_{S_n(R)}|u|\frac{\pi^{n/2}}{\Gamma(n/2)}R^{n-1}=$$

$$\frac{(n-2)}{r_0^{n-1}}\max_{S_n(R)}|u|\frac{\pi^{n/2}}{\Gamma(n/2)}R^{n-1}\leqslant$$

$$\frac{n-2}{(R-|O'P_0|)^{n-1}}\max_{S_n(R)}|u|\frac{\pi^{n/2}}{\Gamma(n/2)}R^{n-1}$$

由关于 u 的假设,知当 $R\to+\infty$ 时,上式 $\to 0$

故当 $R\to+\infty$ 时,右端第一个积分 $\to 0$

右端第二个积分,由广义积分的定义,知它 $\to\displaystyle\int_{\partial V_n}\left[\frac{1}{r_0^{n-2}}\frac{\partial u}{\partial n}-\frac{\partial}{\partial n}\left(\frac{1}{r_0^{n-2}}\right)u\right]\mathrm{d}S$

故有

$$0=\int_{\partial V_n}\left[\frac{1}{r_0^{n-2}}\frac{\partial u}{\partial n}+\frac{\partial}{\partial n}\left(\frac{1}{r_0^{n-2}}\right)u\right]\mathrm{d}S-\int_{S(\varepsilon)}\left[\frac{1}{r_0^{n-2}}\frac{\partial u}{\partial n}\left(\frac{1}{r_0^{n-2}}\right)u\right]\mathrm{d}S$$

但第三个积分为

$$\int_{S(\varepsilon)}-\frac{\partial}{\partial n}\left(\frac{1}{r_0^{n-2}}\right)u\mathrm{d}S,\left(因\int_{S(\varepsilon)}\frac{1}{r_0^{n-2}}\frac{\partial u}{\partial n}\mathrm{d}S=\int_{S(\varepsilon)}\frac{1}{\varepsilon^{n-2}}\frac{\partial u}{\partial n}\mathrm{d}S=0\right)$$

它又可化为

$$\int_{s(\varepsilon)}-(n-2)\frac{1}{r_0^{n-1}}u\mathrm{d}S,\left(因\vec{n}\,为\,S(\varepsilon)\,之半径,指向\,P_0\right)$$

于是有

$$0=\int_{\partial V_n}\left[\frac{1}{r_0^{n-2}}\frac{\partial u}{\partial n}-\frac{\partial}{\partial n}\left(\frac{1}{R_0^{n-2}}\right)u\right]\mathrm{d}S-\int_{S(\varepsilon)}(n-2)\frac{1}{r_0^{n-1}}u\mathrm{d}S$$

令 $\varepsilon\to 0$ 取极限,得

$$0=\int_{\partial V_n}\left[\frac{1}{r_0^{n-2}}\frac{\partial u}{\partial n}-\frac{\partial}{\partial n}\left(\frac{1}{r_o^{n-2}}\right)u\right]\mathrm{d}S-(n-2)\frac{\pi^{n/2}}{\Gamma(n/2)}u(P_0)$$

所以,$\displaystyle\int_{\partial V_n}\left[\frac{1}{r_0^{n-2}}\frac{\partial u}{\partial n}-\frac{\partial}{\partial n}\left(\frac{1}{r_0^{n-2}}\right)u\right]\mathrm{d}S$ 存在,其值为 $(n-2)\dfrac{\pi^{n/2}}{\Gamma(n/2)}u(P_0)$

所以 $u(P_0)=\dfrac{\Gamma(n/2)}{(n-2)\pi^{n/2}}\displaystyle\int_{\partial V_n}\left[\frac{1}{r_0^{n-2}}\frac{\partial u}{\partial n}-\frac{\partial}{\partial n}\left(\frac{1}{r_0^{n-2}}\right)u\right]\mathrm{d}S,$(此处 ∂V_n 为 V_n 之外表面)

这是 $u(P_0)$ 的积分表示式. 要求 u 在 ∂V_n 上取 0 值,$u(P_0)=\dfrac{\Gamma(n/2)}{(n-2)\pi^{n/2}}\displaystyle\int_{\partial V_n}\frac{1}{r_0^{n-2}}\frac{\partial u}{\partial n}\mathrm{d}S,$ 它在 ∂V_n

上不为 0,我们再选择 P_0 之适当匹配点 P_0^*,使 $\left(\dfrac{1}{r_0^{n-2}}-\dfrac{1}{r_0^{*\,n-2}}\right)\displaystyle\int_{\partial V_n}=0,$ 此处 r_0^* 为 $|\overrightarrow{P_0^*P}|$.

很明显,P_0^* 为 P_0 以 ∂V_n^0 为镜面之对称点. 于是得 Green 函数为 $\dfrac{1}{r_0^{n-2}}-\dfrac{1}{r_0^{*\,n-2}}$,而所求解

$$u(P_0)=\frac{\Gamma(n/2)}{(n-2)\pi^{n/2}}\int_{\partial V_n}\left(\frac{1}{r_0^{n-2}}-\frac{1}{r_0^{*\,n-2}}\right)\frac{\partial u}{\partial n}\mathrm{d}S$$

推论:n 维空间中 k 面凸多面体内有 0 边界值之调和函数为

$$u(P_0) = \sum_{i=1}^{k} \frac{\Gamma(n/2)}{(n-2)\pi^{n/2}} \int_{\pi_i} \left(\frac{1}{r_0^{n-2}} - \frac{1}{r_{0i}^{*n-2}} \right) \frac{\partial u}{\partial n} \mathrm{d}S$$

此处，π_i 为多面体之外表面，r_{0i}^* 为 $|\overrightarrow{P_{0i}^*P}|$，其中 P_{0i}^* 为 P_0 以 π_i 为镜面之对称点.

参考文献：

[1] 孙家永. Laplace 方程在高维球内有 0 边界值之 Dirichlet 问题之解.

38. 在高维空间里，由光滑曲面所围的凸体上 Gauss 公式成立

孙家永　　完稿于 2010 年 8 月

摘　要　本文证明了在 n 维空间里 $(n \geqslant 3)$，对一个由光滑曲面 S 所围之凸体 V 上有连续偏导数之函数 $P(x_1, \cdots, x_i, \cdots, x_n)$，必有 $\int_V \dfrac{\partial P}{\partial x_i} \mathrm{d}V = \int_S P\cos\alpha_i \mathrm{d}S$（此处 α_i 为 S 上点之外侧法线与 Ox_i 轴所成的方向角）.

关键词　Gauss 公式，n 重积分，对投影之曲面积分.

今证摘要所列之命题.

设 V 在 $Ox_1 \cdots x_i \cdots x_n$ 平面上，以 Ox_i 轴为准之正投影区域为 Ω，则 Ω 为该平面上的一个凸区域，在 Ω 上 S 被分为上、下两部分 $S_上$，$S_下$，于是由多重积分之计算法（Fubini 定理），知

$$\int_V \frac{\partial P}{\partial x_i} \mathrm{d}V = \int_\Omega \left[\int_{x_{i1}}^{x_{i2}} \frac{\partial P}{\partial x_i} \mathrm{d}x_i \right] \mathrm{d}x_1 \cdots \dot{\mathrm{d}x_i} \cdots \mathrm{d}x_n \text{（此处 } x_{i2}, x_{i1} \text{ 为 } S_上, S_下 \text{ 之点的 } x_i \text{ 坐标）} =$$

$$\int_\Omega \left[P(x_1, \cdots, x_{i2}, \cdots, x_n) - P(x_1, \cdots, x_{i1}, \cdots, x_n) \right] \mathrm{d}x_1 \cdots \dot{\mathrm{d}x_i} \cdots \mathrm{d}x_n =$$

$$\int_{S_上} P(x_1, \cdots, x_i, \cdots, x_n) \cos\alpha_i \mathrm{d}S - \int_{S_下} P(x_1, \cdots, x_i, \cdots, x_n) \mid \cos\alpha_i \mid \mathrm{d}S =$$

$$\text{（因在 } S_下, \cos\alpha_i < 0\text{）}$$

$$\int_{S_上} P(x_1, \cdots, x_i, \cdots, x_n) \cos\alpha_i \mathrm{d}S + \int_{S_下} P(x_1, \cdots, x_i, \cdots, x_n) \cos\alpha_i \mathrm{d}S =$$

$$\int_S P(x_1, \cdots, x_i, \cdots, x_n) \cos\alpha_i \mathrm{d}S$$

39. Laplace 方程在高维空间里被分片光滑曲面所围之凸体内有 0 边界值之 Dirichlet 问题之解的积分表示式

孙家永　　完稿于 2010 年 8 月

摘　要　本文给出了标题所示之积分表示形式.

关键词　Laplace 方程,Dirichlet 问题,Green 函数,匹配点.

设 n 维空间中之闭凸体 V_n 之外边界面 S_n 光滑,P_o 为 V_n 内任意一点,[1] 中已给出了调和函数之积分表示式为

$$u(P_o) = \frac{\Gamma(n/2)}{(n-2)\pi^{n/2}} \int_{S_n} u\left[\frac{\partial}{\partial n}\left(\frac{1}{r_0^{n-2}}\right) - \frac{1}{r_0^{n-2}}\left(\frac{\partial u}{\partial n}\right)\right] \mathrm{d}S$$

此处 $r_0 = |\overrightarrow{P_0 P}|$. 在 [2] 中,为了避免描述区域表面光滑性的困难,用了 $S_n(R)$ 但现在我们已假设闭 V_n 之外表面 S_n 光滑,所以将 $S_n(R)$ 改成 S_n 也能成立. 这也不至于影响推导 Green 公式要用到的 Gauss 公式.

如对 S_n 上任一点 P,记此点之切(支撑)平面为 $\pi(P)$ 而将 P_o^* 取为 P_o 以 $\pi(P)$ 为镜面之对称点,于是 P_o^* 是 P 的函数,记之为 $P_o^*(P)$,命 $r_o^*(P) = |\overrightarrow{P_o^*(P)P}|$,则

$$u(P_o) = \frac{\Gamma(n/2)}{(n-2)\pi^{n/2}} \int_{S_n} \left(\frac{1}{r_o^{n-2}} - \frac{1}{[r_o^*(P)]^{n-2}}\right)\frac{\partial u}{\partial n}\mathrm{d}S$$

就在 S_n 上取 0 值.

推论:S_n 为分片光滑时,上述公式仍正确,因为几片光滑曲面的有限条分界线,对 S_n 之面积测度为 0. 这就是我们所求之结果.

参考文献 [2],[3] 中给出的积分表示形式,都是这个结果的特例.

参考文献:

[1] 孙家永. 调和函数的平均值性质可推广到高维球体.

[2] 孙家永. Laplace 方程在高维球内有 0 边界值的 Dirichlet 问题之解.

[3] 孙家永. Laplace 方程在半高维空间内有 0 边界值的 Dirichlet 问题之解中的推论.

40. Poisson 方程在高维球上之 Neumann 问题及 Robin 问题之解

孙家永　　完稿于 2010 年 11 月

摘　要　本文利用高维空间的球面坐标给出了标题所示之解及有解之协调条件.

关键词　Poisson 方程,Neumann 问题、Robin 问题,协调条件,高维空间的球面坐标.

1. Neumann 问题

设 $V_n(R)$ 为一中心在原点,半径为 R 之 n 维球体($n \geqslant 3$),$S_n(R)$ 为其表面;u 为 $V_n(R)$ 内有连续二阶偏导数,且在 $V_n(R)$ 上一阶偏导数连续的未知函数;f 为在 $V_n(R)$ 上连续的函数,φ 为在 $S_n(R)$ 上给定之函数,求解下列 Neumann 问题:

$$\begin{cases} \Delta u = f, \text{在 } V_n(R) \text{ 上} \\ \dfrac{\partial u}{\partial n} = \varphi, \text{在 } S_n(R) \text{ 上}, \quad \left(\dfrac{\partial u}{\partial n} \text{ 为 } u \text{ 沿 } S_n(R) \text{ 内法线方向之导数}\right) \end{cases}$$

采用高维空间的球面坐标表求 $S_n(R)$ 上任一点 $(R, \theta_n, \theta_{n-1}, \cdots, \theta_3, \theta_2^*)$ 之向径上任一点 $(r, \theta_n, \theta_{n-1}, \cdots, \theta_3, \theta_2^*)$ 处之 u 值,由于向径上之点只有 r 是变量,故由方程及附加条件,有

$$\begin{cases} \dfrac{\mathrm{d}^2 u}{\mathrm{d}r^2} + \dfrac{n-1}{r} \dfrac{\mathrm{d}u}{\mathrm{d}r} = f, \qquad 0 < r \leqslant R \\ \dfrac{\mathrm{d}u}{\mathrm{d}r}\bigg|_{r=R} = -\varphi \end{cases}$$

现在,前一常微分方程相应的齐次方程有二个线性无关的解 $1, r^{2-n}$,再用常数变易法,可得原非齐次方程之通解为

$$u = c_1 + c_2 r^{2-n} - \int_R^r \frac{f}{\begin{vmatrix} 1 & r^{2-n} \\ 0 & (2-n)r^{1-n} \end{vmatrix}} \mathrm{d}r + \int_R^r \frac{r^{2-n}f}{\begin{vmatrix} 1 & r^{2-n} \\ 0 & (2-n)r^{1-n} \end{vmatrix}} \mathrm{d}r =$$

$$c_1 + c_2 r^{2-n} - \int_R^r \frac{r^{n-1}f}{2-n} \mathrm{d}r + \int_R^r \frac{rf}{2-n} \mathrm{d}r$$

但 u 在 $r=0$ 处不能有奇性,所以 $c_2 = 0$,于是

$$u = c_1 - \int_R^r \frac{r^{n-1}f}{2-n} \mathrm{d}r + \int_R^r \frac{rf}{2-n} \mathrm{d}r$$

$$\frac{\mathrm{d}u}{\mathrm{d}r} = -\left(\frac{r^{n-1}}{n-2} - \frac{r}{n-2}\right)f$$

$$\frac{\mathrm{d}u}{\mathrm{d}r}\bigg|_R = -\left(\frac{r^{n-1}}{n-2} - \frac{r}{n-2}\right)f\bigg|_R$$

可见,只有

$$\varphi = \left(\frac{R^{n-1}}{n-2} - \frac{R}{n-2} \right) f \Big|_R$$

问题才有解 u，且 u 不唯一，可差一任意常数 c_1。有解的充要条件 $\varphi = \left(\frac{R^{n-1}}{n-2} - \frac{R}{n-2} \right) f \Big|_R$ 与方程右端 f 有关。因此，称此有解之充要条件为协调条件。

前人想找一个与方程独立而不须协调的有解之充要条件，这是不可能的。

2. Robin 问题

$$\begin{cases} \Delta u = f, & \text{在 } V_n(R) \text{ 上} \\ \alpha \dfrac{\partial u}{\partial n} + \beta = \varphi, & \text{在 } S_n(R) \text{ 上} \end{cases}$$

称为 Robin 问题，它的有解条件及解法和 Neumann 问题，几乎完全一样。

采用高维空间的球面坐标，求 $S_n(R)$ 上任一点 $(R, \theta_n, \theta_{n-1}, \cdots, \theta_3, \theta_2^*)$ 之向径上任一点 $(r, \theta_n, \theta_{n-1}, \cdots, \theta_3, \theta_2^*)$ 处之 u 值，由于向径上之点只有 r 是变量，故由方程及附加条件，有

$$\begin{cases} \dfrac{\mathrm{d}^2 u}{\mathrm{d} r^2} + \dfrac{n-1}{r} \dfrac{\mathrm{d} u}{\mathrm{d} r} = f, & 0 < r \leqslant R \\ -\alpha \dfrac{\mathrm{d} u}{\mathrm{d} r} \Big|_{r=R} + \beta = \varphi \end{cases}$$

于是同 1 中那样，可得

$$u = c_1 - \int_R^r \frac{r^{n-1} f}{2-n} \mathrm{d} r + \int_R^r \frac{r f}{2-n} \mathrm{d} r$$

计算　$-\alpha \dfrac{\mathrm{d} u}{\mathrm{d} r} \Big|_{r=R} + \beta$　并令 $r=R$ 得

$$-\alpha \frac{\mathrm{d} u}{\mathrm{d} r} \Big|_R + \beta = -\alpha \left(\frac{r^{n-1}}{2-n} - \frac{r}{2-n} \right) f \Big|_R + \beta$$

所以　　$\varphi = \alpha \left(\dfrac{r^{n-1}}{n-2} - \dfrac{r}{n-2} \right) f \Big|_R + \beta$ 为协调条件，只有此条件满足时，Robin 问题才有上解，但 u 不唯一，可差一任意常数 c_1。

参考文献：

[1]A. H. 吉洪诺夫. 数学物理方程. 北京：高等教育出版社，1956.

[2] 王明新. 偏微分方程基本理论. 北京：科学出版社，2008.

[3] 同济大学数学教研室. 高等数学. 北京：高等教育出版社，2005.

[4] 孙家永. 高球空间的球面坐标及其应用.

41. Poisson 方程在圆上的 Neumann 问题及 Robin 问题之解

孙家永　　完稿于 2010 年 11 月

摘　要　本文给出了标题所示之解及有解之条件.

关键词　Poisson 方程,Neumann 问题,Robin 问题,协调条件.

设 $D(R)$ 为中心在原点,半径为 R 之圆,$C(R)$ 为其边界 u 为在 $D(R)$ 内有连续二阶偏导数在 $D(R)$ 上连续之未知函数;f 为 $D(R)$ 上连续的函数,φ 在 $C(R)$ 上确定. 求解

$$\begin{cases} \Delta u = f, \text{在 } D(R) \text{ 内} \\ \dfrac{\partial u}{\partial n} = \varphi, \text{在 } C(R) \text{ 上(其中}\dfrac{\partial u}{\partial n} \text{为 } u \text{ 在 } C(R) \text{ 上向内法线上之导数)} \end{cases} \tag{1}$$

称为 Neumann 问题.

求解

$$\begin{cases} \Delta u = f, \text{在 } D(R) \text{ 上} \\ \alpha \dfrac{\partial u}{\partial n} + \beta = \varphi, \text{在 } C(R) \text{ 上} \end{cases} \tag{2}$$

称为 Robin 问题.

采用极坐标来求 $C(R)$ 上任一点 (R,θ) 之向径上任一点 (r,θ) 处之 u 值. 由于在向径上只有 r 是变量所以由方程及附加条件,可得

$$\begin{cases} \dfrac{\mathrm{d}^2 u}{\mathrm{d} r^2} + \dfrac{1}{r}\dfrac{\mathrm{d} u}{\mathrm{d} r} = f, 0 < r \leqslant R \\ \dfrac{\partial u}{\partial r}\Big|_{r=R} = \varphi \end{cases} \tag{1$'$}$$

$$\begin{cases} \dfrac{\mathrm{d}^2 u}{\mathrm{d} r^2} + \dfrac{1}{r}\dfrac{\mathrm{d} u}{\mathrm{d} r} = f, 0 < r \leqslant R \\ -\alpha \dfrac{\partial u}{\partial r}\Big|_{r=R} + \beta = \varphi \end{cases} \tag{2$'$}$$

$(1)'$,$(2)'$ 中之常微分方程相应之齐次方程有一组线性无关的解,1 和 $\ln r$,用常数变易法,可将非齐次方程之通解表示为

$$u = c_1 + c_2 \ln r - \int_R^r \frac{f}{\begin{vmatrix} 1 & \ln r \\ 0 & \dfrac{1}{r} \end{vmatrix}} \mathrm{d}r + \int_R^r \frac{\ln r f}{\begin{vmatrix} 1 & \ln r \\ 0 & \dfrac{1}{r} \end{vmatrix}} \mathrm{d}r =$$

$$c_1 + c_2 \ln r - \int_R^r r f \mathrm{d}r + \int_R^r r \ln r f \mathrm{d}r$$

但 u 在 $r=0$ 处不能有奇性,所以 $c_2=0$,于是

$$u=c_1-\int_R^r rf\,dr+\int_R^r r\ln rf\,dr$$

所以

$$\frac{du}{dr}=-rf+r\ln rf$$

于是 $(1')$,$(2')$ 中之附加条件分别为

$$\frac{du}{dr}\bigg|_{r=R}=\varphi=-Rf\,|_R+R\ln Rf\,|_R=(R\ln R-R)f\,|_R$$

$$-\alpha\frac{du}{dr}\bigg|_{r=R}+\beta=\varphi=\alpha\left[(R-R\ln R)f\,|_R\right]+\beta$$

因此,问题 (1),(2) 有解之协调条件分别为

$$\varphi=(R\ln R-R)f\,|_R$$

$$\varphi=\alpha(R\ln R-R)f\,|_R+\beta$$

当协调条件满足时,它们就有解

$$u=c_1-\int_R^r rf\,dr+\int_R^r r\ln rf\,dr$$

它可以有一任意常数 c_1.

参考文献:

[1] 孙家永. Poissn 方程在高维球体上之 Neumann 问题及 Robin 问题之解.

42. Poisson 方程在高维空间凸体上之 Neumann 问题及 Robin 问题之解

孙家永　　完稿于 2010 年 11 月

摘　要　本文给出了具有光滑表面的高维空间凸体之 Neumann 问题及 Robin 问题之解及有解之充要协调条件.

关键词　Poisson 方程，Neumann 问题、Robin 问题，高维空间的球面坐标，协调条件.

设 V_n 为 n 维空间（$n \geqslant 3$）的一个含原点于其内部之凸体，S_n 为 V_n 之光滑表面 u 为在 V_n 内有连续二阶偏导数，且其一阶偏导数在 V_n 上连续之未知函数；f 为 V_n 上连续的函数，φ 为在 S_n 上一个给定的函数.

未知函数 u，满足

$\Delta u = f$，在 V_n 及附加条件

$(1)\dfrac{\partial u}{\partial n}\Big|_{S_n} = \varphi$，则称此问题为 Neumann 问题（$\dfrac{\partial u}{\partial n}$ 为 u 沿 S_n 内法线向量 $\vec{n}$ 方向之导数）；

$(2)\alpha\dfrac{\partial u}{\partial n}\Big|_{S_n} + \beta = \varphi$，则称此问题为 Robin 问题.

今用高维空间的球面坐标来解此二问题.

对 S_n 上任一点 $(r(\bar{\theta}_n,\bar{\theta}_{n-1},\cdots,\bar{\theta}_3,\bar{\theta}_2^*),\bar{\theta}_n,\bar{\theta}_{n-1},\cdots,\bar{\theta}_3,\bar{\theta}_2^*)$ 来求此点向径上点 $(r,\bar{\theta}_n,\bar{\theta}_{n-1},\cdots,\bar{\theta}_3,\bar{\theta}_2^*)$ 处之 u 值，由于向径上只有 r 是变量，所以由方程可得

$$\frac{\mathrm{d}^2 u}{\mathrm{d}r^2} + \frac{n-1}{r}\frac{\mathrm{d}u}{\mathrm{d}r} = f,0 < r \leqslant \bar{r} = r(\bar{\theta}_n,\bar{\theta}_{n-1},\cdots,\bar{\theta}_3,\bar{\theta}_2^*)$$

对问题（1），（2）分别有附加条件

$$\frac{\mathrm{d}u}{\mathrm{d}n}\Big|_{\bar{r}} = \frac{\mathrm{d}u}{\mathrm{d}r}\Big|_{\bar{r}}\cos(\vec{r},\vec{n}) = \varphi$$

$$\alpha\frac{\mathrm{d}u}{\mathrm{d}n}\Big|_{\bar{r}} + \beta = \alpha\frac{\mathrm{d}u}{\mathrm{d}r}\Big|_{\bar{r}}\cos(\vec{r},\vec{n}) + \beta = \varphi$$

此处 $\cos(\vec{r},\vec{n})$ 为 S_n 上在点 $(\bar{r},\bar{\theta}_n,\bar{\theta}_{n-1},\cdots,\bar{\theta}_3,\bar{\theta}_2^*)$ 处之位置向量与内法线夹角之余弦，它可以计算如下：

由直角坐标与球面坐标之对应规律，有

$$\bar{x}_1 = r\sin\bar{\theta}_n\sin\bar{\theta}_{n-1}\cdots\sin\bar{\theta}_3\cos\bar{\theta}_2^*$$

$$\bar{x}_2 = r\sin\bar{\theta}_n\sin\bar{\theta}_{n-1}\cdots\sin\bar{\theta}_3\sin\bar{\theta}_2^*$$

$$\bar{x}_3 = r\sin\bar{\theta}_n\sin\bar{\theta}_{n-1}\cdots\sin\bar{\theta}_3$$

$$\cdots\cdots$$

$$\overline{x}_{n-1} = \overline{r}\sin\overline{\theta}_n\cos\overline{\theta}_{n-1}$$

$$\overline{x}_n = \overline{r}\cos\overline{\theta}_n$$

所以

$$\overrightarrow{r} = \overline{x}_1\overrightarrow{i}_1 + \overline{x}_2\overrightarrow{i}_2 + \cdots + \overline{x}_{n-1}\overrightarrow{i}_{n-1} + \overline{x}_n\overrightarrow{i}_n$$

由假设 S_n 上是光滑曲面,它上每一点处都有非 0 之内向切线向量 $\overrightarrow{n}$(且连续转动)故 $\overrightarrow{n}$ 是可知的,于是 $\cos(\overrightarrow{r,n}) = \dfrac{\overrightarrow{r}}{|\overrightarrow{r}|} \cdot \dfrac{\overrightarrow{n}}{|\overrightarrow{n}|}$ 可求得.

所以对问题(1) 有附加条件 $\dfrac{\mathrm{d}u}{\mathrm{d}n}\Big|_{\overline{r}} = \dfrac{\mathrm{d}u}{\mathrm{d}r}\Big|_{\overline{r}}\cos(\overrightarrow{r,n}) = \varphi$

对问题(2) 有附加条件 $\alpha\dfrac{\mathrm{d}u}{\mathrm{d}n}\Big|_{\overline{r}} + \beta = \alpha\dfrac{\mathrm{d}u}{\mathrm{d}r}\Big|_{\overline{r}}\cos(\overrightarrow{r,n}) + \beta = \varphi$

参考文献[1] 中已给出上述常微分方程有解

$$u = c_1 + \frac{1}{n-2}\int_{\overline{r}}^{r}rf\mathrm{d}r - \frac{1}{n-2}\int_{\overline{r}}^{r}r^{n-1}f\mathrm{d}r$$

求导数并令 $r = \overline{r}$ 代入,得

$$\frac{\mathrm{d}u}{\mathrm{d}r}\Big|_{\overline{r}} = \frac{1}{n-2}[\overline{r} - \overline{r}^{n-1}]f\Big|_{\overline{r}}$$

可见,

对附加条件(1),有解之充要协调条件为

$$\frac{\mathrm{d}u}{\mathrm{d}r}\Big|_{\overline{r}}\cos(\overrightarrow{r,n}) = \left\{\frac{1}{n-2}[\overline{r} - \overline{r}^{n-1}]\right\}f\Big|_{\overline{r}}\cos(\overrightarrow{r,n}) = \varphi$$

对附加条件(2),有解之充要协调条件为

$$\alpha\frac{\mathrm{d}u}{\mathrm{d}r}\Big|_{\overline{r}} + \beta = \alpha\left\{\frac{1}{n-2}[\overline{r} - \overline{r}^{n-1}]\right\}f\Big|_{\overline{r}}\cos(\overrightarrow{r,n}) + \beta = \varphi$$

当有解之充要协调条件满足时,问题(1),(2)就有解 u 如前面所示,但含有一任意常数 c_1.

参考文献:

[1] 孙家永.Poissn 方程在高维球体上之 Neumann 问题及 Robin 问题之解.

43. Poisson 方程在平面凸区域上之 Neumann 问题及 Robin 问题之解

孙家永　　完稿于 2010 年 11 月

摘　要　本文给出了标题所示之解及有解之充要条件.

关键词　Poisson 方程，Neumann 问题，Robin 问题，协调条件.

设 D 为一含原点于其内部的一个平面凸区域，C 为其光滑边界，f 为 D 上的一个连续的函数，φ 为一个给定在 C 上的函数，称

$$\begin{cases} \Delta u = f，在 D 上 \\ \dfrac{\partial u}{\partial n} = \varphi，在 C 上（\dfrac{\partial u}{\partial n} 表示 u 在 C 上沿内向法线 \vec{n} 之导数） \end{cases} \tag{1}$$

为 Neumann 问题；称

$$\begin{cases} \Delta u = f，在 D 上 \\ \alpha \dfrac{\partial u}{\partial n} + \beta = \varphi，在 C 上 \end{cases} \tag{2}$$

为 Robin 问题.

采用极坐标来求 C 上任一点 $(\bar{r}, \bar{\theta})$ 之向径上任一点 $(r, \bar{\theta})$ 处之 u 值，由于在向径上只有 r 是变量，所以由方程及附加条件，可得

$$\begin{cases} \dfrac{\mathrm{d}^2 u}{\mathrm{d} r^2} + \dfrac{1}{r} \dfrac{\mathrm{d} u}{\mathrm{d} r} = f，0 < r \leqslant \bar{r} \\ \dfrac{\mathrm{d} u}{\mathrm{d} n}\Big|_{\bar{r}} = \varphi \end{cases} \tag{1$'$}$$

$$\begin{cases} \dfrac{\mathrm{d}^2 u}{\mathrm{d} r^2} + \dfrac{1}{r} \dfrac{\mathrm{d} u}{\mathrm{d} r} = f，0 < r \leqslant \bar{r} \\ \alpha \dfrac{\mathrm{d} u}{\mathrm{d} n}\Big|_{\bar{r}} + \beta = \varphi \end{cases} \tag{2$'$}$$

$(1)'$，$(2)'$ 中之常微分方程的相应齐次方程有一组线性无关的解，1 和 $\ln r$ 用常数变易法，可将非齐次方程之通解表示为

$$u = c_1 + c_2 \ln r - \int_{\bar{r}}^{r} r f \mathrm{d} r + \int_{\bar{r}}^{r} r \ln r f \mathrm{d} r$$

但 u 在 $r = 0$ 处无奇性，所以 $c_2 = 0$，于是

$$u = c_1 - \int_{\bar{r}}^{r} r f \mathrm{d} r + \int_{\bar{r}}^{r} r \ln r f \mathrm{d} r$$

为了得到附加条件，再进一步计算在 C 上之 $(\bar{r}, \bar{\theta})$ 处之 $\dfrac{\mathrm{d} u}{\mathrm{d} n}$ 值：

由于假设 C 为光滑,故其内法线向量 $\vec{n}$ 可知,再由此点的坐标为 $(\vec{r},\vec{\theta})$ 故此点之向径为

$$\vec{r}\cos\theta\vec{i} + \vec{r}\sin\theta\vec{j}$$

从而 $\cos(\vec{r,n}) = \dfrac{\vec{r}}{|\vec{r}|} \cdot \dfrac{\vec{n}}{|\vec{n}|} = (\cos\theta\vec{i} + \sin\theta\vec{j}) \cdot \dfrac{\vec{n}}{|\vec{n}|}$ 可知,故附加条件 $(1)',(2)'$ 分别为

$$\left.\frac{du}{dn}\right|_{\vec{r}} = \left.\frac{du}{dr}\right|_{\vec{r}}\cos(\vec{r,n}) = \varphi \quad \text{及} \quad \alpha\left.\frac{du}{dr}\right|_{\vec{r}}\cos(\vec{r,n}) + \beta = \varphi$$

但

$$\left.\frac{du}{dr}\right|_{\vec{r}} = (-rf + r\ln rf)|_{\vec{r}}$$

从而 $(1)'$ 之附加条件为

$$(-rf + r\ln rf)|_{\vec{r}}\cos(\vec{r,n}) = \varphi$$

$(2)'$ 之附加条件为

$$\alpha(-rf + r\ln rf)|_{\vec{r}}\cos(\vec{r,n}) + \beta = \varphi$$

这就是问题 $(1),(2)$ 有解之协调充要条件,当充要条件满足时,$(1)',(2)'$ 有解

$$u = c_1 - \int_{\vec{r}}^{r} rf \, dr + \int_{\vec{r}}^{r} r\ln rf \, dr$$

它含有一个任意常数 c_1.

参考文献:

[1] 孙家永. Poisson 方程在圆上的 Neumann 问题及 Robin 问题之解.

44. 关于 Poisson 方程在 n 维空间的 $n-1$ 维多连通域上的 Neumann 问题及 Robin 问题之解的一点注记

孙家永　　完稿于 2010 年 12 月

摘　要　本文指出了若 V 包含原点于其内部是 V 的外边界面光滑,且能围一凸体其余边界面都是光滑 $n-1$ 维曲面,则标题所示问题有唯一解(可差一任意常数)的充要条件及解的形式.

关键词　Poisson 方程,多连通域,Neumann 问题,Robin 问题,有解条件.

设 V 的外边界面 S_1 光滑,它所围的是一凸体 V_1,其余内边界面都是光滑曲面;u 为在 V_1 内有连续二阶偏导数,且一阶偏导数在 V_1 上连续的未知函数;f 为在 V 上连续之函数,φ_1 为在外表面上给定的函数,而 φ_i 则为 V 之内边界面 $S_i(i=2,\cdots)$ 上给定的函数.

求解

$$\begin{cases} \Delta u = f,\text{在 } V \text{ 内} \\ \dfrac{\partial u}{\partial n} = \varphi_1,\text{在 } S_1 \text{ 上} \\ \dfrac{\partial u}{\partial n} = \varphi_i,\text{在 } S^i \text{ 上}(i=z,\cdots) \end{cases} \quad \text{及} \quad \begin{cases} \Delta u = f, \qquad\quad \text{在 } V \text{ 内} \\ \alpha_1\dfrac{\partial u}{\partial n} + \beta_1 = \varphi_1, \quad \text{在 } S_1 \text{ 上} \\ \alpha_i\dfrac{\partial u}{\partial n} + \beta_i = \varphi_i, \quad\ \text{在 } S_i \text{ 上}(i=2,\cdots) \end{cases}$$

分别称为 Neumann 问题及 Robin 问题

既然已命 S_1 所围之区域为 V_1,将 f 从 V 延拓至 V_1 且使它连续,[1],[2] 已给出

$$\begin{cases} \Delta u = f,\text{在 } V_1 \text{ 内} \\ \dfrac{\partial u}{\partial n} = \varphi_1,\text{在 } S_1 \text{ 上,且它符合有解之协调条件} \end{cases}$$

$$\begin{cases} \Delta u = f,\text{在 } V_1 \text{ 内} \\ \alpha_1\dfrac{\partial u}{\partial n} + \beta_1,\text{在 } S_1 \text{ 上,且符合有解之协调条件} \end{cases}$$

则它们都有唯一解 u(可差一常数)它们在其余内表面上都有 $\dfrac{\partial u}{\partial n}$ 及 $\alpha_i\dfrac{\partial u}{\partial n} + \beta_i$,若它们与原问题给出的相同,$u$ 就是问题的解;若与原问题给出的不同,原问题就没有解.

2 维空间的情形可同样地讨论.

参考文献：

［1］孙家永. Poisson 方程在高维空间凸体上的 Neumann 问题及 Robin 问题之解.

［2］孙家永. Poisson 方程在平面凸区域上的 Neumann 问题及 Robin 问题之解.

45. $\Delta u = u$ 在高维球上之 Neumann 问题及 Robin 问题有唯一解及有唯一解的条件

孙家永　　完稿于 2010 年 12 月

摘　要　本文给出了标题所示问题之唯一解及有唯一解之充要条件.

关键词　方程 $\Delta u = u$, Neumann 问题, Robin 问题, 协调条件, 高维空间的球面坐标系.

设 $V_n(R)$ 为一中心在原点,半径为 R 之 n 维球体 $(n \geqslant 3)$, $S_n(R)$ 为其表面; u 为在 $V_n(R)$ 内有连续二阶偏导数,在 $V_n(R)$ 上一阶偏导数连续的未知函数,则求解

$$
\begin{cases}
\Delta u = f, \text{在 } V_n(R) \text{ 内} \\
\dfrac{\partial u}{\partial n} = \varphi, \text{在 } S_n(R) \text{ 上}, \left(\dfrac{\partial u}{\partial n} \text{ 为 } u \text{ 沿 } S_n(R) \text{ 内向法线向量 } \vec{n} \text{ 之导数}\right)
\end{cases}
\tag{1}
$$

其中 f 为在 $V_n(R)$ 上连续之函数, φ 为 $S_n(R)$ 上给定之函数.
称为 Neumann 问题.

求解

$$
\begin{cases}
\Delta u = f, & \text{在 } V_n(R) \text{ 内} \\
\alpha \dfrac{\partial u}{\partial n} + \beta = \varphi, & \text{在 } S_n(R) \text{ 上}
\end{cases}
\tag{2}
$$

其中 f 为在 $V_n(R)$ 上连续之函数, φ 为 $S_n(R)$ 上给定之函数.
称为 Robin 问题

[1] 中已利用高维空间的球面坐标证明了:

当 φ 分别满足

$$
\varphi = \frac{1}{n-2}(R^{n-1} - R)f \mid_R
$$

及

$$
\varphi = \frac{\alpha}{n-2}(R^{n-1} - R)f \mid_R + \beta
$$

则 (1),(2) 有解

$$
u = c_1 + \int_R^r \frac{rf}{2-n}\mathrm{d}r - \int_R^r \frac{r^{n-1}f}{2-n}\mathrm{d}r, (\text{对任何 } \theta_n, \cdots, \theta_3, \theta_2^*)
$$

本文则要证明,将 Poisson 方程右端之 f 换成 u 时,相应的 Neumann 问题:

$$
\begin{cases}
\Delta u = u, \text{在 } V_n(R) \text{ 内} \\
\dfrac{\partial u}{\partial n} = \varphi, \text{在 } S_n(R) \text{ 上}
\end{cases}
\tag{1$'$}
$$

及相应的 Robin 问题

$$\begin{cases} \Delta u = u, \text{在 } V_n(R) \text{ 内} \\ \alpha \dfrac{\partial u}{\partial n} + \beta = \varphi, \text{在 } S_n(R) \text{ 上} \end{cases} \tag{2}'$$

在 φ 满足相应的适当协调条件,都有唯一解.

由于 u 的一阶偏导数在 $V_n(R)$ 上连续,所以[1]中的讨论,当 f 换成 u 也仍然适用,即当 φ 分别满足

$$\varphi = \frac{1}{n-2}(R^{n-1} - R)u \mid_R$$

及

$$\varphi = \frac{\alpha}{n-2}(R^{n-1} - R)u \mid_R + \beta$$

则 $(1)', (2)'$ 有解

$$u = c_1 + \int_R^r \frac{ru}{2-n}\mathrm{d}r - \int_R^r \frac{r^{n-1}u}{2-n}\mathrm{d}r, \text{(对任何 } \theta_n, \cdots, \theta_3, \theta_2^*)$$

由此

$$\frac{\mathrm{d}u}{\mathrm{d}r} = \frac{ru}{2-n} - \frac{r^{n-1}u}{2-n}, \quad \frac{\mathrm{d}u}{\mathrm{d}r}\bigg|_R = \frac{1}{n-2}(R^{n-1} - R)u \mid_R$$

且

$$u \mid_R = c_1$$

所以 $(1)', (2)'$ 有解之条件分别成为

$$\varphi = \frac{1}{n-2}(R^{n-1} - R)c_1 \tag{3}$$

及

$$\varphi = \frac{\alpha}{n-2}(R^{n-1} - R)c_1 + \beta \tag{4}$$

当 $(3), (4)$ 满足时,u 将使上面的积分方程成立,但此积分方程等价于

$$\begin{cases} \dfrac{\mathrm{d}u}{\mathrm{d}r} = \dfrac{1}{n-2}(r^{n-1} - r)u \\ u \mid_R = c_1 \end{cases}$$

解此一阶线性微分方程的始值问题,即得

$$u = c_1 \mathrm{e}^{-\frac{1}{n-2}(\frac{R^n}{n} - \frac{R^2}{2})} \mathrm{e}^{\frac{1}{n-2}(\frac{r^n}{n} - \frac{r^2}{2})}$$

可见 $(3), (4)$ 是有唯一解的条件,且可得唯一解如上,因为 $(3), (4)$ 不满足时,问题 $(1)'$,$(2)'$ 无解,所以,$(3), (4)$ 也分别是 $(1)', (2)'$ 有唯一解的解的必要条件.

参考文献:

[1] 孙家永. Poisson 方程在高维球上之 Neumann 问题及 Robin 问题之解.

46. $\Delta u = u$ 在圆上之 Neumann 问题及 Robin 问题有唯一解及有唯一解之充要条件

孙家永   完稿于 2010 年 12 月

摘　要　本文给出了标题所示问题之唯一解及有唯一解的充要条件.

关键词　方程 $\Delta u = u$,Neumann 问题,Robin 问题,唯一解条件.

设 $D(R)$ 为一中心在原点,半径为 R 的圆,$C(R)$ 为其边界.
u 为在 $D(R)$ 内有连续二阶导数;在 $D(R)$ 上一阶偏导数连续的未知函数.则求解

$$\begin{cases} \Delta u = f,\text{在 } D(R) \text{ 内} \\ \dfrac{\partial u}{\partial n} = \varphi,\text{在 } C(R) \text{ 上},\left(\dfrac{\partial u}{\partial n} \text{ 为 } u \text{ 沿 } C(R) \text{ 内向法线向量} \overrightarrow{n} \text{ 之导数} \right) \end{cases} \tag{1}$$

其中 f 为在 $D(R)$ 上连续之函数,φ 为 $C(R)$ 上给定的函数.
称为 Neumann 问题.

求解

$$\begin{cases} \Delta u = f,\text{在 } D(R) \text{ 内} \\ \alpha \dfrac{\partial u}{\partial n} + \beta = \varphi,\text{在 } C(R) \text{ 上} \end{cases} \tag{2}$$

其中 f 为在 $D(R)$ 上连续之函数,φ 为 $C(R)$ 上给定之函数.
称为 Robin 问题

参考文献[1] 中已指出,当 φ 分别满足

$$\varphi = (R - R\ln R) f \mid_R$$

$$\varphi = \alpha [(R - R\ln R) f \mid_R] + \beta$$

式(1),式(2) 就有解

$$u = c_1 - \int_R^r rf \mathrm{d}r + \int_R^r r\ln rf \mathrm{d}r$$

由于 u 在 $D(R)$ 上有一阶连续偏导数,可将 f 换作 u
于是当 φ 分别满足

$$\varphi = (R - R\ln R) u \mid_R \tag{3}$$

$$\varphi = \alpha [(R - R\ln R) u]_R + \beta \tag{4}$$

$$u = c_1 - \int_R^r ru \mathrm{d}r + \int_R^r \ln r \mathrm{d}r \tag{5}$$

对任何固定的 θ,积分方程式(5) 等价于

$$\frac{\mathrm{d}u}{\mathrm{d}r} = (r\ln r - r)u, u \mid_{r=R} = c_1$$

解此常微分方程的始值问题,即得

$$u = c_1 e^{r\ln r - r - \frac{r^2}{2} - (R\ln R - R - \frac{R^2}{2})}$$

这就是唯一的 u 的形式,而式(3),式(4)中将 $u\mid_R$ 换成 c_1 就分别是式(1),式(2)有唯一解之充要条件.

参考文献:

[1] 孙家永. Poisson 方程在圆上的 Neumann 问题及 Robin 问题之解.

47. $\Delta u = u$ 在高维空间凸体上之 Neumann 问题及 Robin 问题有唯一解及有 唯一解之充要条件

孙家永　完稿于 2010 年 12 月

摘　要　本文给出了标题所示的问题之唯一解及有唯一解的充要条件.
关键词　方程 $\Delta u = u$,Neumann 问题,Robin 问题,唯一解条件.

设 V_n 为 n 维空间中包含原点于其内部的一个凸体,$(n \geqslant 3)$,S_n 为它的光滑表面;u 为在 V_n 内有连续二阶偏导数,在 V_n 上一阶偏导数连续的未知函数,则求解

$$\begin{cases} \Delta u = f,\text{在 } V_n \text{ 内} \\ \dfrac{\partial u}{\partial n} = \varphi,\text{在 } S_n \text{ 上},\left(\dfrac{\partial u}{\partial n} \text{ 为 } u \text{ 沿 } S \text{ 内向法线向量} \vec{n} \text{ 之导数}\right) \end{cases} \tag{1}$$

其中 f 为在 V_n 上连续之函数,φ 为 S_n 上给定之函数.
称为 Neumann 问题.

求解

$$\begin{cases} \Delta u = f,\text{在 } V_n \text{ 内} \\ \alpha \dfrac{\partial u}{\partial n} + \beta = \varphi,\text{在 } S_n \text{ 上} \end{cases} \tag{2}$$

其中 f 为在 V_n 上连续之函数,φ 为 S_n 上给定之函数.
称为 Robin 问题.

参考文献[1] 中已指出,当 φ 分别满足

$$\varphi = \frac{1}{n-2}(\bar{r} - \bar{r}^{n-1}) f \mid_{\bar{r}} \cos \overrightarrow{(r,n)}$$

$$\varphi = \alpha \left\{ \frac{1}{n-2}(\bar{r} - \bar{r}^{n-1}) f \mid_{\bar{r}} \right\} \cos \overrightarrow{(r,n)} + \beta$$

其中 $\cos \overrightarrow{(r,n)}$ 为 S_n 面上一点 $(\bar{r},\theta_n,\cdots,\theta_3,\theta_2^*)$ 之位置向量 $\vec{r}$ 与 S_n 在此点之 $\vec{n}$ 夹角之余弦,它是可知的,$\bar{r}$ 则为此点之向径长度. 此时,(1),(2) 之解 $u = c_1 + \dfrac{1}{n-2}\displaystyle\int_{\bar{r}}^{r} rf \, dr - \dfrac{1}{n-2}\displaystyle\int_{\bar{r}}^{r} r^{n-1} f \, dr$

由于 u 在 V_n 上有连续一阶偏导数,可以将 f 换成 u 而得
当

$$\varphi = \frac{1}{n-2}(\bar{r} - \bar{r}^{n-1}) u \mid_{\bar{r}} \cos \overrightarrow{(r,n)} \tag{3}$$

$$\varphi = \alpha \left\{ \frac{1}{n-2}(\bar{r} - \bar{r}^{n-1}) u \Big|_{\bar{r}} \cos \overrightarrow{(r,n)} + \beta \right. \tag{4}$$

(1),(2) 就有解

$$u = c_1 + \frac{1}{n-2}\int_{\bar{r}}^{2} ru\,dr - \frac{1}{n-2}\int_{\bar{r}}^{r} r^{n-1}u\,dr$$

对任取定之 $\theta_n, \theta_{n-1}, \cdots, \theta_3, \theta_2^*$，此积分方程等价于

$$\frac{du}{dr} = \frac{1}{n-2}ru - \frac{1}{n-2}r^{n-1}u, u\mid_{r=\bar{r}} = c_1$$

解此一阶线性常微分方程的始值问题，知

$$u = c_1 e^{-\frac{1}{2-n}(\frac{\bar{r}}{2}^2 - \frac{\bar{r}}{n}^n)} e^{\frac{1}{2-n}(\frac{r^2}{2} - \frac{r^n}{n})}$$

至此，唯一解都得到，有唯一解的条件(3)及(4)也得到.

参考文献：

[1] 孙家永. Poisson 方程在高维空间凸体之 Neumann 问题及 Robin 问题之解.

48. $\Delta u = u$ 在平面凸区域上之 Neumann 问题及 Robin 问题有唯一解及 有唯一解的充要条件

孙家永　　完稿于 2010 年 12 月

摘　要　　本文给出了标题所示的问题之唯一解及有唯一解的条件.

关键词　　方程 $\Delta u = u$，Neumann 问题，Robin 问题，唯一解条件.

设 D 为平面上一个包含原点于其内部的闭凸区域，C 为它的光滑边界，u 在 D 内有连续二阶偏导数，在 D 上一阶偏导数连续之未知函数，则求解

$$\begin{cases} \Delta u = f，在 \ D \ 内 \\ \dfrac{\partial u}{\partial n}\Big|_C = \varphi，\left(\dfrac{\partial u}{\partial n} \ 为 \ u \ 沿 \ C \ 内向法线向量 \ \overrightarrow{n} \ 之导数\right) \end{cases} \tag{1}$$

其中 f 为在 D 上连续之函数，φ 为 C 上给定之函数.

称为 Neumann 问题.

求解

$$\begin{cases} \Delta u = f，在 \ D \ 内 \\ \alpha \dfrac{\partial u}{\partial n}\Big|_s + \beta = \varphi \end{cases} \tag{2}$$

其中 f 为在 D 上连续之函数，φ 为 C 上给定之函数.

称为 Robin 问题. 今求 C 上任一定点 $(\overline{r}, \theta)$ 之位置向量上之点 (r, θ) 处之 u 值. 由于该位置向量上之点，只有 r 是变量，故 u 应满足

$$\frac{\mathrm{d}^2 u}{\mathrm{d}r^2} + \frac{1}{r}\frac{\mathrm{d}u}{\mathrm{d}r} = f$$

(1)，(2) 之附加条件分别为 $\varphi = \dfrac{\partial u}{\partial r}\Big|_{\overline{r}}\cos(\overrightarrow{r, n})$ 及 $\varphi = \alpha\dfrac{\partial u}{\partial r}\Big|_{\overline{r}}\cos(\overrightarrow{r, n}) + \beta$，而 $\cos(\overrightarrow{r, n})$ 可求知. 当附加条件满足时，问题之解为

$$u = c_1 - \int_{\overline{r}}^r rf\,\mathrm{d}r + \int_{\overline{r}}^r r\ln rf\,\mathrm{d}r$$

由于 u 也在 D 上也连续，故可将 f 换作 u，而有

$$u = c_1 - \int_{\overline{r}}^r ru\,\mathrm{d}u + \int_{\overline{r}}^r r\ln r\,\mathrm{d}r \tag{3}$$

从而 $u\big|_{\overline{r}} = c_1$

故上面的积分方程（+）等价于

$$\frac{\mathrm{d}u}{\mathrm{d}r} = (r\ln r - r)u，u\big|_{\overline{r}} = c_1$$

所以

$$u = c_1 e^{-(\vec{r}\ln\vec{r} - \vec{r} - \frac{\vec{r}^2}{2})} e^{(\vec{r}\ln\vec{r} - \vec{r} - \frac{\vec{r}^2}{2})}$$

让 $\varphi = \dfrac{\mathrm{d}u}{\mathrm{d}r}\Big|_{\vec{r}} \cos\overrightarrow{(r,n)}$ 与 $\dfrac{\mathrm{d}u}{\mathrm{d}r}\Big|_{\vec{r}} \cos\overrightarrow{(r,n)} = (\vec{r}\ln\vec{r} - \vec{r})u_{\vec{r}} \cos\overrightarrow{(r,n)} = c_1(\vec{r}\ln\vec{r} - \vec{r}) \cos\overrightarrow{(r,n)}$

$\varphi = \alpha \dfrac{\mathrm{d}u}{\mathrm{d}r}\Big|_{\vec{r}} \cos\overrightarrow{(r,n)} + \beta$ 与 $\alpha \dfrac{\mathrm{d}u}{\mathrm{d}r}\Big|_{\vec{r}} \cos\overrightarrow{(r,n)} + \beta = \alpha(\vec{r}\ln\vec{r} - \vec{r})c_1 \cos\overrightarrow{(r,n)} + \beta$ 都协调起来得

$$\varphi = c_1(\vec{r}\ln\vec{r} - \vec{r}) \cos\overrightarrow{(r,n)} \tag{4}$$

$$\varphi = \alpha(\vec{r}\ln\vec{r} - \vec{r}) \cos\overrightarrow{(r,n)} + \beta \tag{5}$$

(4),(5) 就是积分方程成立的条件,此时的解都是

$$u = c_1 e^{-(\vec{r}\ln\vec{r} - \vec{r} - \frac{\vec{r}^2}{2})} e^{(\vec{r}\ln\vec{r} - \vec{r} - \frac{\vec{r}^2}{2})}$$

这样唯一解得到了,有唯一解的充要条件也得到了.

参考文献:

[1] 孙家永. Poisson 方程平面凸区域上之 Neumann 问题及 Robin 问题之解.

49. $\Delta u = u^k$ 在 n 维球上之 Neumann 问题及 Robin 问题之解及有解条件

孙家永   完稿于 2010 年 12 月

摘　要　本文指出了标题所示问题之解为一简单微分方程的隐式解并给出了这种解的表达式及有这种解之充要条件.

关键词　方程 $\Delta u = u^k$, Neumann 问题, Robin 问题, 有解之协调条件.

设 $V_n(R)$ 为中心在原点, 半径为 R 之 n 维球 $(n \geqslant 3)$, $S_n(R)$ 为其表面, u 为在 $V_n(R)$ 内有连续二阶偏导数, 在 $V_n(R)$ 上一阶偏导数连续的未知函数, 则求解

$$\begin{cases} \Delta u = u^k, \text{在 } V_n(R) \text{ 内} \\ \dfrac{\partial u}{\partial n} = \varphi, \text{在 } S_n(R) \text{ 上}, \left(\dfrac{\partial u}{\partial n} \text{ 为 } u \text{ 沿 } S_n(R) \text{ 内向法线向量之导数}\right) \end{cases} \quad (1)$$

其中 f 为在 $V_n(R)$ 上连续之函数, φ 为 $S_n(R)$ 上给定之函数.

称为 Neumann 问题.

求解

$$\begin{cases} \Delta u = u^k, \text{在 } V_n(R) \text{ 内} \\ \alpha \dfrac{\partial u}{\partial n} \Big| + \beta = \varphi, \text{在 } S_n(R) \text{ 上} \end{cases} \quad (2)$$

其中 f 为在 $V_n(R)$ 上连续之函数, φ 为 $S_n(R)$ 上给定之函数.

称为 Robin 问题.

参考文献 [1] 中已利用 n 维空间的球面坐标证明了:

当 φ 分别满足

$$\varphi = \frac{1}{n-2}(R^{n-1} - R)f\mid_R$$

及

$$\varphi = \frac{\alpha}{n-2}(R^{n-1} - R)f\mid_R + \beta$$

则式 (1), 式 (2) 有解为

$$u = c_1 + \int_R^r \frac{r^{n-1}f}{n-2}\mathrm{d}r - \int_R^r \frac{rf}{n-2}\mathrm{d}r \qquad (\text{对任何 } \theta_n, \cdots, \theta_3, \theta_2^*)$$

本文则要证明, 将 Poisson 方程之右端之 f 换成 u^k 时, 相应的 Neumann 问题:

$$\begin{cases} \Delta u = u^k, \text{在 } V_n(R) \text{ 内} \\ \dfrac{\partial u}{\partial n} = \varphi, \text{在 } S_n(R) \text{ 上} \end{cases} \quad (1)'$$

及相应的 Robin 问题:

$$\begin{cases} \Delta u = u^k, \text{在 } V_n(R) \text{ 内} \\ \dfrac{\partial u}{\partial n} = \varphi, \text{在 } S_n(R) \text{ 上} \end{cases} \qquad (2)'$$

在 φ 满足相应的适当协调条件时,都有解,但含一任意常数.

由于 u^k 的一阶偏导数在 $V_n(R)$ 上连续,所以参考文献[1]中的讨论结果,对式(1)′,式(2)′仍然适用,即 φ 分别满足

$$\varphi = \frac{1}{n-2}(R^{n-1} - R)u^k \mid_R$$

及

$$\varphi = \frac{\alpha}{n-2}(R^{n-1} - R)u^k \mid_R + \beta$$

则式(1)′,式(2)′有解(不满足就没有解)为

$$u = c_1 + \int_R^r \frac{r^{n-1}u^k}{n-2}\mathrm{d}r - \int_R^r \frac{ru^k}{n-2}\mathrm{d}r,(\text{对任何 } \theta_n, \cdots, \theta_3, \theta_2^*) \qquad (3)$$

由此

$$\frac{\mathrm{d}u}{\mathrm{d}r} = \frac{r^{n-1}u^k}{n-2} - \frac{ru^k}{n-2}, \quad \frac{\mathrm{d}u}{\mathrm{d}r}\Big|_R = \frac{1}{n-2}(R^{n-1} - R)u^k \mid_R$$

且

$$u \mid_R = c_1$$

所以,式(1)′,式(2)′有解之条件分别成为

$$\varphi = \frac{1}{n-2}(R^{n-1} - R)c_1^k \qquad (4)$$

及

$$\varphi = \frac{\alpha}{n-2}(R^{n-1} - R)c_1^k + \beta \qquad (5)$$

当式(4)或式(5)成立时(式(4)中,φ 总是常数;式(5)中,当 α,β 是 $S_n(R)$ 上之函数时,φ 可以不是常数),则上面的积分方程式(3)成立,此积分方程式(3)等价于

$$\begin{cases} \dfrac{\mathrm{d}u}{\mathrm{d}r} = \dfrac{1}{2-n}(r - r^{n-1})u^k \\ u \mid_R = c_1 \end{cases}$$

解此常微分方程的始值问题,得 （$k=1$ 的情形,已在参考文献[2]中讨论过）

$$u^{-k+1} = c_1^{-k+1} - \frac{-k+1}{n-2}\left(\frac{R^n}{n} - \frac{R^2}{2}\right) + \frac{-k+1}{n-2}\left(\frac{r^n}{n} - \frac{r^2}{2}\right)$$

它就是摘要中所述的两个隐式解的表达式.这种常微分方程之隐式解也可简称为问题式(1),式(2)的隐式解,它也是唯一的.

参考文献:

[1] 孙家永. Poisson 方程在高维球上之 Neumann 问题及 Robin 问题之解.

[2] 孙家永. $\Delta u = u$ 在高维球上之 Neumann 问题及 Robin 问题有唯一解.

50. $\Delta u = u^k$ 在圆上的 Neumann 问题及 Robin 问题之解及有解条件

孙家永　完稿于 2010 年 12 月

摘　要　本文指出了标题所示问题有隐式解及有隐式解的充要条件.

关键词　方程 $\Delta u = u^k$, Neumann 问题, Robin 问题, 隐式解.

设 $D(R)$ 为一中心在原点,半径为 R 之圆, $C(R)$ 为其边界; u 为在 $D(R)$ 内有连续二阶偏导数,且在 $D(R)$ 上一阶偏导数连续的未知函数,则求解

$$\begin{cases} \Delta u = u^k, \text{在} D(R) \text{内} \\ \dfrac{\partial u}{\partial n} = \varphi, \text{在} C(R) \text{上}, \left(\dfrac{\partial u}{\partial n} \text{为} u \text{沿} C(R) \text{内向法线向量} \overrightarrow{n} \text{之导数} \right) \end{cases} \tag{1}$$

其中 φ 为在 $C(R)$ 上给定的函数,称为 $\Delta u = u^k$ 在 $D(R)$ 上之 Neumann 问题.

求解

$$\begin{cases} \Delta u = u^k, \text{在} D(R) \text{内} \\ \alpha \dfrac{\partial u}{\partial n} + \beta = \varphi, \text{在} C(R) \text{上} \end{cases} \tag{2}$$

其中 φ 为在 $C(R)$ 上给定的函数,称为 $\Delta u = u^k$ 在 $D(R)$ 上之 Robin 问题.

参考文献[1] 已对 $\Delta u = f$ 在 $D(R)$ 上之相应 Neumann 问题及 Robin 问题有过结果:

若 (R, θ) 为 $C(R)$ 上任一定点, φ 分别满足协调条件

$$\varphi = (R\ln R - R) f \mid_R$$

及

$$\varphi = \alpha \left[(R\ln R - R) f \mid_R \right] + \beta$$

则在点 (R, θ) 之向径上任一点 (r, θ) 处取 u 值,使

$$u = e_1 + \int_R^r r f \, \mathrm{d}r - \int_R^r r \ln r f \, \mathrm{d}r$$

此 u 就能满足 Poisson 方程之相应 Neumann 问题及 Robin 问题之要求.

由于 u^k 之一阶偏导数在 $D(R)$ 上连续,故将 u^k 代替 f,上面所得结果仍成立,即

若 (R, θ) 为 $C(R)$ 上任一点, φ 分别满足协调条件:

$$\varphi = (R\ln R - R) u^k \mid_R \tag{3}$$

及

$$\varphi = \alpha (R\ln R - R) u^k \mid_R + \beta \tag{4}$$

则在点 (R, θ) 之向径上任一点 (r, θ) 处取 u 值,使

$$u = c_1 + \int_R^r r u^k \, \mathrm{d}r - \int_R^r r \ln r u^k \, \mathrm{d}r$$

就能满足 $\Delta u = u^k$ 相应之 Neumann 问题及 Robin 问题之要求.

现在上面的积分方程等价于

$$\frac{\mathrm{d}u}{\mathrm{d}r} = ru^k - r\ln ru^k, \qquad u\mid_R = c_1$$

所以,当协调条件式(3),式(4)分别得到满足时,$\Delta u = u^k$,在 $D(R)$ 上之 Neumann 问题及 Robin 问题都有隐式解.

$$\frac{1}{-k+1}u^{-k+1} = \frac{1}{-k+1}c_1^{-k+1} - \left[\frac{R^2}{2} - \left(\frac{R^2}{2}\ln R - \frac{R^2}{4}\right)\right] + \frac{r^2}{2} - \left(\frac{r^2}{2}\ln r - \frac{r^2}{4}\right)$$

为所求隐式解,式(3),式(4)分别为式(1),式(2)有隐式解之充要条件,因为不满足上面的积分方程就不能是解而上面积分方程之隐式解是唯一的,故此隐式解是唯一的.

参考文献:

[1]孙家永. Poisson 方程在圆上的 Neumann 问题及 Robin 问题之解.

51. $\Delta u = u^k$ 在 n 维球上之 Neumann 问题之解的几何意义及物理意义

孙家永　完稿于 2010 年 12 月

摘　要　本文指出了标题所示问题之解的图形为一中心在原点的涡面,并给出了在 3 维空间里这种解的气体力学意义.

关键词　方程 $\Delta u = u^k$,Neumann 问题,有解之协调条件.

设 $V_n(R)$ 为中心在原点,半径为 R 之 n 维球($n \geqslant 3$),$S_n(R)$ 为其表面,u 为在 $V_n(R)$ 内有连续二阶偏导数,在 $V_n(R)$ 上一阶偏导数连续的未知函数,参考文献[1] 中已求得下列 Neumann 问题

$$
\begin{cases}
\Delta u = u^k, \text{在 } V_n(R) \text{ 内} \\
\dfrac{\partial u}{\partial n} = \varphi, \text{在 } S_n(R) \text{ 上}, \left(\dfrac{\partial u}{\partial n} \text{ 为 } u \text{ 沿 } S_n(R) \text{ 内向法线向量之导数}\right)
\end{cases}
$$

当 φ 满足协调条件时,有唯一的隐式解.

$$
u^{-k+1} = c_1^{-k+1} - \frac{-k+1}{n-2}\left(\frac{R^n}{n} - \frac{R^2}{2}\right) + \frac{-k+1}{n-2}\left(\frac{r^n}{n} - \frac{r^2}{2}\right)
$$

或即　　$u = \left\{ u\big|_R^{-k+1} - \dfrac{-k+1}{n-2}\left(\dfrac{R^n}{n} - \dfrac{R^2}{2}\right) + \dfrac{-k+1}{n-2}\left(\dfrac{r^n}{n} - \dfrac{r^2}{2}\right) \right\}^{\frac{1}{-k+1}}$

它的图形只与从原点发出的向径有关,称为一个以原点为中心的涡面,在现实的 3 维空间里,当 $k=3$ 时,这种解可作为有粘滞性气体的流速势,而把 u 的梯度 ∇u 称为有粘滞性气体的流速.

$$
\Delta u = -\frac{1}{2}\left\{ u\big|_R^{-2} - 2\left[\left(\frac{R^2}{2} - \frac{R^3}{3}\right) - \left(\frac{r^2}{2} - \frac{r^3}{3}\right)\right] \right\}^{-\frac{3}{2}} \nabla \left\{ u\big|_R^{-2} - 2\left[\left(\frac{R^2}{2} - \frac{R^3}{3}\right) - \left(\frac{r^2}{2} - \frac{r^3}{3}\right)\right] \right\} =
$$

$$
-\frac{1}{2}\left\{ u\big|_R^{-2} - 2\left[\left(\frac{R^2}{2} - \frac{R^3}{3}\right) - \left(\frac{r^2}{2} - \frac{r^3}{3}\right)\right] \right\}^{-\frac{3}{2}} (r^2 - r)\vec{r}^0
$$

它在 $r=0$ 处, $= \vec{0}\vec{r}^0$,

它在 $r=R$ 处, $= -\dfrac{1}{2} u\big|_R^3 (R^2 - R)\vec{r}^0$

由于它在 $r=0$ 时,是 $=0$ 向量,于是原点不仅为涡的中心且必使在该点的气流速度为 0.
现在再来求涡面上各点处之气流速度(不仅只是 $r=R$ 处之气流速度)
暂时先将

$$
\begin{cases}
\Delta u = u^3, \text{在 } V_3(R) \text{ 内} \\
\dfrac{\partial u}{\partial n} = \varphi, \text{在 } S_3(R) \text{ 上}
\end{cases}
$$

之解记为 u_0,再对任何 $R' < R$ 来求:

$$\begin{cases} \Delta u = u^3 \text{,在 } V_3(R') \text{ 内} \\ \dfrac{\partial u}{\partial n} = \varphi \text{,在 } S_3(R') \text{ 上(此处 } \varphi \text{ 为} \dfrac{\partial u_0}{\partial n} \text{ 在 } S_3(R') \text{ 上之值)} \end{cases}$$

之解. 显然此解为 u_0,因为它满足协调条件及偏微分方程.

但 $\Delta = u^3$ 在 $V_3(R')$ 上之 Neumann 问题,有唯一解:

$$u = -\frac{1}{2}\left\{ u \mid_R^{-2} + \left(\frac{R'^2}{2} - \frac{R'^3}{3} \right) - \left(\frac{r^2}{2} - \frac{r^3}{3} \right) \right\}^{-\frac{3}{2}}$$

可见, $u = u_0$,亦即

$$u_0 = -\frac{1}{2}\left\{ u_0 \mid_R^{-2} + \left(\frac{R'^2}{2} - \frac{R'^3}{3} \right) - \left(\frac{r^2}{2} - \frac{r^3}{3} \right) \right\}^{-\frac{3}{2}}$$

即原来的涡面方程,也是较小 R' 所相应的涡面方程. 于是 ∇u 在 $r = R'$ 时仍是

$$-\frac{1}{2} u \mid_{R'}^{3} (R'^2 - R') \vec{r^o}$$

并且 $R' > 1$ 时,气流速度是向着涡的中心的,且速度之绝对值随 R' 递减;

$R' < 1$ 时,气流速度是背着涡的中心的,且速度之绝对值随 R' 递增.

以上,就是本文所要作的物理意义之解释. 它为龙卷风或台风提供了一种数学模型.

$u \mid_R$ 越大,涡面越高,涡面上气流速度越强烈,这时即产生龙卷风,$u \mid_R$ 不大时,产生台风.

3 维空间里涡面是由涡面过 O 轴之竖向截线,OFP 绕 Ou 轴旋转而成的旋转面,其中 $F(1,1)$ 为截线 OFP 上之拐点,$P(R, u \mid_R)$ 为截线 OFP 之最高点. 形成龙卷风或台风 R 要 $>>$ 1.

龙卷风与台风的示意图如图 1 所示.

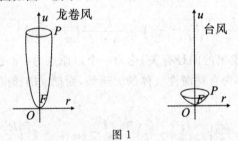

图 1

为什么会生成涡? 以及为什么在波涛汹涌的大西洋上多龙卷风? 在相对波涛平静的太平洋上多台风? 并且为什么在北半球上,龙卷风和台风都在夏季生成? 这些都要气象物理来解释了.

参考文献:

[1]孙家永. $\Delta u = u^k$ 在 n 维球上之 Neumann 问题及 Robin 问题之解及有解条件.

52. $\Delta u = f(u)$ 在高维球上的 Neumann 问题及 Robin 问题之隐式解

孙家永　完稿于 2010 年 12 月

摘　要　本文指出了标题所示之隐式解(含一任意常数)是唯一的及有唯一隐式解的条件.

关键词　方程 $\Delta u = f(u)$，Neumann 问题，Robin 问题，隐式解.

设 $V_n(R)$ 为一以原点为中心，R 为半径之 n 维球体，$(n \geqslant 3)$，$S_n(R)$ 为其表面；u 为一在 $V_n(R)$ 内有连续二阶偏导数，且在 $V(R)$ 上一阶偏导数连续的未知函数. 则求解

$$\begin{cases} \Delta u = f(u)，在 V_n(R) \text{ 内} \\ \dfrac{\partial u}{\partial n} = \varphi，在 S_n(R) \text{ 上} \end{cases} \tag{1}$$

称为 $\Delta u = f(u)$，在 $V_n(R)$ 上之 Neumann 问题.

求解

$$\begin{cases} \Delta u = f(u)，在 V_n(R) \text{ 内} \\ \alpha \dfrac{\partial u}{\partial n} \Big| + \beta = \varphi，在 S_n(R) \text{ 上} \end{cases} \tag{2}$$

称为 $\Delta u = f(u)$ 在 $V_n(R)$ 上之 Robin 问题

其中 $f(u)$ 为 u 的一个连续函数，φ 为给定在 $S_n(R)$ 上之函数.

由参考文献[1]可知，将 $f(u)$ 代替 $f(P)$，仍有(对任何 $\theta_u, \cdots, \theta_3, \theta_2^*$)

$$u = c_1 + \int_R^r \frac{r^{n-1} f(u)}{n-2} \mathrm{d}r - \int_R^r \frac{r f(u)}{n-2} \mathrm{d}r \tag{3}$$

只要 φ 分别等于 $\dfrac{1}{n-2}[r^{n-1} - r] f(u)$，在 $S_n(R)$ 上及等于 $\dfrac{\alpha}{n-2}[r^{n-1} - r] f(u)$，在 $S_n(R)$ 上，否则无解.

现在，上面的积分方程(3)等价于下列常微分方程的始值问题：

$$\frac{\mathrm{d}u}{\mathrm{d}r} = \frac{1}{n-2}(r^{n-1} - r) f(u)$$

$$u \mid_{r=R} = c_1$$

所以，即可求得 u 的隐式解为

$$\int \frac{\mathrm{d}u}{f(u)} = \int \frac{\mathrm{d}r}{n-2}(r^{n-1} - r)$$

即 $F(u) = \dfrac{1}{2-n}\left(\dfrac{r^n}{n} - \dfrac{r^2}{2}\right) + c$　　($F(u)$ 为 $\dfrac{1}{f(u)}$ 的某一原函数)

但由初始条件又有

$$F(c_1) = \frac{1}{n-2}\left(\frac{R^n}{n} - \frac{R^2}{2}\right) + c$$

所以

$$c = F(c_1) - \frac{1}{n-2}\left(\frac{R^n}{n} - \frac{R^2}{2}\right)$$

因此

$$F(u) = F(c_1) - \frac{1}{n-2}\left(\frac{R^n}{n} - \frac{R^2}{2}\right) + \frac{1}{n-2}\left(\frac{r^n}{n} - \frac{r^2}{2}\right)$$

参考文献:

[1]孙家永. $\Delta u = f$ 在高维球上之 Neumann 问题及 Robin 问题之解.

53. $\Delta u = f(u)$ 在圆上的 Neumann 问题及 Robin 问题之隐式解

孙家永　完稿于 2010 年 12 月

摘　要　本文指出了标题所示之隐式解（含一任意常数）是唯一的及有唯一隐式解的条件.

关键词　方程 $\Delta u = f(u)$, Neumann 问题, Robin 问题, 隐式解.

设 $D(R)$ 为一以原点为中心, R 为半径之圆, $C(R)$ 为其边界; u 为一在 $D(R)$ 内有连续二阶偏导数, 且在 $D(R)$ 上一阶偏导数连续的未知函数, 则求解

$$\begin{cases} \Delta u = f(u), \text{在 } D(R) \text{ 内} \\ \dfrac{\partial u}{\partial n} = \varphi, \text{在 } C(R) \text{ 上}, \left(\dfrac{\partial u}{\partial n} \text{ 为 } u \text{ 在 } C(R) \text{ 上沿内法线方向之导数}\right) \end{cases} \tag{1}$$

称为 $\Delta u = f(u)$ 在 $D(R)$ 上之 Neumann 问题, 求解

$$\begin{cases} \Delta u = f(u), \text{在 } D(R) \text{ 上} \\ \alpha \dfrac{\partial u}{\partial n}\Big| + \beta = \varphi, \text{在 } C(R) \text{ 上} \end{cases} \tag{2}$$

称为 $\Delta u = f(u)$ 在 $D(R)$ 上之 Robin 问题.

其中 $f(u)$ 为 u 的一处处连续的函数, φ 为给定在 $C(R)$ 上的一个函数.

由式(1), 式(2)可知, 将 $f(u)$ 代替 $f(P)$, 仍有(对任何 θ):

$$u = c_1 + \int_R^r rf(u)\mathrm{d}r - \int_R^r r\ln rf(u)\mathrm{d}r \tag{3}$$

只要 φ 分别满足协调条件

$$\varphi = -Rf(u)\mid_R + R\ln Rf(u)\mid_R \tag{4}$$

及

$$\varphi = \alpha(-Rf(u)\mid_R + R\ln f(u)\mid_R) + \beta \tag{5}$$

否则无解.

现在上面的积分方程式(3)等价于下列常微分方程的始值问题:

$$\frac{\mathrm{d}u}{\mathrm{d}r} = rf(u) - r\ln rf(u), u\mid_R = c_1$$

分离变量, 得

$$\frac{\mathrm{d}u}{f(u)} = (r - r\ln r)\mathrm{d}r$$

故得隐式解

$$F(u) = c + \left(\frac{r^2}{2} - \frac{r^2}{2}\ln r + \frac{r^2}{4}\right)$$

其中 $F(u)$ 为 $\dfrac{1}{f(u)}$ 的任一原函数.

令 $r=R$, 得

$$F(c_1)=c-\left(\frac{R^2}{2}-\frac{R^2}{2}\ln R+\frac{R^2}{4}\right)+\left(\frac{r^2}{2}-\frac{r^2}{2}\ln r+\frac{r^2}{4}\right)$$

所以

$$F(u)=F(c_1)-\left(\frac{R^2}{2}-\frac{R^2}{2}\ln R+\frac{R^2}{4}\right)+\left(\frac{r^2}{2}-\frac{r^2}{2}+\frac{r^2}{4}\right)$$

这就是所求隐式解, 式(4), 式(5) 分别是 Neumann 问题及 Robin 问题有此隐式解的充要条件.

例: 试求下列 Neumann 问题之解及有解之条件:

$$\begin{cases}\Delta u=\mathrm{e}^{-u}, \text{在 } D(R)\text{ 内}\\[2mm]\dfrac{\partial u}{\partial n}=\varphi, \text{在 } C(R)\text{ 上}\end{cases}$$

解: 有解之条件为

$$\varphi=-R\mathrm{e}^{-R}+R\ln R\mathrm{e}^{-R}$$

而 $F(u)=e^u$

所求隐式解为

$$e^u=e^{c_1}-\left(\frac{R^2}{2}-\frac{R^2}{2}\ln R+\frac{R^2}{4}\right)+\left(\frac{r^2}{2}-\frac{r^2}{2}\ln r+\frac{r^2}{4}\right)$$

取对数, 得

$$u=\ln\left\{e^{c_1}-\left(\frac{R^2}{2}-\frac{R^2}{2}\ln R+\frac{R^2}{4}\right)+\left(\frac{r^2}{2}-\frac{r^2}{2}\ln r+\frac{r^2}{4}\right)\right\}$$

为所求解.

参考文献:

[1]孙家永. Poisson 方程在圆上的 Neumann 问题及 Robin 问题之解.

54. $\Delta u = f(u,\theta_n,\cdots,\theta_3,\theta_2^*)$ 在 n 维球上的 Neumann 问题及 Robin 问题之解

孙家永　完稿于 2010 年 12 月

摘　要　本文给出了标题所示问题之唯一隐式解及有唯一隐式解之条件.

关键词　方程 $\Delta u = f(u,\theta_n,\cdots,\theta_3,\theta_2^*)$,球面坐标,Neumann 问题,Robin 问题,隐式解.

设 $V_n(R)$ 为 n 维空间($n \geqslant 3$)中一个以原点为中心,R 为半径之球,$S_n(R)$ 为其表面,u 为在 $V_n(R)$ 内有连续二阶偏导数,且一阶偏导数在 $V_n(R)$ 上连续的未知函数,$f(u,\theta_n,\cdots,\theta_3,\theta_2^*)$ 在 $-\infty < u < +\infty, 0 \leqslant \theta_n \leqslant \pi, \cdots, 0 \leqslant \theta_3 \leqslant \pi, 0 \leqslant \theta_2^* \leqslant 2\pi$ 上连续,则求解

$$\begin{cases} \Delta u = f(u,\theta_n,\cdots,\theta_3,\theta_2^*),\text{在 } V_n(R) \text{ 内} \\ \dfrac{\partial u}{\partial n} = \varphi,\text{在 } V_n(R) \text{ 上},(\text{此处} \dfrac{\partial u}{\partial n} \text{ 为 } u \text{ 沿 } S_n(R) \text{ 内向法线 } \overrightarrow{n} \text{ 方向之导数}) \end{cases} \tag{1}$$

称为 $\Delta u = f(u,\theta_n,\cdots,\theta_3,\theta_2^*)$ 在 $V_n(R)$ 上之 Neumann 问题;

　　求解

$$\begin{cases} \Delta u = f(u,\theta_n,\cdots,\theta_3,\theta_2^*),\text{在 } V_n(R) \text{ 内} \\ \alpha \dfrac{\partial u}{\partial n}\bigg| + \beta = \varphi,\text{在 } S_n(R) \text{ 上} \end{cases} \tag{2}$$

称为 $\Delta u = f(u,\theta_n,\cdots,\theta_3,\theta_2^*)$ 在 $V_n(R)$ 上之 Robin 问题.

　　这里 φ 为 $S_n(R)$ 上的一个给定函数.

　　对方程右端为 $f(r,\theta_n,\cdots,\theta_3,\theta_2^*)$,且在 $V_n(R)$ 有连续一阶偏导数时,参考文献[1]中已经指出.

　　对 $S_n(R)$ 上任一点 $(R,\theta_n,\cdots,\theta_3,\theta_2^*)$,$(r,\theta_n,\cdots,\theta_2^*)$ 为该点向径上任一点,当取 $(r,\theta_n,\cdots,\theta_3,\theta_2^*)$ 处之 u 值为

$$u = c_1 + \int_R^r \frac{rf(r,\theta_u,\cdots,\theta_3,\theta_2^*)}{2-n} \mathrm{d}r + \int_R^r \frac{r^{n-1}f(r,\theta_n,\cdots,\theta_2^*)}{2-n} \mathrm{d}r$$

就成为问题(1),(2)之解,其充要条件,分别为

$$\varphi = -\frac{\partial u}{\partial r}\bigg|_R$$

及

$$\varphi = \left(-\alpha \frac{\partial u}{\partial r} + \beta\right)\bigg|_R$$

满足协调条件.

　　由于现在 $f(u,\theta_n,\cdots,\theta_3,\theta_2^*)$ 也是一个 $r,\theta_n,\cdots,\theta_3,\theta_2^*$ 的连续函数,所以可将 $f(u,\theta_n,\cdots,\theta_3,\theta_2^*)$ 代替 $f(r,\theta_n,\cdots,\theta_3,\theta_2^*)$,且取 $(r,\theta_n,\cdots,\theta_3,\theta_2^*)$ 处之 u 值,满足

$$u = c_1 + \int_R^r \frac{rf(u,\theta_n,\cdots,\theta_3,\theta_2^*)}{2-n} \mathrm{d}r - \int_R^r \frac{r^{n-1}f(u,\theta_n,\cdots,\theta_3,\theta_2^*)}{2-n} \mathrm{d}r \tag{3}$$

就是文中所讨论之 Neumann 问题及 Robin 问题之解,其充要条件分别为

$$\varphi = -\frac{1}{2-n}(R - R^{n-1})f(u, \theta_n, \cdots, \theta_3, \theta_2^*)\mid_R \tag{4}$$

及

$$\varphi = \left[-\frac{\alpha}{2-n}(R - R^{n-1}) + \beta\right]_R f(u, \theta_n, \cdots, \theta_3, \theta_2^*)\mid_R \tag{5}$$

$(\alpha, \beta$ 取 $(R, \theta_n, \cdots, \theta_3, \theta_2^*)$ 处之值)

现在积分方程(3) 等价于

$$\frac{\mathrm{d}u}{\mathrm{d}r} = \frac{1}{2-n}(r - r^{n-1})f(u, \theta_n, \cdots, \theta_3, \theta_2^*), u\mid_R = c_1$$

这是一个可分离变量的常微分方程的始值问题,可求得其隐式解为

$$F(u, \theta_n, \cdots, \theta_3, \theta_2^*) = \frac{1}{2-n}\left(\frac{r^2}{2} - \frac{r^n}{n}\right) + c$$

(其中 $F(u, \theta_n, \cdots, \theta_3, \theta_2^*)$ 为 $\dfrac{1}{f(u, \theta_n, \cdots, \theta_3, \theta_2^*)}$ 的任一原函数)

令 $r = R$,则得

$$F(c_1, \theta_n, \cdots, \theta_3, \theta_2^*) - \frac{1}{2-n}\left(\frac{R^2}{2} - \frac{R^n}{n}\right) = c$$

于是

$$F(u, \theta_n, \cdots, \theta_3, \theta_2^*) = F(c_1, \theta_n, \cdots, \theta_3, \theta_2^*) - \frac{1}{2-n}\left(\frac{R^2}{2} - \frac{R^n}{n}\right) + \frac{1}{2-n}\left(\frac{r^2}{2} - \frac{r^n}{n}\right)$$

这就是问题式(1),式(2)之唯一隐式解,(它含有一任意常数 c_1) 它成立之充要条件分别为式(4) 及式(5).

参考文献:

[1]孙家永. Poisson 方程在高维球上之 Neumann 问题及 Robin 问题之解.

55. $\Delta u = f(u,\theta)$ 在圆上的 Neumann 问题及 Robin 问题之隐式解

孙家永　完稿于 2010 年 12 月

摘　要　本文给出了标题所示问题之唯一隐式解及有唯一隐式解之条件.

关键词　方程 $\Delta u = f(u,\theta)$，Neumann 问题，Robin 问题，隐式解.

设 $D(R)$ 为平面上一个以原点为中心，R 为半径的圆，$C(R)$ 为其边界，u 为在 $D(R)$ 内有连续二阶偏导数，且一阶偏导数在 $D(R)$ 上连续的未知函数，$f(u,\theta)$ 为一处处连续的变量 (u,θ) 的函数，则

求解

$$\begin{cases} \Delta u = f(u,\theta)，在\ D(R)\ 内 \\ \dfrac{\partial u}{\partial n} = \varphi，在\ C(R)\ 上，(此处\dfrac{\partial u}{\partial n}\ 为\ u\ 沿\ C(R)\ 内向法线\ \overrightarrow{n}\ 方向之导数) \end{cases} \tag{1}$$

称为 $\Delta u = f(u,\theta)$ 在 $D(R)$ 上之 Neumann 问题.

求解

$$\begin{cases} \Delta u = f(u,\theta)，在\ D(R)\ 内 \\ \alpha\dfrac{\partial u}{\partial n} + \beta = \varphi，在\ C(R)\ 上 \end{cases} \tag{2}$$

称为 $\Delta u = f(u,\theta)$ 在 $D(R)$ 上之 Robin 问题

参考文献[1]中已给出对方程右端为 $f(r,\theta)$，在 $D(R)$ 上连续时，则对 $C(R)$ 上任一点 (R,θ) 之向径上任一点 (r,θ) 处取 u 值，满足

$$u = c_1 + \int_R^r rf(r,\theta)\,\mathrm{d}r + \int_R^r r\ln rf(r,\theta)\,\mathrm{d}r$$

能成为 Neumann 问题及 Robin 问题之解的充要条件，分别为

$$\varphi = -\left.\frac{\partial u}{\partial r}\right|_R$$

及

$$\varphi = \left.\left(-\alpha\frac{\partial u}{\partial r} + \beta\right)\right|_R$$

能满足协调条件

由于现在 $f(u,\theta)$ 也是一个 r,θ 在 $D(R)$ 上连续之函数，所以将 $f(u,\theta)$ 代替 $f(r,\theta)$，仍然有取 (r,θ) 处之 u 值，满足

$$u = c_1 + \int_R^r rf(u,\theta)\,\mathrm{d}r - \int_R^r r\ln rf(u,\theta)\,\mathrm{d}r \tag{3}$$

它就是文中所提之 Neumann 问题及 Robin 问题之解，当且仅当

$$\varphi = -(R - R\ln R)f(u,\theta)\,|_R \tag{4}$$

$$\varphi = -\alpha(R - R\ln R)f(u,\theta)\mid_R + \beta \tag{5}$$

(α, β 取 (R,θ) 处之值)

现在积分方程(3)等价于

$$\frac{du}{dr} = rf(u,\theta) - r\ln rf(u,\theta), \qquad u\mid_R = c_1$$

分解变量,得

$$\frac{du}{f(u,\theta)} = (r - r\ln r)$$

$$\frac{du}{f(u,\theta)} = (r - r\ln r)$$

所以

$$F(u,\theta) = \left(\frac{r^2}{2} - \frac{r^2}{2}\ln r + \frac{r^2}{4}\right) + c$$

此处 $F(u,\theta)$ 为 $\dfrac{1}{f(u,\theta)}$ 的某个任意的原函数,(θ 就是上面已取定的 $C(R)$ 上任意选定点 (R,θ) 中的 θ)

由初始条件,有

$$F(c_1,\theta) = \left(\frac{R^2}{2} - \frac{R^2}{R}\ln R + \frac{R^2}{4}\right) + c$$

所以

$$c = F(c_1,\theta) - \left(\frac{R^2}{2} - \frac{R^2}{2}\ln R + \frac{R^2}{4}\right)$$

于是

$$F(u,\theta) = F(c_1,\theta) - \left(\frac{R^2}{2} - \frac{R^2}{2}\ln R + \frac{R^2}{4}\right) + \left(\frac{r^2}{2} - \frac{r^2}{2}\ln r + \frac{r^2}{4}\right)$$

这就是所求的唯一隐式解,有此唯一隐式解的条件就是(4)或(5)

例:求解

$$\Delta u = e^{-u} \qquad \text{在 } D(R) \text{ 内}$$

$$\frac{\partial u}{\partial n} = \varphi \qquad \text{在 } C(R) \text{ 上}$$

对此题来说

$$F(u,\theta) = \frac{1}{\theta}e^{\theta u}$$

根据公式,就有隐式解

$$\frac{1}{\theta}e^{\theta u} = \frac{1}{\theta}e^{c_1\theta} - \left(\frac{R^2}{2} - \frac{R^2}{2}\ln R + \frac{R^2}{4}\right) + \left(\frac{r^2}{2} - \frac{r^2}{2}\ln r + \frac{r^2}{4}\right)$$

所以

$$e^{\theta u} = e^{c_1\theta} - \theta\left(\frac{R^2}{2} - \frac{R^2}{2}\ln R + \frac{R^2}{4}\right) + \theta\left(\frac{r^2}{2} - \frac{r^2}{2}\ln r + \frac{r^2}{4}\right)$$

两端取对数,并除以 θ,得

$$u = \frac{1}{\theta}\ln\left\{e^{c_1\theta} - \theta\left(\frac{R^2}{2} - \frac{R^2}{2}\ln R + \frac{R^2}{4}\right) + \theta\left(\frac{r^2}{2} - \frac{r^2}{2}\ln r + \frac{r^2}{4}\right)\right\}$$

这就是原 Neumann 问题或 Robin 问题之解.

参考文献:

[1]孙家永. Poisson 方程在圆上的 Neumann 问题及 Robin 问题之解.

56. $\Delta^2 u = f(r,\theta)$, 当 $r \leqslant R$, 且 $u, \dfrac{\partial u}{\partial n} = 0$, 当 $r = R$ 之解 [*]

孙家永　完稿于 2011 年 3 月

摘　要　本文指出了标题所示之解 u 的形式, 并指出了它在弹性力学中的应用.

关键词　非齐次重调和方程, 解的形式.

各向同性的圆形弹性板, 当其边界夹紧时, 加上垂直于板面的载荷 f 后, 它的静态变形, 将由板上各点的位移 u 来决定, 这时 u 就是标题所示问题之解, 本文用常数变易法来求得此解 u 的形式.

引理: (常数变易法) 设有线性非齐次常微分方程

$$\frac{\mathrm{d}^4 u}{\mathrm{d}r^4} + a_3 \frac{\mathrm{d}^3 u}{\mathrm{d}r^3} + a_2 \frac{\mathrm{d}^2 u}{\mathrm{d}r^2} + a_1 \frac{\mathrm{d}u}{\mathrm{d}r} + a_0 u = f$$

其中 a_3, a_2, a_1, a_0, f 都是 r 的连续函数, 若其相应的齐次方程有线性独立之解, u_1, u_2, u_3, u_4,

即使 $\begin{vmatrix} u_1 & u_2 & u_3 & u_4 \\ u'_1 & u'_2 & u'_3 & u'_4 \\ u''_1 & u''_2 & u''_3 & u''_4 \\ u'''_1 & u'''_2 & u'''_3 & u'''_4 \end{vmatrix} \neq 0$ 者, 则必可用 u_1, u_2, u_3, u_4 来表示非齐次方程的一个特解.

证: $y = c_1 u_1 + c_2 u_2 + c_3 u_3 + c_4 u_4$ 为相应齐次方程之通解, 将 c_1, c_2, c_3, c_4 换成函数 y_1, y_2, y_3, y_4 而来考虑

$$y = y_1 u_1 + y_2 u_2 + y_3 u_3 + y_4 u_4$$

求导, 并令 $y'_1 u_1 + y'_2 u_2 + y'_3 u_3 + y'_4 u_4 \equiv 0$, 得

$$y' = y_1 u'_1 + y_2 u'_2 + y_3 u'_3 + y_4 u'_4$$

再求导, 并令 $y'_1 u'_1 + y'_2 u'_2 + y'_3 u'_3 + y'_4 u'_4 \equiv 0$, 得

$$y'' = y_1 u''_1 + y_2 u''_2 + y_3 u''_3 + y_4 u''_4$$

又再求导, 并令 $y'_1 u''_1 + y'_2 u''_2 + y'_3 u''_3 + y'_4 u''_4 \equiv 0$, 得

$$y''' = y_1 u'''_1 + y_2 u'''_2 + y_3 u'''_3 + y_4 u'''_4$$

又再求导, 得

$$y^{(4)} = y_1 u_1^{(4)} + y_2 u_2^{(4)} + y_3 u_3^{(4)} + y_4 u_4^{(4)} + y'_1 u'''_1 + y'_2 u'''_2 + y'_3 u'''_3 + y'_4 u'''_4$$

于是

$$y^{(4)} + a_3 y''' + a_2 y'' + a_1 y' + a_0 y = y_1 u_2^{(4)} + y_2 u_2^{(4)} + y_3 u_3^{(4)} + y_4 u_4^{(4)} + y'_1 u'''_1 + y'_2 u'''_2 +$$

---

[*] (r, θ) 为平面上之点的极坐标.

$$y'_3u'''_3 + y'_4u'''_4 + a_3(y_1u'''_1 + y_2u'''_2 + y_3u'''_3 + y_4u'''_4) +$$
$$a_2(y_1u''_1 + y_2u''_2 + y_3u''_3 + y_4u''_4) +$$
$$a_1(y_1u'_1 + y_2u'_2 + y_3u'_3 + y_4u'_4) +$$
$$a_0(y_1u_1 + y_2u_2 + y_3u_3 + y_4u_4)$$

将等号右边有 y_1 因子，y_2 因子，y_3 因子，y_4 因子的项各自分别加在一起，即得

$$y'_1 0 + y'_2 0 + y'_3 0 + y'_4 0 = 0$$

所以

$$y^{(4)} + a_3 y''' + a_2 y'' + a_1 y' + a_0 y = y'_1u'''_1 + y'_2u'''_2 + y'_3u'''_3 + y'_4u'''_4$$

令 $\quad y'_1u'''_1 + y'_2u'''_2 + y'_3u'''_3 + y'_4u'''_4 = f$

就可得出

$$y = y_1u_1 + y_2u_2 + y_3u_3 + y_4u_4$$

为方程之解

由 4 个令，即

$$y'_1u_1 + y'_2u_2 + y'_3u_3 + y'_4u_4 = 0$$
$$y'_1u'_1 + y'_2u'_2 + y'_3u'_3 + y'_4u'_4 = 0$$
$$y'_1u''_1 + y'_2u''_2 + y'_3u''_3 + y'_4u''_4 = 0$$
$$y'_1u'''_1 + y'_2u'''_2 + y'_3u'''_3 + y'_4u'''_4 = f$$

可求出 y'_1, y'_2, y'_3, y'_4，因为 u_1, u_2, u_3, u_4 独立，得

$$y'_i = \frac{D_i}{D}, \text{此处 } D \text{ 为上面方程组之系数行列式}, D_i \text{ 为以 } \begin{pmatrix} 0 \\ 0 \\ 0 \\ f \end{pmatrix} \text{代换 } D \text{ 中之第 } i \text{ 列而得之行列式}$$

$(i = 1, 2, 3, 4)$

由此可求出各 y'_i 之原函数，取各 y'_i 之任一原函数，作成 $y_1u_1 + y_2u_2 + y_3u_3 + y_4u_4$ 即得出非齐次方程的一个特解.

下面来求标题所示问题之解 u 的形式.

在极坐标系下，有

$$\Delta^2 u = \left(\frac{d^2}{dr^2} + \frac{1}{r}\frac{d}{dr}\right)^2 u = \left(\frac{d}{dr} + \frac{1}{r}\right)^2 \frac{d^2}{dr^2} u$$

当 $\frac{d^2}{dr^2} u = 0$ 时，可得 $\left(\frac{d^2}{dr^2} + \frac{1}{r}\frac{d}{dr}\right)^2$ 之两个解 $1, r$；

当 $\left(\frac{d}{dr} + \frac{1}{r}\right)^2 u = \frac{d^2u}{dr^2} + \frac{2}{r}\frac{du}{dr} + \frac{1}{r^2}u = 0$ 也可求得两个解如下：以 $u = r^\alpha$ 代入方程试探，可知当 $\alpha^2 + \alpha + 1 = 0$ 时，r^α 就是解，因此，$u = r^{\omega_1}, r^{\omega_2}$ 又是零外两个解，其中，ω_1, ω_2 是 $\alpha^2 + \alpha + 1 = 0$ 的两个根：$\omega_1 = \frac{-1 + i\sqrt{3}}{2}, \omega_2 = \frac{-1 - i\sqrt{3}}{2}$，它们是复数，当然 $r^{\omega_1}, r^{\omega_2}$ 也是复数，但引理显然在复数范围中讨论也能成立，所以，不忙于求实数解，下面的计算用复数解更方便.

$$D = \begin{vmatrix} 1 & r & r^{\omega_1} & r^{\omega_2} \\ 0 & 1 & \omega_1 r^{\omega_1 - 1} & \omega_2 r^{\omega_2 - 1} \\ 0 & 0 & \omega_1(\omega_1 - 1)r^{\omega_1 - 2} & \omega_2(\omega_2 - 1)r^{\omega_2 - 2} \\ 0 & 0 & \omega_1(\omega_1 - 1)(\omega_1 - 2)r^{\omega_1 - 3} & \omega_2(\omega_2 - 1)(\omega_2 - 2)r^{\omega_2 - 3} \end{vmatrix} = 3(\omega_2 - \omega_1)r^{-4}$$

$$D_1 = \begin{vmatrix} 0 & r & r^{\omega_1} & r^{\omega_2} \\ 0 & 1 & \omega_1 r^{\omega_1-1} & \omega_2 r^{\omega_2-1} \\ 0 & 0 & \omega_1(\omega_1-1)r^{\omega_1-2} & \omega_2(\omega_2-1)r^{\omega_2-2} \\ f & 0 & \omega_1(\omega_1-1)(\omega_1-2)r^{\omega_1-3} & \omega_2(\omega_2-1)(\omega_2-2)r^{\omega_2-3} \end{vmatrix} = f \times 3(\omega_2-\omega_1)r^{-1}$$

$$D_2 = \begin{vmatrix} 1 & 0 & r^{\omega_1} & r^{\omega_2} \\ 0 & 0 & \omega_1 r^{\omega_1-1} & \omega_2 r^{\omega_2-1} \\ 0 & 0 & \omega_1(\omega_1-1)r^{\omega_1-2} & \omega_2(\omega_2-1)r^{\omega_2-2} \\ 0 & f & \omega_1(\omega_1-1)(\omega_1-2)r^{\omega_1-3} & \omega_2(\omega_2-1)(\omega_2-2)r^{\omega_2-3} \end{vmatrix} = f \times 3(\omega_2-\omega_1)r^{-3}$$

$$D_3 = \begin{vmatrix} 1 & r & 0 & r^{\omega_2} \\ 0 & 1 & 0 & \omega_2 r^{\omega_2-1} \\ 0 & 0 & 0 & \omega_2(\omega_2-1)r^{\omega_2-2} \\ 0 & 0 & f & \omega_2(\omega_2-1)(\omega_2-2)r^{\omega_2-3} \end{vmatrix} = -f \times (-2\omega_2-1)r^{\omega_2-2}$$

$$D_4 = \begin{vmatrix} 1 & r & r^{\omega_1} & 0 \\ 0 & 1 & \omega_1 r^{\omega_1-1} & 0 \\ 0 & 0 & \omega_1(\omega_1-1)r^{\omega_1-2} & 0 \\ 0 & 0 & \omega_1(\omega_1-1)(\omega_1-2)r^{\omega_1-3} & f \end{vmatrix} = f \times (-2\omega_1-1)r^{\omega_1-2}$$

所以

$$y'_1 = \frac{3f(\omega_2-\omega_1)r^1}{3(\omega_2-\omega_1)r^{-4}} = fr^3$$

$$y'_2 = \frac{3f(\omega_2-\omega_1)r^{-3}}{3(\omega_2-\omega_1)r^{-4}} = fr$$

$$y'_3 = \frac{f(-2\omega_2-1)r^{\omega_2-2}}{3(\omega_2-\omega_1)r^{-4}} = \frac{2\omega_2+1}{3(\omega_2-\omega_1)}fr^{\omega_2+2}$$

$$y'_4 = \frac{f(-2\omega_1-1)r^{\omega_1-2}}{3(\omega_2-\omega_1)r^{-4}} = \frac{2\omega_1+1}{3(\omega_1-\omega_2)}fr^{\omega_1+2}$$

$$y_1 = -\int_r^R fr^3\,\mathrm{d}r$$

$$y_2 = -\int_r^R fr\,\mathrm{d}r$$

$$y_3 = \int_r^R \frac{2\omega_2+1}{3(\omega_2-\omega_1)}fr^{\omega_2+2}\,\mathrm{d}r$$

$$y_4 = \int_r^R \frac{2\omega_1+1}{3(\omega_1-\omega_2)}fr^{\omega_1+2}\,\mathrm{d}r$$

于是，可得 u 的通解为

$$u(r,\theta) = c_1 + c_2 r + c_3 r^{\omega_1} + c_4 r^{\omega_2} - \int_r^R fr^3\,\mathrm{d}r - \int_r^R fr\,\mathrm{d}r +$$

$$\int_r^R \frac{2\omega_2+1}{3(\omega_2-\omega_1)}fr^{\omega_2+2}\,\mathrm{d}r + \int_r^R \frac{2\omega_1+1}{3(\omega_1-\omega_2)}fr^{\omega_1+2}\,\mathrm{d}r \qquad (0 \leqslant \theta \leqslant 2\pi)$$

由于 u 在原点无奇性，$c_3, c_4 = 0$，所以

$$u(r,\theta) = c_1 + c_2 r - \int_r^R fr^3\,\mathrm{d}r - \int_r^R fr\,\mathrm{d}r + \int_r^R \frac{2(\omega_2-1)}{3(\omega_2-\omega_1)}fr^{\omega_2+2}\,\mathrm{d}r + \int_r^R \frac{2(\omega_1-1)}{3(\omega_2-\omega_1)}fr^{\omega_1+2}\,\mathrm{d}r$$

$$(0 \leqslant \theta \leqslant 2\pi)$$

由于右端最后两项是共轭的,所以

$$u = c_1 + c_2 r - \int_r^R fr^3 \, dr - \int_r^R fr \, dr + \frac{2}{3} \int_r^R \left\{ \cos\left(\frac{\sqrt{3}}{2}\ln r\right) \int_r^R fr^{\frac{3}{2}} \cos\left(\frac{\sqrt{3}}{2}\ln r\right) + \sin\left(\frac{\sqrt{3}}{2}\ln r\right) \int_r^R fr^{\frac{3}{2}} \sin\left(\frac{\sqrt{3}}{2}\ln r\right) \right\} \, dr$$

$$(0 \leqslant \theta \leqslant 2\pi) \qquad (1)$$

这就是所求实通解.

但由于 u 及 $\dfrac{\partial u}{\partial n} = -\dfrac{\partial u}{\partial r}$ 在边界上为 0,所以

$$0 = -\frac{\partial u}{\partial r}\bigg|_R = c_2 + (fr^3)\,|_R + (fr)\,|_R +$$

$$\frac{2}{3}\left\{ \cos\left(\frac{\sqrt{3}}{2}\ln R\right) (fr^{\frac{3}{2}})\,|_R \cos\left(\frac{\sqrt{3}}{2}\ln R\right) + \sin\left(\frac{\sqrt{3}}{2}\ln R\right) (fr^{\frac{3}{2}})\,|_R \sin\left(\frac{\sqrt{3}}{2}\ln R\right) \right\}$$

所以

$$c_2 = -\left\{ f\,|_R R^3 + f\,|_R R + \frac{2}{3}\left\{ \cos\left(\frac{\sqrt{3}}{2}\ln R\right) f\,|_R R^{\frac{3}{2}} \cos\left(\frac{\sqrt{3}}{2}\ln R\right) + \sin\left(\frac{\sqrt{3}}{2}\ln R\right) f\,|_R R^{\frac{3}{2}} \sin\left(\frac{\sqrt{3}}{2}\ln R\right) \right\} \right\}$$

$$(2)$$

从而

$$c_1 = -c_2 R =$$

$$R\left\{ f\,|_R R^3 + f\,|_R R + \frac{2}{3}\left\{ \cos(\frac{\sqrt{3}}{2}\ln R) + f\,|_R R^{\frac{3}{2}} \cos(\frac{\sqrt{3}}{2}\ln R) + \sin(\frac{\sqrt{3}}{2}\ln r) f\,|_R R^{\frac{3}{2}} \sin(\frac{\sqrt{3}}{2}\ln R) \right\} \right\}$$

$$(3)$$

将式 (1) 中 u 的 c_1, c_2 用 $(2), (3)$ 中的代替,就是我们所求 u 的形式.

57. 怎样讲,才能使同学从极限的直观意义到严格定义不心存疑虑

孙家永　完稿于 2010 年 8 月

摘　要　本文先得了一个命题(B),使它的成立是命题(A):x 以任何方式 $\to x_0$,而 $x \neq x_0$ 时,$f(x)$ 在直观意义下成立的充分条件,然后再说明(B)与(A)实际上是等价的,但(B)无任何不明确之处,因此数学上将它作为(A)的严格定义,这样讲,不会使同学对极限的严格定义,心存疑虑——为什么一定要讲得这么啰嗦,简单些就不行吗? 它比以往直接提出极限的严格定义是许多著名数学家长期探索的结果,Cauchy 先有了 ε 描述,Weierstrass 再补充了 δ 描述,才成了今天公认的严格定义,是无可怀疑的讲法为好.

关键词　极限,极限的直观意义,极限的严格定义.

前几天整理手稿,作者发现了一本他于 2004 年写的《高数杂谈》的书稿,其中有一个题目叫 x 以任何方式 $\to x_0$,而 $\neq x_0$ 时,$f(x) \to l$ 的严格定义就是象摘要中所说那样来讲的. 现将该文摘录如下:

设 $f(x)$ 在 x_0 的邻近能确定,为了探索 x 以任何方从 $\to x_0$,而 $\neq x_0$ 时,$f(x) \to l$ 的真谛. 许多教师都作了不懈的努力,终于得到了:

若对任一正数 ε,$|f(x)-l| < \varepsilon$ 的解集 S_ε(因解集与 ε 有关)都能包含一个 x_0 的净邻域,则对不管多么小的正数 ε,S_ε 也能包含一个 x_0 的净邻域,当 x 以任何方式 $\to x_0$,而 $\neq x_0$ 时,x 必然要进入这个 x_0 的净邻域,它就落入 S_ε,从而使 $|f(x)-l| < \varepsilon$,既然 x 以任何方式 $\to x_0$,而 $\neq x_0$ 时,$|f(x)-l|$ 可变得比不管多么小的正数 ε 还小,故 x 以任何方式 $\to x$,而 $\neq x_0$ 时,$f(x) \to l$.

这也就是说,命题(B)成立是命题(A)成立的充分条件,这里,有:

命题 1　对任一正数 ε,$|f(x)-l| < \varepsilon$ 的解集 S_ε 都能包含一个 x_0 的净邻域.

命题 2　x 以任何方式 $\to x_0$,而 $\neq x_0$ 时 $f(x) \to l$,(直观意义)

从以上说明里,可以见到(1)必须对任一正数 ε,S_ε 都能包含一个 x_0 的净邻域,才能说明 x 以任何方式 $\to x_0$,而 $\neq x_0$ 时,$f(x) \to l$,光是对某些正数 ε,S_ε 能包含一个 x_0 的净邻域是不行的.

现在再来说明(1)成立不了,(2)必然成立不了,这也就是说(1)成立是(2)成立的必要条件.

设对某个正数 ε_0,S_{ε_0} 不包含 $N^0(x_0)$,于是 S_{ε_0} 不包含某个 $N^0_{\delta_1}(x_0)$,即 $N^0_{\delta_1}(x_0)$ 中必有一数 x_1,使 $|f(x_1)-l| \geqslant \varepsilon_0$;同理,$S_{\varepsilon_0}$ 中必不包含某个 $N^0_{\delta_2}(x_0)$,其中 $\delta_2 < \dfrac{|x_1-x_0|}{1 \cdot 2}$,即 $N^0_{\delta_2}(x_0)$ 中必有一数 x_2,使 $|f(x_2)-l| \geqslant \varepsilon_0$;再同理 S_{ε_0} 中必不包含某个 $N^0_{\delta_3}(x_0)$,其中 $\delta_3 <$

$\dfrac{|x_2-x_0|}{3}$,即 $N_{\delta_3}^0(x_0)$ 中必有一数 x_3,使 $|f(x_3)-l|\geqslant\varepsilon_0$;这样的 $x_4,x_5,\cdots$ 可一直找下去.

由于

$$|x_1-x_0|>\frac{\delta_2}{1\times2}>\frac{|x_2-x_0|}{1\times2}>\frac{\delta_3}{1\times2\times3}>\frac{|x_3-x_0|}{1\times2\times3}>\cdots>\frac{\delta_n}{n!}>\frac{|x_n-x_0|}{n!}>\cdots$$

所以,这样的 $x_1,x_2,\cdots,x_n,\cdots$ 都是不同的数,后一数比前一数更接近 x_0,且可无限地接近,命 x 取 $x_1,x_2,\cdots,x_n,\cdots$ 这一系列之数的方式 $\to x_0$,而 $\neq x_0$ 时,$f(x)$ 是不会 $\to l$ 的,因为对任何 n,$|f(x_n)-l|$ 都 $\geqslant\varepsilon_0$.

既然(1)成立是(2)成立的充分条件且是必要条件,故:

(1)和(2)等价,它们是等价的命题.

比较(1),(2)这两个命题可见:

(1)可以帮助我们直观地认识 l 是什么.

(2)虽不能帮助我们直观地认识 l,但它没有不明确的地方,数学上要严格推理,就把(1)作为 x 以任何方式 $\to x_0$,而 $\neq x_0$ 时,$f(x)\to l$ 的严格定义了.

58. 区域边界线有有限多条无限盘旋*时，Green 公式也能成立

孙家永　完稿于 2011 年 5 月

摘　要　区域边界线有有限多条无限盘旋时，Green 公式也能成立，但要用广义积分．
关键词　Green 公式，区域边界线，有无限多次盘旋．

[1] 中已指出 Green 公式能成立之充分条件为有界闭区域 Ω（可以有有限多个洞）的所有边界线都是常规分段光滑曲线．现在再证明此条件还可放宽为每条边界线还可含有有限多条会无限多次盘旋的光滑弧段（由于无限多次盘旋的光滑弧段不是常规分段光滑曲线，所以说条件放宽了）．因为在任一边界线的任二条无限多次盘旋的光滑弧段之尖点（作为边界光滑弧段，如有一条无限盘旋至某点，必有一条也无限盘旋至此点，因此，两条无限盘旋之光滑弧段必有一尖点），可将以此尖点为中心，$\dfrac{|\partial\Omega|}{n}$ 为半径之圆落在区域 Ω 内的那一部份挖去，这样就得到了一个以原来常规分段光滑边界线去掉无限盘旋的光滑弧段尖点附近无限盘旋的两小段而改用上述那些圆弧连接起来而得的一个区域 Ω^*，这是一个有界闭区域且其边界线都是没有无限多次盘旋的常规分段光滑弧段，因此，可用 [1] 的结果，在 Ω^* 上 Green 公式成立，故有

$$\int_{\partial\Omega^*} P(x,y)\mathrm{d}x = \int_{\Omega^*} -\frac{\partial P}{\partial y}\mathrm{d}\Omega$$

只要 $-\dfrac{\partial P}{\partial y}$ 在 Ω 上连续（因为 $\Omega\supset\Omega^*$），再看公式左端之曲线积分，当 $n\to+\infty$ 时之极限，

$$\int_{圆弧} P(x,y)\mathrm{d}x \text{ 之极限为 } 0.\text{（因圆弧长度}\to 0\text{）}$$

其余常规分段光滑弧上的曲线积分的极限，可计算如下：

将每段常规分段光滑弧都分成最大长度为 $\dfrac{|\partial\Omega|}{n}$ 的小弧段 $\Delta s_1,\Delta s_2,\cdots,\Delta s_m$（$m=\max\limits_j\left(\left[\left|\dfrac{|\partial\Omega|}{l_j}\right|\right]+1\right)$）（此处 l_j 为 Ω 的一条边界线）在各 Δs_i 中取计值点 (ξ_i,η_i)，作成和式

$$\sum_{i=2}^{m} P(\xi_i,\eta_i)\cos\theta_i\,|\Delta s_i| = \sum_{i=1}^{m} P(\xi_i,\eta_i)\cos\theta_i\,|\Delta s_i| - P(\xi_1,\eta_1)\cos\theta_i\frac{|\partial\Omega|}{n}$$（此处 θ_i 为光滑弧在 (ξ_i,η_i) 处之切线方向角）

根据 Ⅱ 型曲线积分的定义，它的极限就是

$$\int_{l_j} P(x,y)\mathrm{d}x \qquad \text{（因 } P(x,y) \text{ 连续）}$$

---

* 要求将两条无限盘旋的边界线之尖点挖去以尖点为中心的小圆后，剩下的是两段常规分段光滑曲线．

将它们都加起来,即知式(1)左端之极限为

$$\int_{\partial\Omega} P(x,y)\mathrm{d}x$$

而式(1)式右端之极限则为

$$\int_{\Omega} -\frac{\partial P}{\partial y}\mathrm{d}\Omega \qquad (因 -\frac{\partial P}{\partial y} 连续,有界)$$

故 $\int_{\partial\Omega} P(x,y)\mathrm{d}x = \int_{\Omega} -\frac{\partial P}{\partial y}\mathrm{d}\Omega$,即 Green 公式成立.

例:设有两条左旋对数螺线 l_1,l_2,它们的方程分别为

$$\rho = e^{\theta}, \quad -\infty < \theta \leqslant \pi$$

$$\rho = \frac{1}{2}e^{\theta}, \quad -\infty < \theta \leqslant \pi$$

及一条直线段

l_0:连接 $(\frac{1}{2}e^{\pi},\pi)$ 到 (e^{π},π) 的直线段

命由 l_1,l_2,l_0 组成的"绵羊角形"$\Omega = \left\{ (\rho,\theta) \mid \frac{1}{2}e^{\theta} < \rho < e^{\theta}, -\infty < \theta < \pi \right\}$

Ω 是一个开集,因为若 $(\rho,\theta) \in \Omega$,则 (ρ,θ) 必有一小邻域亦 $\in \Omega$;

Ω 是一个区域,因为 Ω 中任意二点都可用 Ω 中的一条曲线连接;

Ω 的闭包 $\overline{\Omega}$ 是 $\Omega + l_1 + l_2 + l_0 + \{O\}$,即 l_1,l_2,l_0 及 $\{O\}$ 与 Ω 之并集,它是一个闭区域. 它的边界线是 l_0 及 $l_1 + \{O\}, l_2 + \{O\}$,它们都是光滑曲线,所以,$\overline{\Omega}$ 是一个由分段光滑曲线围成的闭区域,且有界.

对任一个在包含 $\overline{\Omega}$ 于其内部的区域 Ω 上有连续偏导数的函数 $P(x,y)$ 来说,$P(x,y)$ 在 $\overline{\Omega}$ 上有连续的偏导数,但 $\partial\overline{\Omega}$ 有着两条无限盘旋的 l_1,l_2(尖点为 O),它还不是常规分段光滑的,还不能用 [1] 的结果,要再处理.

记以 O 为中心,$\frac{|\partial\overline{\Omega}|}{n}$ 为半径之圆为 D,将 $\overline{\Omega}$ 落在 D 内的那部份挖去,得一新有界闭区域 Ω^*,它的边界线为 $\{O\}+l_1,\{O\}+l_2$ 都去一小段,l_0 及 $\{O\}+l_1$ 与 $\{O\}+l_2$ 之间的一段圆弧 ∂D. Ω^* 是一个以常规分段光滑为边界线的有界闭区域,于是

$$\int_{\partial\Omega^*} P(x,y)\mathrm{d}x = \int_{\Omega^*} -\frac{\partial P}{\partial y}\mathrm{d}\Omega \tag{1}$$

现在来看式(1),当 $n \to +\infty$ 时,式(1)左、右端之极限各是什么?

$\int_{\partial D} P(x,y)\mathrm{d}x$ 的极限为 0,因为 $|\partial D| \to 0$;

$\int_{l_0} P(x,y)\mathrm{d}x$ 的极限为 $\int_{l_0} P(x,y)\mathrm{d}x$.

两条螺线缺小段的 $\{O\}+l_j,(j=1,2)$ 的情况,可通过 II 型曲线积分的定义来看,将它们都分成最大长度为 $\frac{|\partial\Omega|}{n}$ 的小弧段 $\Delta s_1,\cdots,\Delta s_m$,在每个小弧段上取计值点 $(\xi_1,\eta_1),(\xi_2,\eta_2)$,$\cdots,(\xi_m,\eta_m)$ 作成和式

$$\sum_{i=2}^{m} P(\xi_i,\eta_i)\cos\theta_i \Delta s_i = \sum_{i=1}^{m} P(\xi_i,\eta_i)\cos\theta_{\pi}\Delta s_i - P(\xi_1,y_1)\frac{|\partial\overline{\Omega}|}{n}$$

$$\left(m = \max_{j=1,2}\left(\left[\frac{|\partial\overline{\Omega}|}{|\{O\}+l_j|}\right]+1\right)\right)$$

当 $n \to +\infty$,它的极限为 $\int_{\{O\}+l_j} P(x,y)\mathrm{d}x$ $(j=1,2)$ (因 $P(x,y)$ 连续)

所以 $n \to +\infty$ 时,(Ⅰ)式左端的极限为 $\int_{\partial\overline{\Omega}} P(x,y)\mathrm{d}x$

而式(1)右端的极限为 $\int_{\overline{\Omega}} -\frac{\partial P}{\partial y}\mathrm{d}\Omega$ (因 $-\frac{\partial P}{\partial y}$ 连续、有界)

故 Green 公式成立.

将本例中之 l_j 换成 $\rho = \alpha_i e^{\theta}$, $-\infty < \theta \leqslant \pi$ (α_i 为 0,1 之间的数)可以得出各种宽窄不同的"绵羊角形",此 α_1、α_2 称为"绵羊角形"的参数.更详细地说,"绵羊角形"的尖点高度固定时,其底部的长度是 $|\alpha_1 - \alpha_2|$,它的大小,决定了"绵羊角形"的宽窄.

任何两条无限盘旋的边界线所形成的"绵羊角形"也都可以讲它的以 α_1、α_2 为参数的弧.

参考文献:

[1] 孙家永.平面有界闭区域可分为有限多个双型区域的充要条件及 Cauchy 定理之问题.

[2] 同济大学数学教研室.高等数学.4 版.北京:高等教育出版社,2005.

59. 平面有界闭区域为可简约的区域是 Green 公式能成立的充要条件

孙家永　完稿于 2011 年 7 月

摘　要　平面有界闭区域为可简约的区域是 Green 公式能成立的充要条件,但要用广义积分.

关键词　Green 公式,充要条件,可简约的区域.

首先给出可简约区域的定义:

若有界闭区域通过挖去有限个小圆(每个小圆只挖去一个"绵羊角形"的尖点)后所得新区域 Ω^*,可使 Green 公式在其上成立,则称 Ω 为可简约的闭区域.

参考文献[1] 中已指出:若有界闭区域(可以有有限多个洞)的每条边界上都有有限多条会无限盘旋的光滑弧段,其余部份则都是常规分段光滑的曲线,将有限多条无限盘旋的曲线的尖点(因为作为边界线,无限盘旋的曲线一定成对出现,并且有一条无限盘旋至某点,零一条也必无限盘旋至该点,称此点为两条无限盘旋的光滑弧段之尖点),以此有限多个尖点为中心作小圆,将区域落入圆内的部份挖去,(一个小圆只挖一个尖点)得出一个新区域 Ω^*,它的边界线都是常规分段光滑曲线,因此,在 Ω^* 上 Green 公式成立,即

$$\int_{\partial\Omega^*} P(x,y)\mathrm{d}x = \int_{\Omega^*} -\frac{\partial P}{\partial y}\mathrm{d}\Omega$$

只要 $P(x,y)$ 在 Ω 上有连续的一阶偏导数就可以了,并且通过让各小圆之半径 $\to 0$ 而取极限,就得出了

$$\int_{\partial\Omega} P(x,y)\mathrm{d}x = \int_{\Omega} -\frac{\partial P}{\partial y}\mathrm{d}\Omega$$

这也就是说,有界闭区域为简约区域是 Green 公式能成立的充分条件. 现在只要再举一反例,说明 Ω 是不可简约的闭区域,Green 不能成立,则标题所示命题之正确性就得到了证明.

从单位圆周在正实轴上之点开始,逆时针方向在单位圆周上取一系列点,使各相邻点连成的线段长度分别为 $\frac{1}{2},\frac{1}{2^2},\frac{1}{2^3},\cdots,\frac{1}{2^n},\cdots$,这些线段张着一系列单位圆弧,每个圆弧之中心角都有角平分线,今在第 n 个线段之圆外那一侧上作参数为 α_1,α_2 的参考文献[1] 中之例的"绵羊角形",将"绵羊角形"的尖点取在相应的角平分线上之延长线上,使它到第 n 个线段之距离 $k > 1$,并将 α_1,α_2 都作调整,使"绵羊角形"之 l_1,l_2 弧能分别通过线段之后、前端点. 这个经调整后的"绵羊角形"就是我们要作的"绵羊角形". 由于它的底部是第 n 个线段,且尖点在此线段的中垂线上,所以它一定会落入相应的圆心角中. 这个"绵羊角形"和它相应的圆扇形之并集是一个开集,所有这一系列开集的并集还是一个开集,但不连接,将它添上所有圆扇形相邻半径,就得出一个连接开集 Ω,因为通过这样的描述,我们已可判定平面上每个点是否属于 Ω 了,从而

可得出 $\overline{\Omega}$,它是有界闭集.

只用有限多个小圆将有限多个"绵羊角形"的尖点挖去,还剩无限多个尖点未挖,这些未挖尖点的"绵羊角形"的边界线长度(不计小段底之长度)之和为 $+\infty$,所以在这些挖剩的区域上,不能定义 Ⅱ 型曲线积分,因此,即使 $-\dfrac{\partial P}{\partial y}$ 在这样挖剩的区域上连续,也不能使 Green 公式成立.所以闭区域 $\overline{\Omega}$ 是不可简约的.此时,对这个不可简约的闭区域 $\overline{\Omega}$,$\partial\overline{\Omega}$ 的长度也为 $+\infty$,所以在 $\partial\overline{\Omega}$ 上不能确定 Ⅱ 型曲线积分,因此,即使 $-\dfrac{\partial P}{\partial y}$ 在 $\overline{\Omega}$ 上连续,也不能使 Green 公式 $\displaystyle\int_{\partial\overline{\Omega}}P\,\mathrm{d}x=\int_{\overline{\Omega}}-\dfrac{\partial P}{\partial y}\mathrm{d}\Omega$ 成立.

参考文献:

[1]孙家永."有界闭区域只有有限多条有无限多次盘旋的边界线时,Green 公式也能成立.

60. 空间有界闭区域为可简约的区域是 Gauss 公式成立的充要条件

孙家永　完稿于 2011 年 7 月

摘　要　空间有界闭区域为可简约区域是 Gauss 公式成立的充要条件,但要用广义积分.

关键词　Gauss 公式,充要条件,有界闭区域可简约.

本文分五步来证明标题所示之命题正确.

(1) 空间有界闭区域可分为有限多个"三型"区域是 Gauss 公式成立之充分条件.

先介绍"三型"区域之定义:

若区域表面之方程可同时表示为以下 3 种形式:

$$x=x(y,z),(y,z)\in\Omega_{yz};y=y(z,x),(z,x)\in\Omega_{zx};z=z(x,y),(x,y)\in\Omega_{xy}$$

其中 $\Omega_{yz},\Omega_{zx},\Omega_{xy}$ 分别为 yOz 平面、xOy 平面上之区域,且 $x=x(y,z),y=y(z,x),z=z(x,y)$ 分别在 $\Omega_{yz},\Omega_{yz},\Omega_{zx},\Omega_{xy}$ 上光滑,则称此区域为"三型"区域.

若 Ω 为空间一个在 Ω^o 内可以有有限个洞的有界闭区域,它具有分片光滑的边界面;$P(x,y,z),Q(x,y,z),R(x,y,z)$ 之一阶偏导数在 Ω 上连续,则当 Ω 可分为有限多个"三型"区域时(亦简称 Ω 为"三型"区域时),则 Gauss 公式必成立,即

$$\int_\Omega\left(\frac{\partial P}{\partial x}+\frac{\partial Q}{\partial y}+\frac{\partial R}{\partial z}\right)\mathrm{d}\Omega=\int_{\partial\Omega}P\mathrm{d}\Omega_{yz}+Q\mathrm{d}\Omega_{zx}+R\mathrm{d}\Omega_{xy}$$

必成立,其中 $\partial\Omega$ 之法线指向 Ω 之外侧.(其证明一般书里都有)

(2)"螺旋体"是不能分为有限多个"三型"区域的("螺旋体"不是"三型"区域).

先介绍"螺旋体"的定义:

若一个连边"绵羊角形",其尖点位于其底之中垂线上,将此连边"绵羊角形"绕此中垂线旋转一周,得出一个空间闭区域,它就称为一个"螺旋体",此中垂线称"螺旋体"之轴线."绵羊角形"之尖点称"螺旋体"之尖点.

"螺旋体"是不能分为有限多个"三型"区域的,因为在其尖点附近的曲面总是不能表示为 $z=z(x,y),(x,y)\in\Omega_{xy}$ 而 $z=z(x,y)$ 是光滑的.

(3) 取"螺旋体"之底面为 xy 平面,轴为 z 轴,将"螺旋体"落入每一个以尖点为中心的小球内的部份挖去,则此去尖的"螺旋体"就是一个"三型"区域(要求每个小球只能挖一个尖点).

因为此时,生成此"螺旋体"的连边"绵羊角形"的 l_1 弧、l_2 弧都成了常规分段光滑曲线,它们都只有有限多个极左、极右点及有限多个铅垂线段,经过所有极左、极右点和铅垂线段的端点作水平线,经过绕轴旋转一周后连边的"绵羊角形"转成了"螺旋体",而有限条直线,转成了

有限个平面,它们将"螺旋体"分成了有限个小台体. 它们都是由直筒面和斜曲面围成的. 其中斜曲面上点的 x,y,z 坐标都是严格单调变化的,所以每一个坐标必一一对应一组由零二个坐标所组成的坐标组,即 $x=x(y,z),y=y(z,x),z=z(x,y)$ 各自确定在斜曲面在相应坐标面的投影城 $\Omega_{yz},\Omega_{zx},\Omega_{xy}$ 上,所以都是"三型"曲面. 第一个台体之顶面是一个球冠,当然也是"三型的".

(4)"三型"有界闭区域 Ω 与有限多个尖点在 Ω 外部的"螺旋体",不论其轴线与 Ω 之表面是否正交,也不论其尖点露出 Ω 有多高,只要它们的侧面与 Ω 相交,这样的有限多个"螺旋体"和 Ω 之并集是一个有界闭集 Ω^*,它就象 Ω 发出了有限多个笋子那样,将每个这样的"螺旋体"的尖点落入以尖点为中心的一个小球体内的部份挖去(要求每个小球只挖去一个尖点),又得一新有界闭集 Ω^{**},由于每个这样的"螺旋体"的根部都是"三型"区域 Ω 的分片光滑曲面,所以每个去顶的"螺旋体"上 Gauss 公式成立,再根据 II 型曲面积分的可加性可知,只要 P,Q,R 之一阶偏导数在 Ω^* 上连续,则

$$\int_{\Omega^{**}}\left(\frac{\partial P}{\partial x}+\frac{\partial Q}{\partial y}+\frac{\partial R}{\partial z}\right)\mathrm{d}\Omega=\int_{\partial\Omega^{**}}P\mathrm{d}\Omega_{yz}+Q\mathrm{d}\Omega_{zx}+R\mathrm{d}\Omega_{xy}\qquad(\text{因}\ \Omega^{**}\subset\Omega^*)$$

其中 $\partial\Omega^{**}$ 之法线为 Ω^{**} 之外向法线.

令各小球之半径都 $\to0$,就得

$$\int_{\Omega^*}\left(\frac{\partial P}{\partial x}+\frac{\partial Q}{\partial y}+\frac{\partial R}{\partial z}\right)\mathrm{d}\Omega=\int_{\partial\Omega^*}P\mathrm{d}\Omega_{yz}+Q\mathrm{d}\Omega_{zx}+R\mathrm{d}\Omega_{xy}$$

其中 $\partial\Omega^*$ 之法线为 Ω^* 之外向法线.

(5) 若 Ω^* 是象(4)那样地由 Ω 与无限多个"螺旋体"相并而得,则在 Ω^* 上 Gauss 公式不成立,只要举一个反例就可以了,此反例可以利用[2]中的反例改造而得.

反例:

从单位圆周在正实轴上之点开始,逆时针方向在单位圆周上取一系列点,使各相邻点连成之线段之长度分别为 $\frac{1}{2},\frac{1}{2^2},\frac{1}{2^3},\cdots,\frac{1}{2^n},\cdots$ 这些线段张着一系列单位圆弧,每个圆弧之中心角都有角平分线,今在第 n 个线段之圆外那一侧上作参数为 α_1,α_2 的[1]中之例的"绵羊角形",将"绵羊角形"的尖点取在相应的角平分线之延长线上,使它到第 n 个线段之距离 $k>1$,并将 α_1,α_2 都作调整,使"绵羊角形"之 l_1,l_2 弧能分别通过线段之后、前端点、这个经调整后的"绵羊角形",就是我们要作的"绵羊角形",由于这个"绵羊角形"的底是第 n 个线段,且尖点又在线段的中垂线上,所以它一定会落入相应的圆心角中,这个"绵羊角形"和相应的圆扇形(都不要边界)之并集是一个开集,所有这一系列开集之并集还是开集,但不连接,将它添上所有圆扇形相邻半径,就得出一个连接开集 Ω,因为通过这样的描述,我们已可判定平面上每个点是否属于 Ω 了,从而可得出 $\overline{\Omega}$,它显然是有界的闭集,将每个连边的"绵羊角形"都绕其底之中垂线旋转一周就得出其轴线与单位球面正交的一系列"螺旋体".

第 n 个"螺旋体"之侧面积可求之如下:

由于尖点到第 n 个线段中点之垂线长度为 k,所以 l_1 经过第 n 个线段右端点之点为 $(\alpha_1 e^{\tan^{-1}\frac{1}{2^{n+1}}}{k}},e^{\tan^{-1}\frac{\frac{1}{2^{n+1}}}{k}})$

$$|l_1|=\int_{-\tan^{-1}\frac{\frac{1}{2^{n+1}}}{k}}^{-\infty}\sqrt{\alpha_1^2 e^{2\theta}+(2\alpha_1)^2 e^{2\theta}}\,\mathrm{d}\theta=\int_{-\tan^{-1}\frac{\frac{1}{2^{n+1}}}{k}}^{-\infty}\sqrt{5}\,\alpha\int e^\theta\,\mathrm{d}\theta=\sqrt{5}\,\alpha_1 e^{\tan^{-1}\frac{\frac{1}{2^{n+1}}}{k}}$$

于是 l_1 弧转成的那部份"螺旋体"的侧面积为

$$2\pi\left(\frac{1}{2^n}\right)\sqrt{5}\,\alpha_1 e^{\tan^{-1}\frac{2^{-n-1}}{k}} = 2\pi\left(\frac{1}{2^n}\right)\sqrt{5}\,\alpha_1\left\{1 + \frac{1}{1!}\left(\tan^{-1}\frac{2^{-n-1}}{k}\right) + \frac{1}{2!}\left(\tan^{-1}\frac{2^{-n-1}}{k}\right)^2 + \cdots\right\} =$$

$$2\pi\left(\frac{1}{2^n}\right)\sqrt{5}\,\alpha_1 + 2\pi\,\frac{1}{2^n}\sqrt{5}\,\alpha_1\left\{\frac{2^{-n-1}}{k} - \frac{1}{3}\left(\frac{2^{-n-1}}{k}\right)^3 + \cdots\right\} + \cdots =$$

$$2\pi\sqrt{5}\,\frac{\alpha_1}{2k} + o\left(\frac{1}{2^n}\right)$$

同理，由 l_2 弧转成的"螺旋体"侧面积为

$$2\pi\sqrt{5}\,\frac{\alpha_2}{2k} + o\left(\frac{1}{2^n}\right)$$

所以每个未去尖点的"螺旋体"的侧面积为 $2\pi\sqrt{5}\left(\frac{\alpha_1 + \sigma_2}{2k}\right) + o\left(\frac{1}{2^n}\right)$（视 l_1 弧通过右端点，l_2 弧通过右端点，也有同样结果）.

用有限多个以尖点为中心的小球来挖尖点（要求每个小球只挖一个尖点），挖剩下的闭区域有无限多个未挖尖点的"螺旋体"，其表面积为 $+\infty$，在这样的曲面上是不能定义 Ⅱ 型曲面积分的，故 Gauss 公式不能在这样的区域上成立.

此时 Ω 的表面积为 $+\infty$，对这样的 $\partial\Omega$ 我们是不能定义其 Ⅱ 型曲面积分的，故即使 P,Q,R 的一阶偏导数都在 Ω 上连续，也不能有

$$\int_\Omega\left(\frac{\partial P}{\partial x} + \frac{\partial Q}{\partial y} + \frac{\partial R}{\partial z}\right)\mathrm{d}\Omega = \int_{\partial\Omega} P\,\mathrm{d}\Omega_{yz} + Q\,\mathrm{d}\Omega_{zx} + R\,\mathrm{d}\Omega_{xy}$$

即 Gauss 公式不能成立.

由于我们将长着许多"螺旋体"的有界闭区域挖去有限个小球体（使每个小球只挖去一个尖点）后所得的是 Gauss 公式在其上成立的区域，称为可简约的有界闭区域，所以本文中的 (4)、(5) 已证得标题所示之命题正确.

参考文献：

[1] 孙家永. 有界闭区域只有有限多条有无限多次盘旋的边界线时，Green 公式也能成立.

[2] 孙家永. 平面有界闭区域为可简约的区域是 Green 公式能成立之充要条件.

61. 有界闭区域 Ω 既不可三角剖分 又不边界线都常规分段光滑，加强的 Cauchy 定理也可在 Ω 上成立

孙家永　完稿于 2011 年 10 月

摘　要　参考文献[1]中证明了有界闭区域 Ω 的边界线都常规分段光滑时，加强的 Cauchy 定理在 Ω 上成立，即若 $f(z)$ 在 Ω 上连续，在 $\Omega°$ 上解析，则必有 $\int_{\partial\Omega} f(z)\mathrm{d}z = 0$，通常文献中，则证明了，若 Ω 可三角剖分，则在 Ω 上加强的 Cauchy 成立，本文则将它们作了推广.

关键词　加强的 Cauchy 定理，区域可三角剖分，边界线常规分段光滑.

先作一个标题所示之有界闭区域 Ω 如下：

一个原本边界线都是常规分段光滑的闭区域，将其某些边界线的一些弧段分别换成由一些成对无限盘旋的曲线且会合于一些尖点的曲线，要求将两条无限盘旋的曲线截去以尖点为起点的弧段后剩下的都是常规分段光滑曲线，且这些新的封闭曲线能围成一个有界闭区域 Ω.

这个 Ω 既不边界线都常规分段光滑，也不可三角剖分，但只要 Ω 是可简约的闭区域时加强的 Cauchy 定理仍可在 Ω 上成立，因为用以各尖点后为中心，半径为 ε_i 的小圆（$i=1,\cdots,n$）将 Ω 落在每个小圆之内的部分挖去（每个小圆只挖一个尖点），则所得的新闭区域 Ω^* 是以常规分段光滑曲线为边界线的闭区域. 由此可知，在 Ω 上加强的 Cauchy 定理成立，只要 $f(z)$ 在 Ω 上连续，在 $\Omega°$ 上解析.

因为由 $f(z)$ 在 Ω 上连续，在 $\Omega°$ 上解析，必有 $f(z)$ 在 Ω^* 上连续，在 Ω^{*0} 上解析故 $\int_{\partial\Omega^*} f(z)\mathrm{d}z = 0$，从而 $\lim\limits_{\varepsilon_1,\cdots,\varepsilon_n \to 0} \int_{\partial\Omega^*} f(z)\mathrm{d}z = 0$，但由于 $f(z)$ 在 Ω 上连续，故

对任何 $\varepsilon_1,\cdots,\varepsilon_n$，$\lim\limits_{\varepsilon_1,\cdots,\varepsilon_n \to 0} \int_{\partial\Omega^*} f(z)\mathrm{d}z = \int_{\Omega} f(z)\mathrm{d}z = 0$

所以，对象上面那样的有界闭区域，Ω 它既不可三角剖分，又不边界线都常规分段光滑，加强的 Cauchy 定理可以在 Ω 上成立.

这也就是说，象上面那样的有界闭区域 Ω，它既不可三角剖分，又不边界线都常规分段光滑，Ω 为可简约的闭区域是加强的 Cauchy 定理在 Ω 上成立的充分条件.

可以证明，它也是必要条件，因为确有象上面那样的 Ω 是不可简约的，其边界线的长度为 $+\infty$，对这样的边界线是不能定义 $f(z)$ 在其上的积分的，故加强的 Cauchy 积分定理在 Ω 上必不成立.

所以对象上面那样的有闭区域 Ω，它既不可三角剖分，又不边界线都常规分段光滑，加强的 Cauchy 定理在 Ω 上成立的充要条件是 Ω 为可简约的闭区域.

参考文献：

[1] 孙家永. 加强的 Cauchy 定理.

[2] 孙家永. 平面有界闭区域为可简约的闭区域是 Green 公式能成立之充要条件.

62. $L^2[-\pi,\pi]$ 中的函数 $f(x)$ 的展开问题

孙家永　　完稿于 2012 年 9 月

摘　要　本文指出了 $L^2(-\pi,\pi]$ 中的函数 $f(x)$,能对 $L^2[-\pi,\pi]$ 中的完全归范正交系 $[u_1,u_2,u_3,\cdots($如 $\frac{1}{\sqrt{2\pi}}),\frac{\cos x}{\sqrt{\pi}},\frac{\sin x}{\sqrt{\pi}},\cdots\cdots)$ 按 $L^2[-\pi,\pi]$ 中展开的意义展开之充要条件为 $a_1u_1+a_2u_2+\cdots+a_nu_n+\cdots$ 是 $f(x)$ 之 Fouries 级数.

关键词　$L^2[-\pi,\pi]$,完全归范正交系,Fourier 级数 0.

Fourier 级数出现在 $L^2[-\pi,\pi]$ 之前,致使人们都只注意 $L^2[-\pi,\pi]$ 中的函数 $f(x)$ 按 $L^2[-\pi,\pi]$ 中的完全归范正交系 $u_1,u_2,u_3,\cdots$ 展开的充分条件而从未注意到这种展开的必要条件,以及利用这个必要条件,证明充分条件就可由 Riesz 定理直接得到,下文将分别阐述这两点.

定理 1　$L^2[-\pi,\pi]$ 中的函数 $f(x)$,能对 $L^2[-\pi,\pi]$ 中的完全归范正交系 $u_1,u_2,\cdots,$ $u_n,\cdots$ 按 $L^2[-\pi,\pi]$ 中的意义展开之必要条件为 $a_1u_1+a_2u_2+\cdots+a_nu_n+\cdots$ 是 $f(x)$ 的 Fourier 级数.

证　先考虑 $\|f(x)-(a_1u_1+a_2u_2+\cdots+a_nu_n)\|^2=$

$$\int_{-\pi}^{\pi}[f(z)-(a_1u_1+a_2u_2+\cdots+a_nu_n)]^2\mathrm{d}x=$$

$$\int_{-\pi}^{\pi}[f^2(x)z-\sum_{i=1}^n 2a_if(x)u_i+\sum_{i=1}^n a_i^2u_i^2]\mathrm{d}x=$$

$$\int_{-\pi}^{\pi}f^2(x)\mathrm{d}x-\sum_{i=1}^n f_i^2+\sum_{i=1}^n(f_i-a_i)^2\qquad（配方）$$

上式中,当每个 $a_i=f_i$ 时,才取最小值 $\int_{-\pi}^{\pi}f^2(x)\mathrm{d}x-\sum_{i=1}^n f_i^2$,因为 $\|f(x)-(a_1u_1+a_2u_2+\cdots+a_nu_n)\|$ 为非负数,故它必是非负数,所以只要有一个 $a_i\neq f_i$ 就会使 $\|f(x)-(a_1u_1+\cdots a_nu_n)\|$ 是一个正数,所以必要条件已证明.

定理 2　$L^2[-\pi,\pi]$ 中的函数 $f(x)$,必可对 $L^2[-\pi,\pi]$ 中的完全归范正交系 $u_1,u_2,\cdots,$ $u_n\cdots$,按 $L^2[-\pi,\pi]$ 中展开之意义展开成它的 Fouries 级数.

证　若 $a_i=f_i,\forall i$,则 $\|f(x)-(f_1u_1+\cdots f_nu_n)\|^2$ 必取其最小值

$\int_{-x}^{\pi}f^2(x)\mathrm{d}x-\sum_{i=1}^n f_i^2$,它必是非负数,$\forall n$,故 $\sum_{i=1}^{\infty}f_i^2$ 之部分和是上有界的,故由 Cauchy 定理,对任何正数 ε,总存在 N,使 $m,n>N$ 时,$|f_m^2+\cdots+f_n^2|<\varepsilon$,即

$$\int_{-\pi}^{\pi}[f(x)f_mu_m+\cdots+f(x)f_nu_n]\mathrm{d}x<\varepsilon$$

故由 Riesz 定理,$\sum_{i=1}^{\infty}f_nu_n$ 收敛于 $L^2[-\pi,\pi]$ 中某一函数,它当然非 $f(x)$ 莫属.

参考文献：

[1] 孙家永. 一元函数的 Lebesgue 积分, 二元函数的 Lebesgue 积分及 $L^2[-\pi,\pi]$ 空间》.

63. 关于极限的一种讲法

孙家永　完稿于 2008 年 5 月

摘　要　本文对极限教学作了一点探讨,并提出了一种在直观意义下,极限的直观描述与严格定义是等价的讲法.

从极限的直观意义到极限的严格定义,许多先哲作了卓越的工作,并经历了一个很长的时期,才得以完成. 现在,从极限的直观意义引进极限的严格定义,也还是教学上的一个难点. 严格的定义本身较抽象是一个原因,学生对否命题中定语要怎样改变不熟悉又是零一个原因. 例如,任何一个房间里都有人的否命题是有一个房间里没有任何人而不是任何一个房间里都没有人. 有不少学生对此并不很熟悉,应该让他们先熟悉一下,使得用否命题来反证时,容易理解.

设 $f(x)$ 在 x_0 的某个净邻域上确定. 极限的直观意义说的是:如果 x 以任何方式无限接近于 x_0 而 $\neq x_0$ 时,简称 $x \to x_0$ 时,$f(x)$ 会无限接近于某数 l,则称 l 为 $x \to x_0$ 时,$f(x)$ 的极限,记作 $\lim\limits_{x \to x_0} f(x)$. 再举几个求极限的例子,如求 $\lim\limits_{x \to 0}(2x+1)$,$\lim\limits_{x \to 1}\dfrac{x^2-1}{x-1}$ 等. 然后再申明一下,我们说 $f(x)$ 会无限接近于 l,并不排斥 $f(x)$ 可取值 l. 例如,$x \to 0$ 时,$x\sin\dfrac{\pi}{x}$ 会无限接近于 0,因为 $|\,x\sin\dfrac{\pi}{x} - 0\,| \leqslant |\,x\,|$,所以即使 $x \to 0$ 时,$x\sin\dfrac{\pi}{x}$ 不断地取值 0. 我们还是说 $\lim\limits_{x \to 0} x\sin\dfrac{\pi}{x} = 0$.

一般,学生都不会觉得极限的直观意义不好懂.

而极限的严格定义却是从一个任意的正数 ε 说起的(Cauchy):

对任何一个正数 ε,必使 $|\,f(x)-l\,| < \varepsilon$ 的解集 S_ε 能包含一个 x_0 的净邻域 $N_\delta^0(x_0)$(Weierstrass).

因为,假如不是这样,就有一个正数 ε_0,使 $|\,f(x)-l\,| < \varepsilon_0$ 的解集 S_{ε_0}. 不能包含任何 x_0 的净邻域,取一系列半径无限缩小的 x_0 的净邻域,每个净邻域里必然都有 $|\,f(x)-l\,| \geqslant \varepsilon_0$ 的数,至少一个,让 x 取这些数值而无限接近于 x_0.(当然 $\neq x_0$),$f(x)$ 不无限接近 l,因为 $f(x)$ 与 l 之绝对差至少为 ε_0,这就产生了矛盾.

反之,若对任一正数 ε,都能使 $|\,f(x)-l\,| < \varepsilon$ 之解集 S_ε 包含一个 x_0 的净邻域 $N_\delta^0(x_0)$,则 x 无限接近于 x_0 而 $\neq x_0$ 时,$f(x)$ 必可变得与 l 的绝对差比不管多么小的正数 ε 还小,即 $f(x)$ 可变得与 l 无限接近. 因为对任何一个不管多么小的正数 ε,必有一个 $N_\delta^0(x_0)$,它含的都是 $|\,f(x)-l\,| < \varepsilon$ 的解集 S_ε 之点. 当 x 无限接近 x_0 而 $\neq x_0$ 时,x 必然落入这个 $N_\delta^0(x_0)$ 内,因而 $|\,f(x)-l\,| < \varepsilon$,即 $f(x)$ 可变得与 l 之绝对差比这个不管多么小的正数 ε 还小.

综合上面所述,x 无限接近于 x_0 而 $\neq x_0$ 时,$f(x)$ 无限接近于 l,即 $\lim\limits_{x \to x_0} f(x) = l$,与对任意

一个正数 ε，$|f(x)-l|<\varepsilon$ 的解集 S_ε 必能包含一个 $N_\delta^0(x_0)$ 是等价的，亦即与对任意一个正数 ε，必有一个 $N_\delta^0(x_0)$，使 $x\in N_\delta^0(x_0)$ 时，$|f(x)-l|<\varepsilon$ 是等价的．通常，我们都这样来表达极限的严格定义．这样可以不提解集．

设 $f(x)$ 在 $+\infty$ 的某个净邻域上确定，我们同样可讨论它的极限．

从直观意义说就是：若 x 以任何方式无限接近于 $+\infty$ 时．（即 x 以任何方式无限增大时），$f(x)$ 会无限接近于某数 l（不排斥 $f(x)$ 取值 l），则称 l 为 $x\to+\infty$ 时的极限，记作 $\lim\limits_{x\to+\infty}f(x)$．

从严格定义说，就是：若对任意正数 ε，都有一个 $+\infty$ 的净邻域 $N_M^0(+\infty)$，使 $x\in N_M^0(+\infty)$ 时，即 $x>M$ 时，$|f(x)-l|<\varepsilon$ 成立，则称 $\lim\limits_{x\to+\infty}f(x)=l$．

严格定义和直观意义是等价的．因为，假如不是这样的话，x 以某种方式无限增大时，$f(x)$ 不无限接近于 l；如果是这样的话，x 无限增大时，$f(x)$ 就会无限接近于 l．论证方法和上面所讲的一样．

对在 $-\infty$ 的某个净邻域上确定的 $f(x)$，我们也同样可讨论，它当 $x\to-\infty$ 时的极限．

参考文献：

[1] 孙家永．高等数学．高等数学研究，2005．

64. 如何求 $\lim\limits_{n\to+\infty}\ln\dfrac{\sqrt[n]{n!}}{n}$

孙家永　完稿于 2004 年 11 月

摘　要　通用教材将此题放在可利用定积分定义来求极限的一类题中, 以致不少人也按定积分定义来求此极限. 这是错误的. 本文提出了一种正确的解法.

求 $\lim\limits_{n\to+\infty}\ln\dfrac{\sqrt[n]{n!}}{n}$ 是一个老题, 同济大学数学教研室所编高等数学总习题 5 中收入了该题, 并将它与零外两个可用定积分定义来求的极限问题放在一起. 各色各样题解之类的书也都用定积分定义来求这个极限, 使我感到想说几句话.

1952 年我开始工作, 有个学生就曾以此题问过我. 我学的熊庆来的《高等算学分析》书中有过用定积分定义求极限的问题, 但要求所考虑函数在闭区间上连续. 这个题所考虑的函数在闭区间上不连续, 甚至还是无界的. 不好办! 我告诉他, 假设 $\ln x$ 在 $[0,1]$ 上是连续的, 倒可以由定积分的定义知道所求极限就是 $\displaystyle\int_0^1\ln x\,\mathrm{d}x=-1$, 现在 $\ln x$ 在 0 处不连续, 怎么办需要进一步探讨, 让我想想, 想了一下, 没有好的解决办法, 就搁置下了. 一搁置就是几十年, 真是感慨系之矣!

最近给宁波大学学生上课, 又碰到了这个题, 我给他们用夹逼定理来解:

$$\lim_{n\to+\infty}\ln\frac{\sqrt[n]{n!}}{n}=\lim_{n\to+\infty}\left\{\frac{\ln 1+\ln 2+\cdots+\ln n}{n}-\ln n\right\}$$

由于
$$\frac{\displaystyle\int_1^n\ln x\,\mathrm{d}x}{n}\leqslant\frac{\ln 1\cdot 1+\ln 2\cdot 1+\cdots+\ln n\cdot 1}{n}\leqslant\frac{\displaystyle\int_1^{n+1}\ln x\,\mathrm{d}x}{n}$$

故
$$\frac{\displaystyle\int_1^n\ln x\,\mathrm{d}x}{n}-\ln n\leqslant\frac{\ln 1+\ln 2+\cdots+\ln n}{n}-\ln n\leqslant\frac{\displaystyle\int_1^{n+1}\ln x\,\mathrm{d}x}{n}-\ln n$$

即
$$-1+\frac{1}{n}\leqslant\frac{\ln 1+\ln 2+\cdots+\ln n}{n}-\ln n\leqslant\frac{(n+1)\ln(n+1)-(n+1)-2\ln 2+2}{n}-\ln n$$

当 $n\to+\infty$ 时, $-1+\dfrac{1}{n}$ 和 $\dfrac{(n+1)\ln(n+1)-(n+1)-2\ln 2+2}{n}-\ln n$ 都 $\to-1$

故
$$\frac{\ln 1 + \ln 2 + \cdots + \ln n}{n} - \ln n \to -1$$

从而
$$\lim_{n \to +\infty} \ln \frac{\sqrt[n]{n!}}{n} = \lim_{n \to +\infty} \left\{ \frac{\ln 1 + \ln 2 + \cdots + \ln n}{n} - \ln n \right\} = -1$$

65. 关于 Dirichlet 定理的一个值得注意之点

孙家永　完稿于 2003 年 9 月

摘　要　Dirichlet 定理,一般教材中都不作证明.因此,必须注意 Dirichlet 定理中的极值点是严格极值点,而不是近代意义下的极值点.

《高等数学研究》1999 第 2 期刊有《傅里叶与傅里叶分析》一文,其中谈到狄利克雷在历史上第一个给出了函数 $f(x)$ 的傅里叶级数收敛于它自身的一个充分条件:

Dirichlert 收敛定理:设 $f(x)$ 是以 2π 为周期的周期函数,如果它在一个周期内满足以下两个条件:

(1)$f(x)$ 连续或只有有限个第一类间断点.

(2)$f(x)$ 至多有有限个极值点,则 $f(x)$ 的傅里叶级数收敛,并且

$$\frac{1}{2}a_0 + \sum_{n=1}^{x}\left(a_n\cos\frac{n\pi}{l}x + b_n\sin\frac{n\pi}{l}x\right) = \begin{cases} f(x), & \text{当 } x \text{ 为 } f(x) \text{ 之连续点} \\ \dfrac{f(x-0)+f(x+0)}{2}, & \text{当 } x \text{ 为 } f(x) \text{ 之间断点} \end{cases}$$

这个定理的证明,除三角级数之专著(如 Zygmand. Trigonometric Series),一般不易见到,以致引用者往往对其条件不太考究.其实条件"(2)$f(x)$ 至多有有限个极值点"应改为:(2)$'f(x)$ 至多有有限个严格极值点,以前人们把严格极值点称为极值点,现在人把非严格极值点称为极值点,所以条件(2)中极值点前要加上"严格"二字换成了条件(2)$'$.

(2)$'f(x)$ 至多有有限个严格极值点.

因为 Dirichlet 的证明中用到的条件实际上是条件(1),(2)$'$,不过在古典极值点的定义下(即定义中之不等式为严格不等式者),条件(2)$'$ 和(2)是等价的,所以条件(1)和(2)$'$ 也可以说成条件(1),(2).然而在近代极值点的定义下(即定义中之不等式为非严格不等式者),条件(2)$'$ 和(2)是不等价的.一个函数只有有限个单调区间时,却可以有无限多个极值点.例如,$f(x)=$ 常数,它虽然只有一个单调区间,却有无限多个极值点.对这个函数,条件(1),(2)$'$ 满足,故 Dirichlet 定理之结论对它成立,但条件(1),(2)不满足,结论就成了问题.这显然是不合适的.

由此可见,为了避免因极值点定义不一而引起的麻烦,将 Dirichlet 定理之条件改为(1),(2)$'$ 是较妥当的.

66. 做套练习题论证 Newton 法

孙家永　完稿于 2004 年 4 月

摘　要　通用教材中，对 Newton 法不证，而用的条件又过强. 本文附了解答，让学生自己在较弱条件下，做套习题，来论证 Newton 法.

Newton 法（也称切线法）是求方程近似解的一种有效方法. 通常讲述如下：（一般有多余的过苛条件 $f'(x)$ 在 $[a,b]$ 上 >0，今予去掉；有过强条件 $f''(x)$ 在 $[a,b]$ 上 >0，今予减弱）

若 $f(x)$ 在 $[a,b]$ 上可导，$f(a)$ 与 $f(b)$ 异号，且 $f''(x)$ 在 (a,b) 上 >0，则 $f(x)$ 在 (a,b) 中有唯一零点 x_0，可求之如下：

设函数图形见图 1，它与 x 轴有一交点 $(x_0,0)$，它的两个端点中，有一个的纵坐标与 $f''(x)$ 同号，设为 $(b,f(b))$. 从 $(b,f(b))$ 处作切线 $y=f(b)+f'(b)(x-b)$ 它与 x 轴相截之截距 $x_1=b-\dfrac{f(b)}{f'(b)}$ x_1 比 b 更接近于 x_0. 再从 $(x_1,f(x_1))$ 处作切线 $y=f(x_1)-f'(x_1)(x-x_1)$ 它与 x 轴相截之截距 $x_2=x_1-\dfrac{f(x_1)}{f'(x_1)}$ x_2 比 x_1 更接近于 x_0. 依此作下去，可得一递减数列 x_1，$x_2\cdots,x_n,\cdots$，它 $\to x_0$，即

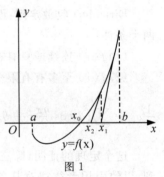

图 1

$$x_0=\lim_{n\to\infty}x_n=\lim_{n\to\infty}\Big[x_{n-1}-\frac{f(x_{n-1})}{f'(x_{n-1})}\Big]$$

若 $f''(x)$ 在 (a,b) 上 <0，则仍可作类似讨论而得求 x_0 的公式.

由于讲述中，除了看图外，基本上再无别的说明，以致有些学生会产生种种疑问. 其实，Newton 法的论证只用到一些简单的高等数学的知识，是这些知识综合运用的一个很好的练习题.

下面以问题方式，论证 Newton 法，请读者顺次回答问题后，再看答案.

设 $f(x)$ 在 $[a,b]$ 上可导，$f(a)<0$，$f(b)>0$，且 $f''(x)$ 在 (a,b) 上 >0，则

(1) $y=f(x)$ 在 $[a,b]$ 上凹，对吗？

(2) 在 (a,b) 中 $f(x)$ 有零点 x_0，且唯一，对吗？

(3) $y=f(x)$ 在 $(b,f(b))$ 处之切线方程为 $y=f(b)+f'(b)(x-b)$ 且 $f'(b)>0$，对吗？

(4) 当 $x=x_0$ 时，切线上相应之 $y<0$，对吗？

(5) 该切线与 x 轴相截之截距 $x_1=b-\dfrac{f(b)}{f'(b)}$，$x_0<x_1<b$，对吗？

(6) $f(x_1)>0$，对吗？

(7) $f(x)$ 在 $[a,x_1]$ 上与在 $[a,b]$ 上满足同样的条件，对吗？

(8) 对 $f(x)$ 在 $[a,x_1]$ 上作同样讨论,可得 $x_2=x_1-\dfrac{f(x_1)}{f'(x_1)'}$, $x_0<x_2<x_1$ 且 $f(x_2)>0$,对吗?

(9) 重复这样的讨论,可得 $x_3=x_2-\dfrac{f(x_2)}{f'(x_2)'}$, $x_0<x_3<x_2$; $x_4=x_3-\dfrac{f(x_3)}{f'(x_3)'}$, $x_0<x_4<x_3$; $\cdots$,对吗?

(10) $\lim\limits_{n\to\infty}x_n$ 存在(设为 x^*),对吗?

(11) $f(x^*)=0$,对吗?

(12) $x^*=x_0$,对吗?

答　案

(1) 对!

(2) 对! 由于 $f(a)$, $f(b)$ 异号,故 (a,b) 中有 $f(x)$ 之零点 x_0;又因 $(x_0,0)$ 处之切线为 $y=f'(x_0)(x-x_0)$,$f'(x_0)$ 不能 $\leqslant0$,否则,$x<x_0$ 时,$f(x)>f'(x_0)(x-x_0)\geqslant0$(因图形在切线之上)与 $f(a)<0$ 矛盾,故 $f'(x_0)>0$,从而 $x>x_0$ 时,$f(x)>f'(x_0)(x-x_0)>0$(因图形在切线之上). 至于 $x<x_0$ 时,$f(x)<0$,则是由于连接 $(a,f(a))$,$(x_0,0)$ 之弧在弦之下.

(3) 对! $f'(b)$ 不能 $\leqslant0$,否则会导致 $f(a)>f(b)+f'(b)(a-b)\geqslant f(b)>0$,矛盾.

(4) 对! 因切线在图形之下,而 $x=x_0$ 时,$f(x_0)=0$,故切线上相应之 $y<0$.

(5) 对! 因切线在 x_0,b 处相应的 y 异号,故在 x_0,b 之间某 x 处 $y=0$,故 $x=x_1$(因截距唯一).

(6) 对! 因图形在切线之上,而在 x_1 处切线之 y' 为 0.

(7) 对!

(8) 对!

(9) 对!

(10) 对! 由单调有界准则,$\lim\limits_{n\to\infty}x_n=x^*$ 必存在,且 $x^*\geqslant x_0$ 而 $<b$.

(11) 对! 因为 $f(x)$, $f'(x)$ 在 x^* 处都连续且 $f'(x^*)\geqslant f'(x_0)>0$,故由 $x_{n+1}=x_n-\dfrac{f(x_n)}{f'(x_n)}$ 取两端当 $n\to\infty$ 时之极限,可得 $x^*=x^*-\dfrac{f(x^*)}{f'(x^*)}$,所以 $f(x^*)=0$.

(12) 对! 因 $f(x)$ 在 (a,b) 内只有一个零点 x_0,故 $x^*=x_0$.

通常取某 $x_n\approx x^*$ 为方程之近似解.

参考文献:

[1] 同济大学数学教研室. 高等数学. 北京:高等教育出版社,2004.

67. 一类特殊的 $\int_0^a xR(\cos x,\sin x)\mathrm{d}x^*$ 的计算

孙家永　完稿于 2004 年 11 月

摘　要　本文指出了,若 $R(\cos x,\sin x)$ 在 $[0,a]$ 上连续,且 $R(\cos x,\sin x)=R(\cos(\frac{a}{2}-x))$,则 $\int_0^a xR(\cos x,\sin x)\mathrm{d}x=\frac{a}{2}\int_0^a R(\cos x,\sin x)\mathrm{d}x$.

对于 $\int_0^a R(\cos x,\sin x)\mathrm{d}x$,我们总可以先求出 $R(\cos x,\sin x)$ 之原函数,再用牛顿一莱布民兹公式来计算;对于 $\int_0^a xR(\cos x,\sin x)\mathrm{d}x$,则一般不能这样来计算. 但是

当 $R(\cos x,\sin x)=R(\cos(\frac{a}{2}-x))$ 时,我们有下列公式:

$$\int_0^a xR(\cos x,\sin x)\mathrm{d}x=\frac{a}{2}\int_0^a R(\cos x,\sin x)\mathrm{d}x(\text{设 } R(\cos x,\sin x) \text{ 在}[0,a]\text{上连续})$$

从这个公式,就可以通过右边间接地计算左边的值. 上面这个公式之证明如下:

证　于 $\int_0^a xR(\cos x,\sin x)\mathrm{d}x$ 中令 $x=a-u$ 得

$$\int_0^a xR(\cos x,\sin x)\mathrm{d}x=\int_0^a (a-u)R(\cos(a-u),\sin(a-u))\mathrm{d}u=$$

$$\int_0^a (a-u)R(\cos(\frac{a}{2}-(a-u)))\mathrm{d}u(\text{由假设})=$$

$$\int_0^a (a-u)R(\cos(\frac{a}{2}-u))\mathrm{d}u=\int_0^a (a-u)R(\cos u,\sin u)\mathrm{d}u(\text{由假设})$$

移项就可得出欲证之公式,下面是一些可用此公式计算积分的情形:

$$a=\pi,R(\cos x,\sin x)=R(\cos(\frac{\pi}{2}-x))=R(\sin x)$$

$$a=\frac{\pi}{2},R(\cos x,\sin x)=R(\cos(\frac{\pi}{4}-x))=R(\frac{1}{\sqrt{2}}(\cos x+\sin x))$$

$$a=\frac{\pi}{3},R(\cos x,\sin x)=R(\cos(\frac{\pi}{6}-x))=R(\frac{1}{2}(\sqrt{3}\cos x+\sin x))$$

例 1　计算 $\int_0^\pi \dfrac{x}{1+\sin x}\mathrm{d}x$.

$*\ R(x,y,\cdots)$ 表示 $x,y,\cdots$ 的有理式

解 $\displaystyle\int_0^\pi \frac{x}{1+\sin x}dx = \frac{\pi}{2}\int_0^\pi \frac{1}{1+\sin x}dx = \frac{\pi}{2}\left[-\frac{2}{1+\tan\frac{x}{2}}\right]\Bigg|_0^\pi = \pi$

例 2 计算 $\displaystyle\int_0^{\frac{\pi}{3}} x\frac{\sqrt{3}\cos x+\sin x-2}{\sqrt{3}\cos x+\sin x+2}dx.$

解 $\displaystyle\int_0^{\frac{\pi}{3}} x\frac{\sqrt{3}\cos x+\sin x-2}{\sqrt{3}\cos x+\sin x+2}dx = \frac{\pi}{6}\int_0^{\frac{\pi}{3}} \frac{\frac{\sqrt{3}}{2}\cos x+\frac{1}{2}\sin x-1}{\frac{\sqrt{3}}{2}\cos x+\frac{1}{2}\sin x+1}dx =$

$\displaystyle\frac{\pi}{6}\int_0^{\frac{\pi}{3}} \frac{\cos\left(\frac{\pi}{6}-x\right)-1}{\cos\left(\frac{\pi}{6}-x\right)+1}dx = \frac{\pi}{6}\int_{-\frac{\pi}{6}}^{\frac{\pi}{6}} \frac{\cos t-1}{\cos t+1}dt =$

$\displaystyle\frac{\pi}{3}\int_0^{\frac{\pi}{6}} \frac{\cos t-1}{\cos t+1}dt = \frac{\pi}{3}\left(-2\tan\frac{t}{2}+t\right)\Bigg|_0^{\frac{\pi}{6}} =$

$\displaystyle\frac{\pi}{3}\left(\frac{\pi}{6}-2\tan\frac{\pi}{12}\right) = \frac{\pi}{3}\left(\frac{\pi}{6}-2\sqrt{\frac{1-\cos\frac{\pi}{6}}{1+\cos\frac{\pi}{6}}}\right) =$

$\displaystyle\frac{\pi}{3}\left(\frac{\pi}{6}-2\sqrt{\frac{2-\sqrt{3}}{2+\sqrt{3}}}\right) = \frac{\pi}{3}\left[\frac{\pi}{6}-2(2-\sqrt{3})\right].$

例 3 计算 $\displaystyle\int_0^{\frac{\pi}{4}} \ln(1+\tan x)dx.$

解 $\displaystyle\int_0^{\frac{\pi}{4}} \ln(1+\tan x)dx = x\ln(1+\tan x)\Bigg|_0^{\frac{\pi}{4}} - \int_0^{\frac{\pi}{4}} \frac{x\sec^2 x}{1+\tan x}dx =$

$\displaystyle\frac{\pi}{4}\ln 2 - \int_0^{\frac{\pi}{4}} \frac{x\,dx}{\cos^2+\cos x\sin x} = \frac{\pi}{4}\ln 2 - \int_0^{\frac{\pi}{4}} \frac{x\,dx}{\frac{1+\cos 2x}{2}+\frac{\sin 2x}{2}} =$

$\displaystyle\frac{\pi}{4}\ln 2 - \int_0^{\frac{\pi}{2}} \frac{\frac{u}{2}du}{1+\cos u+\sin u} = \frac{\pi}{4}\ln 2 - \frac{1}{2}\int_0^{\frac{\pi}{2}} \frac{u\,du}{1+\cos u+\sin u} =$

$\displaystyle\frac{\pi}{4}\ln 2 - \frac{\pi}{8}\int_0^{\frac{\pi}{2}} \frac{du}{1+\cos u+\sin u} \xlongequal{t=\tan\frac{u}{2}} \frac{\pi}{4}\ln 2 - \frac{\pi}{8}\int_0^1 \frac{dt}{1+t} =$

$\displaystyle\frac{\pi}{4}\ln 2 - \frac{\pi}{8}\ln 2 = \frac{\pi}{8}\ln 2$

68. 高等数学里,似应讲些拉氏变换

孙家永　　完稿于 2008 年 3 月

摘　要　　本文谈了我对高等数学课里讲些拉氏变换的看法,并概要地介绍了一些实际试验的做法.

解放前大学是选课制,理工学院的学生都会选常微分方程课,那里面就有运算微积,有些电工课老师就自己讲运算微积.20 世纪末江泽民访美时,去看望他的电工课老师顾毓秀教授,还特别回忆了当年学运算微积的情景.那时的运算微积,稍后就成了现在的拉氏变换.早期的工程数学课里,有一门《积分变换》的课,还有教学大纲.其中主要是讲拉氏变换,大约有 10 — 20 小时,后来修订工科数学基本要求时,才把这门课去掉了.现在看来,完全去掉拉氏变换并不合适.有些学校已在某些专业开了拉氏变换课,全国大面积采用的同济大学《高等数学》,在它的第五版里,也增加了运算微积作为选学内容.那么当时为什么会砍去这个内容呢? 因为当时感到有两个难以克服的困难:一是高等数学学时太紧,拉氏变换既然不设课,要讲就只能在高等数学里讲,吃不消;二是,有些内容,如 $\delta_0(t)$ 的拉氏变象,数学里讲不清楚,不如专业课老师结合专业好讲.根据我的实践,觉得这两个困难都可以克服.第一,现在常系数线性微分方程的许多解法,与专业需要脱离较远,后继课根本不用.把这些时间换成讲拉氏变换的基本概念及解题方法是足足有余的.如果还能省出些时间,譬如说,在广义积分里结合拉氏变换举些例,少讲些常微分方程里不常有用的 内容就可以讲常系数线性微分方程的基本解及卷积定理.不证卷积定理,这两个内容要不了两个学时,再能有两个学时,就可以讲强拉氏变换及 Dirac.求基本解的方法了.这部分内容,我看新出的较严谨的常微分方程书里,也避而不谈,专业课老师怎么能讲清楚? 无非是因循守旧,师曰亦曰的讲法,当然是错误的.我曾写了一篇文章,指出 Dirac 犯了两个错误:一是 $\delta_0(t)$ 之拉氏变象是 0,不是 1;二是他用了一个基本解所不能具备的初始条件,要去掉一个基本解不能具备的初始条件及用强拉氏变换,他的方法才可用.我们要以对后世负责的气慨把这部分内容拿过来讲.

我讲拉氏变换部分的内容之纲要及说明如下:

(1) 机械振动及电路中的二阶线性常系数线性微分方程.

(2) 拉氏变换在解二阶常系数线性微分方程中的作用及它的定义.

对 $[0,+\infty)$ 上确定的 $f(t)$,若其拟连续(即其在任何 $[0,R]$ 上只有有限个第一类间断点且缓增(即 $|f(t)| < Me^{a_0 t},t \in (0,+\infty),M,a_0$ 为正数),则 $\int_0^{+\infty} f(t)a^{-pt}dt$,当 $p > a_0$ 时存在,是一个 p 的函数 $F(p)$,即称为 $f(t)$ 之拉氏变象,记作 $F(p)=\mathscr{L}\{f(t)\}$.而 $f(t)$ 则称为 $F(p)$ 之逆拉氏变象.记作 $f(t)=\mathscr{L}^{-1}\{F(p)\}$.今后恒设 $f(t)=0,t<0$.

(3) 举例,求 $\mathscr{L}\{e^{at}\},\mathscr{L}\{\sin bt\},\mathscr{L}\{\cos bt\},\mathscr{L}\{1\},\mathscr{L}\{t\}$.

(4) 拉氏变换的基本性质:①线性性质;②.微分性质:若 $f(t)$ 在 $[0,+\infty)$ 上连续,缓增且

$f'(t)$ 在 $[0,+\infty)$ 上拟连续,缓增,则
$$\mathscr{L}\{f'(t)\} = p\mathscr{L}\{f(t)\} - f(0)$$
这称微分性质,它还可推广:

若 $f(t),f'(t)$ 在 $[0,+\infty)$ 上连续、缓增,$f''(t)$ 在 $(0,+\infty)$ 上拟连续,缓增,则
$$\mathscr{L}\{f''(t)\} = p\mathscr{L}f'(t)\} - f'(0) = p[p\mathscr{L}\{f(t)\} - f(0)\} - f'(0) =$$
$$p^2\mathscr{L}\{f(t)\} - pf(0) - f'(0). \cdots$$

(5)举用拉氏变换解常系数线性微分方程之例,并说明通解之结构形式(6 学时).

(6)二阶线性常系数微分方程的基本解之定义,卷积定理(不证).

(7)举例($\mathscr{L}\{\int_0^t f(t)\mathrm{d}t\} = \dfrac{1}{p}\mathscr{L}\{f(t)\}$ 等(2 学时)).

(8)强拉氏变换及 Dirac 方法求基本解(2 学时).

在讲强拉氏变换之前,先讲一下在 $[0,+\infty)$ 上拟连续,缓增的 $f(t)$,($f(t)=0,t<0$)之广义原函数的定义(我是在积分学里讲的):

若 $F(t)$ 是一个当 $t<0$ 时为 0 的函数,且能使,$F'(t)=f(t)$,在 $f(t)$ 连续之点处,则称 $F(t)$ 为 $f(t)$ 的一个广义原函数. $f(t)$ 的广义原函数有许多,在讲 $f(t)$ 的强拉氏变象之前要特别指定它的一个广义原函数 $F(t)$,如不特别指定,即认为 $F(t)$ 是连续的广义原函数,即 $F(t) = \int_0^t f(t)\mathrm{d}t$,$f(t)$ 之强拉氏变象定义为 $p\mathscr{L}\{F(t)\}$,而记之为 $\mathscr{L}^s\{f(t)\}$.对一般的函数 $f(t)$,我们都不特别指定其广义原函数,所以
$$\mathscr{L}^s\{f(t)\} = p \cdot \mathscr{L}\{\int_0^t f(t)\mathrm{d}t\} = p \cdot \frac{1}{p}\mathscr{L}\{f(t)\} = \mathscr{L}\{f(t)\}.$$

唯一的例外,是以特殊记号表示的函数 $\delta_0(t) = \begin{cases} 0, t>0 \\ 0, t<0 \end{cases}$.它的广义原函数已被 Dirac 特别指定为 $H_0(t) = \begin{cases} 1, t>0 \\ 0, t<0 \end{cases}$.所以,$\mathscr{L}^s\{\delta_0(t)\} = p\mathscr{L}\{H_0(t)\} = p \cdot \dfrac{1}{p} = 1.$

对未知函数 $y(t)$,我们恒特定 $y''(t)$ 之广义原函数为 $y'(t)$,$y'(t)$ 之广义原函数为 $y(t)$,而 $y(t)$ 之广义原函数则不特别指定.

将函数取强拉氏变象,称为对函数作强拉氏变换.

强拉氏变换也有线性性质:

若 $f_1(t),f_2(t)$ 均在 $[0,+\infty)$ 上拟连续,缓增,则
$$\mathscr{L}^s\{c_1f_1(t) + c_2f_2(t)\} = c_1\mathscr{L}^s\{f_1(t)\} + c_2\mathscr{L}^s\{f_2(t)\}$$
只要我们认定 $c_1f_1(t)+c_2f_2(t)$ 之特定广义原函数为 $c_1[f_1(t)$ 之特定广义原函数]$+c_2[f_2(t)$ 之特定广义原函数]

有了这些以后,我们就可以用新 Dirac 方法来求 $ay''+by'+cy=f(t)$ 之基本解了.将原方程改为
$$ay'' + by' + cy = \delta_0(t)$$

再求此方程在 $y(0)=0$ 条件下的解.用强拉氏变换,得 $ap\mathscr{L}\{y'\} + bp\mathscr{L}^s\{y\} + c\mathscr{L}^s\{y\} = 1$ 但 $y(0)=0$,故 $\mathscr{L}\{y'\} = p\mathscr{L}\{y\}$,$\mathscr{L}^s\{y\} = p\mathscr{L}\{\int_0^t y\mathrm{d}t\} = p \cdot \dfrac{1}{p}\mathscr{L}\{y\} = \mathscr{L}\{y\}$,$\mathscr{L}^s\{y\} = \mathscr{L}\{y\}$,(因 y 之广义原函数未指定),从而得

$$ap^2 \mathscr{L}\{y\} + bp \mathscr{L}\{y\} + c \mathscr{L}\{y\} = 1$$

所以
$$\mathscr{L}\{y\} = \frac{1}{ap^2 + bp + c}$$

故所求 $y = \mathscr{L}^{-1}\left\{\dfrac{1}{ap^2 + bp + c}\right\}$ 为基本解.

举例:

原 Dirac 方法求基本解如下:

将 $ay'' + by' + cy = \delta_0(t)$

在 $y(0) = 0, y'(0) = 0$ 条件下,求其解. 用拉氏变换,得
$$ap^2 \mathscr{L}\{y\} + bp \mathscr{L}\{y\} + c \mathscr{L}\{y\} = 1.$$

所以
$$\mathscr{L}\{y\} = \frac{1}{ap^2 + bp + c}, \quad y = \mathscr{L}^{-1}\left\{\frac{1}{ap^2 + bp + c}\right\} \text{ 为基本解.}$$

这里 Dirac 犯了两个错误,一个是 $\mathscr{L}\{\delta_0(t)\} = 0$ 而 $\neq 1$. 零一个是基本解 y 之导数. 当 $t = 0$ 时之值为 $\dfrac{1}{a}$,是 $\neq 0$ 的. 过去数学界纠缠在第一个错误上,作了许多无补的解释,但总还是无法解释为什么从一处错误居然会得出正确的结果,就无人说 Dirac 是错了两处,才得出正确的结果.

　　最后,还要讲几句,我是把常微分方程放在第一学期末讲授的. 这样在第二学期学物理时就可应用. 常微分方程里的全微分方程及积分因子是放到曲线积分的应用中讲的. 所以在常微分方程里讲些拉氏变换,时间一点都不觉紧,并且还能密切结合积分,使同学加深对积分的理解,起到及时巩固的作用.

69. 再从求 $\lim\limits_{n\to+\infty}\ln\dfrac{\sqrt[n]{n!}}{n}$ 谈起

——用 Lebesgue 积分可简洁地解不少高等数学问题

孙家永 完稿于 1994 年 5 月

摘 要 本文举了些例子,说明用 Lebesgue 积分解题的便利.

例 1 求 $\lim\limits_{n\to+\infty}\ln\dfrac{\sqrt[n]{n!}}{n}$(1998 年考研试题)

此题我已在零一文中解过,现在用 Lebesgue 积分来解更简洁.

由于 $\lim\limits_{n\to+\infty}\ln\dfrac{\sqrt[n]{n!}}{n}$ 是 $\ln x$ 在$[0,1]$上一种 Lebesgue 下和的极限,可知

$$\lim_{n\to+\infty}\ln\frac{\sqrt[n]{n!}}{n}=(L)\int_{[0,1]}\ln x\,\mathrm{d}x$$

再由 Lebesgue 积分与 Cauchy $-$ Reimann 积分的关系知

$$\lim_{n\to+\infty}\ln\frac{\sqrt[n]{n!}}{n}=(L)\int_{[0,1]}\ln x\,\mathrm{d}x=(CR)\int_{[0,1]}\ln x\,\mathrm{d}x=-1$$

例 2 试证 $\lim\limits_{n\to+\infty}\displaystyle\int_0^{\frac{\pi}{2}}\sin^n x\,\mathrm{d}x=0$

这是 20 世纪 80 年代,我在审稿时见到的一篇稿中说的,它以为积分中值定理的 ξ 在积分区间的内部(这可用微积分基本定理及 Lagrange 中值定理得出),所以

$$\int_0^{\frac{\pi}{2}}\sin^n x\,\mathrm{d}x=\left(\frac{\pi}{2}-0\right)\sin^n\xi,\quad\left(0<\xi<\frac{\pi}{2}\right)$$

从而 $0<\sin^n\xi<1,(0<\xi<\dfrac{\pi}{2})$,故

$$\lim_{n\to+\infty}\int_0^{\frac{\pi}{2}}\sin^n x\,\mathrm{d}x=\lim_{n\to+\infty}(\frac{\pi}{2}-0)\sin^n\xi=0$$

这种做法是不对的,因为此处 ξ 与 n 有关,应记作 ξ_n,当 $n\to+\infty$ 时,ξ_n 可 $\to\dfrac{\pi}{2}$,$\sin^n\xi_n$ 未必 $\to 0$.

正确的解法如下:

对任意正数 ε,$(\varepsilon<\dfrac{\pi}{2})$,有

$$0\leqslant\int_0^{\frac{\pi}{2}}\sin^n x\,\mathrm{d}x=\int_0^{\frac{\pi}{2}-\frac{\varepsilon}{2}}\sin^n x\,\mathrm{d}x+\int_{\frac{\pi}{2}-\frac{\varepsilon}{2}}^{\frac{\pi}{2}}\sin^n x\,\mathrm{d}x\leqslant(\frac{\pi}{2}-\frac{\varepsilon}{2})\sin^n(\frac{\pi}{2}-\frac{\varepsilon}{2})+\frac{\varepsilon}{2}\times 1$$

由于 $\sin^n(\frac{\pi}{2} - \frac{\varepsilon}{2}) \to 0$,故取 n 相当大,($> $ 某 N),可使

$$0 < \sin^n(\frac{\pi}{2} - \frac{\varepsilon}{2}) < (\frac{\pi}{2} - \frac{\varepsilon}{2})^{-1} \frac{\varepsilon}{2}$$

故 n 相当大($> $ 某 N)时,

$$0 \leqslant \int_0^{\frac{\pi}{2}} \sin^n x < \frac{\varepsilon}{2} + \frac{\varepsilon}{2} = \varepsilon$$

即 $\int_0^{\frac{\pi}{2}} \sin^n x \, \mathrm{d}x \to 0$,(当 $n \to +\infty$)

此问题用 Lebesgue 积分解非常简洁.

$$\lim_{n \to +\infty} (R) \int_0^{\frac{\pi}{2}} (1 - \sin^n x) \mathrm{d}x = \lim_{n \to +\infty} (L) \int_0^{\frac{\pi}{2}} (1 - \sin^n x) \mathrm{d}x = (L) \int_0^{\frac{\pi}{2}} \lim_{n \to +\infty} (1 - \sin^n x) \mathrm{d}x = \frac{\pi}{2}.$$

(由 Levi 定理)

故 $$\lim_{n \to +\infty} (R) \int_0^{\frac{\pi}{2}} \sin^n x \, \mathrm{d}x = 0$$

例 3 朱宗俭在《工科数学》1993 年第三期上发表了一个与函数展开结合起来有很便于应用的定理:

若在区间 $[a, b]$ 上连续函数的函数序列 $\{f_u(x)\}$ 能有 $\forall x \in [a, b]$,$f_n(x)$ 递增,$\lim\limits_{n \to +\infty} f_n(x) = f(x)$ 存在且在 $[a, b]$ 上连续,则 $\lim\limits_{n \to +\infty} \int_a^b f_n(x) \mathrm{d}x = \int_a^b f(x) \mathrm{d}x$.

作者用古典分析的理论来证,很费劲,但用 Lebesgue 积分来证却很简单. 由 Levi 定理

$$\lim_{n \to +\infty} (R) \int_a^b f_n(x) \mathrm{d}x = \lim_{n \to t\infty} (L) \int_a^b f_n(x) \mathrm{d}x = (L) \int_a^b \lim_{n \to +\infty} f_n(x) \mathrm{d}x =$$

$$(L) \int_a^b f(x) \mathrm{d}x = (R) \int_a^b f(x) \mathrm{d}x.$$

所以重温一下 Lebesgue 积分,熟悉它的一些常用定理,对高等数学有好处,对其他数学学科也有好处,因为它几乎已是近代数学的基础了.

70. 光滑曲面根本就不会单侧

孙家永　完稿于 2009 年 6 月

摘　要　光滑曲总是双侧的,并无单侧之可言.

设光滑曲面 Σ 的方程为

$x=x(u,x),y=y(u,u),z=z(u,v),(u,v)$ 区域 Ω,则在 Σ 上任一点 (x,y,z) 处都有两个单位法向量

$$\frac{\begin{vmatrix} y'_u & z'_u \\ y'_v & z'_v \end{vmatrix}}{\sqrt{\begin{vmatrix} y'_u & z'_u \\ y'_v & z'_v \end{vmatrix}^2 + \begin{vmatrix} z'_u & x'_u \\ z'_v & x'_v \end{vmatrix}^2 + \begin{vmatrix} x'_u & y'_u \\ x'_v & y'_v \end{vmatrix}^2}} \cdot \frac{\begin{vmatrix} z'_u & x'_u \\ z'_v & x'_v \end{vmatrix}}{\sqrt{\begin{vmatrix} y'_u & z'_u \\ y'_v & z'_v \end{vmatrix}^2 + \begin{vmatrix} z'_u & x'_u \\ z'_v & x'_v \end{vmatrix}^2 + \begin{vmatrix} x'_u & y'_u \\ x'_v & y'_v \end{vmatrix}^2}} \cdot$$

$$\frac{\begin{vmatrix} x'_u & y'_u \\ x'_v & y'_v \end{vmatrix}}{\sqrt{\begin{vmatrix} y'_u & z'_u \\ y'_v & z'_v \end{vmatrix}^2 + \begin{vmatrix} z'_u & x'_u \\ z'_v & x'_v \end{vmatrix}^2 + \begin{vmatrix} x'_u & y'_u \\ x'_v & y'_v \end{vmatrix}^2}}$$

$$\frac{-\begin{vmatrix} y'_u & z'_u \\ y'_v & z'_v \end{vmatrix}}{\sqrt{\begin{vmatrix} y'_u & z'_u \\ y'_v & z'_v \end{vmatrix}^2 + \begin{vmatrix} z'_u & x'_u \\ z'_v & x'_v \end{vmatrix}^2 + \begin{vmatrix} x'_u & y'_u \\ x'_v & y'_v \end{vmatrix}^2}} \cdot \frac{-\begin{vmatrix} z'_u & x'_u \\ z'_v & x'_v \end{vmatrix}}{\sqrt{\begin{vmatrix} y'_u & z'_u \\ y'_v & z'_v \end{vmatrix}^2 + \begin{vmatrix} z'_n & x'_u \\ z'_v & x'_v \end{vmatrix}^2 + \begin{vmatrix} x'_u & y'_u \\ x'_v & y'_v \end{vmatrix}^2}} \cdot$$

$$\frac{-\begin{vmatrix} x'_u & y'_u \\ x'_v & y'_v \end{vmatrix}}{\sqrt{\begin{vmatrix} y'_u & z'_u \\ y'_v & z'_v \end{vmatrix}^2 + \begin{vmatrix} z'_u & x'_u \\ z'_v & x'_v \end{vmatrix}^2 + \begin{vmatrix} x'_u & y'_u \\ x'_v & y'_v \end{vmatrix}^2}}$$

我们认为它们所指的侧,就是 Σ 的两个不同的侧,再提光滑曲面是双侧的就不必要,因为光滑曲面根本就不会单侧.

对分片光滑的曲面,情况就不同了,它可以有双侧的,也可以有单侧的,这种双、单侧的区分,并不根据曲面上法线的指向来区分的,而是根据光滑曲面的可定向性之推广来区分的. 什么叫光滑曲面的可定向性呢? 将一个光滑曲面分成一些小片,总可指定各小片的边界线的方向,使得邻接着的边界线都具有相反的方向. 这是一个用 Stokes 公式计算时,可以将一片光滑曲面分成几块小片计算积分的基础,不具备这个性质的曲面就不能这样计算,就不方便,因此,我们就不讨论它. 传统上已经把这种曲面叫成了单侧曲面了,(如 Mobius 带),即使叫不可定向的曲面更合适,也改不过来了.

71. Rolle 定理在二维空间的推广

孙家永　完稿于 2009 年 7 月

摘　要　本文指出了 Rolle 定理在二维空间的一种推广,并以之证明了一个有趣的命题.

对一个区间内部可微的函数来说,若它在闭区间上连续,且在这间内部有一最值点,则在区间内部必有一点,使函数在此点之微分为 0.这种使函数有内最值点的条件很多,如

(1) 函数在边界点有相同之值.

(2) 函数在边界点有相同之极限值(此时区间可为无穷区间).

(3) 区间内部有一点,使此点之函数值 < 函数在边界点之值或极限值.

(1) 就是 Rolle 定理的情形,其他的一些都可算作 Rolle 定理的推广.这种推广也可推广至多元函数的情形.有时,还可用来证明一些有趣的命题.

例　若 $u(x,y),v(x,y)$ 都在全平面可微,且 $\lim\limits_{(x,y)\to\infty} u(x,y)=a$, $\lim\limits_{(x,y)\to\infty} v(x,y)=b$ 都存在,则平面上必有一点,使 $\begin{vmatrix} u'_x & v'_x \\ u'_y & v'_y \end{vmatrix}=0$

证　任取 c,d,都有 $u(x,y)+c,v(x+y)+d$ 在全平面可微,且

$$\lim\limits_{(x,y)\to\infty} [u(x,y)+c]^2+[v(x,y)+d]^2=(a+c)^2+(b+d)^2$$

当 $[u(x,y)+c],[v(x,y)+d]$ 不都是常数时,$[u(x,y)+c],[v(x,y)+d]$ 必在全平面上有内最大值点或内最小值点,在这些最值点处都有

$$2[u(x,y)+c]u'_x(x,y)+2[v(x,y)+d]v'_x(x,y)=0$$
及
$$2[u(x,y)+c]u'_y(x,y)+2[v(x,y)+d]v'_y(x,y)=0$$

在这种最值点处取 c,d 使 $u(x,y)+c,v(x,y)+d$ 不都是 0 就可得在这些最值点处

$$\begin{vmatrix} u'_x(x,y)v'_x(x,y) \\ u'_y(x,y)v'_y(x,y) \end{vmatrix}=0$$

当 $u(x,y)+c,v(x,y)+d$ 都是常数时,就有

$$2[u(x,y)+c]u'_x(x,y)+2[v(x,y)+d]v'_y(x,y)\equiv 0$$
$$2[u(x,y)+c]u'_y(x,y)+2[v(x,y)+d]v'_y(x,y)\equiv 0$$

任取 c,d 使 $u(x,y)+c,v(x,y)+d$ 不都为 0,就会有 $\begin{vmatrix} u'_x(x,y)v'_x(x,y) \\ u'_y(x,y)v'_y(x,y) \end{vmatrix}\equiv 0.$

后　　记

通过写此论文集,我有下面一些体会:

1. 年青时,做任何事都要有勇于承担和精益求益的精神

我年青时讲过许多大学里未曾学过的新课,我都奋勇承担,并对课程内容都要彻底搞通,我备课有讲稿,但从不留讲稿,每讲一次课,课前都要重写讲稿,我讲课从来不用讲稿,50年下来,使我具备了广泛而扎实的数学基础,为做科研工作创造了条件,使我能在广泛的数学领域中进行科学研究.

2. 一定要有高尚志向,且能为实现这一志向而坚毅地奋斗

2006年5月12日,西北工业大学五系、七系的1956级学生返校,举行庆祝入学50周年大会,要我在会上发言,我同意了,可是5月11日,我跌断了股骨颈,只能做了书面发言,提出了愿以曹操的传诵千古的著名诗句:"老骥伏枥,志在千里,烈士暮年,壮心不已."与他们共勉,我和他们虽然都从正式工作岗位上退了下来,但是能力和志向尚在,一定要为后人再努力做些有益的工作.

我认为这是一个高尚的志向,并且历经7个寒暑,我几乎都是每天3点钟左右起来思索课题,努力撰写、修改文章,校对文章的打印稿,在论文集里,2006年以后写的占了绝大多数并且都有正确无误的打印稿也是这个原因.

我还为此事写了一首诗:

> 为有凌云志,白头写此书,荏苒七寒暑,常作中夜思.

3. 新概念一定会有新结果,一定要穷追到底

我发现了许多新概念,如平面上的常规分段光滑曲线,Neumann问题有解的充分条件、高维空间的球面坐标系、区域作为开连接集,可以有无限多次盘旋的边界线都让我写出了系列文章.

4. 文章总是越写越有进步,脑筋总是越动越灵活

回顾我所写的文章,前写的总不如后写的,既好且快,就是这个原因,有条件的,不要写几篇就搁笔不写了,这是很可惜的.

5. 好的领导能调动人的积极性,对写文章也会产生很好的效应,但这是可遇而不可求的

像我前言中所说的陈小筑书记对我的热情鼓励,使我写了许多有重要价值的文章,它们都出现在2011—2012年,就是这个缘故.

孙家永

2012年12月